2024 年版全国一级建造师执业资格考试专项突破

水利水电工程管理与实务案例分析专项突破

全国一级建造师执业资格考试专项突破编写委员会　编写

中国建筑工业出版社

图书在版编目（CIP）数据

水利水电工程管理与实务案例分析专项突破／全国
一级建造师执业资格考试专项突破编写委员会编写.
北京：中国建筑工业出版社，2024.7. --（2024 年版
全国一级建造师执业资格考试专项突破）. -- ISBN 978
-7-112-29916-4

Ⅰ. TV

中国国家版本馆 CIP 数据核字第 2024VU1928 号

　　本书根据考试大纲的要求，以历年实务科目实务操作和案例分析真题的考试命题规律
及所涉及的重要考点为主线，收录了 2014—2023 年度全国一级建造师执业资格考试实务
操作和案例分析真题，并针对历年实务操作和案例分析真题中的各个难点进行了细致的讲
解，从而有效地帮助考生突破固定思维，启发解题思路。

　　同时以历年真题为基础编排了大量的典型实务操作和案例分析习题，注重关联知识
点、题型、方法的再巩固与再提高，着力培养考生对"能力型、开放型、应用型和综合
型"试题的解答能力，使考生在面对实务操作和案例分析考题时做到融会贯通、触类旁
通，顺利通过考试。

　　本书可供参加全国一级建造师执业资格考试的考生作为复习指导书，也可供建筑施工
管理人员参考。

責任編輯：李笑然
責任校对：姜小莲

2024 年版全国一级建造师执业资格考试专项突破

水利水电工程管理与实务案例分析专项突破

全国一级建造师执业资格考试专项突破编写委员会　编写

*

中国建筑工业出版社出版、发行（北京海淀三里河路9号）

各地新华书店、建筑书店经销

北京建筑工业印刷有限公司制版

北京圣夫亚美印刷有限公司印刷

*

开本：787 毫米×1092 毫米　1/16　印张：18¾　字数：455 千字

2024 年6月第一版　2024 年6月第一次印刷

定价：**45.00** 元

ISBN 978-7-112-29916-4

（42965）

前　言

　　为了帮助广大考生在短时间内掌握考试重点和难点，迅速提高应试能力和答题技巧，更好地适应考试，我们组织了一批一级建造师考试培训领域的权威专家，根据考试大纲要求，以历年考试命题规律及所涉及的重要考点为主线，精心编写了这套《2024年版全国一级建造师执业资格考试专项突破》系列丛书。

　　本套丛书共分8册，涵盖了一级建造师执业资格考试的3个公共科目和5个专业科目，分别是：《建设工程经济重点难点专项突破》《建设工程项目管理重点难点专项突破》《建设工程法规及相关知识重点难点专项突破》《建筑工程管理与实务案例分析专项突破》《机电工程管理与实务案例分析专项突破》《市政公用工程管理与实务案例分析专项突破》《公路工程管理与实务案例分析专项突破》和《水利水电工程管理与实务案例分析专项突破》。

　　3个公共科目丛书具有以下优势：

　　一题敌多题——采用专项突破形式将重点难点知识点进行归纳总结，将考核要点的关联性充分地体现在"同一道题目"当中，该类题型的设置有利于考生对比区分记忆，该方式大大节省了考生的复习时间和精力。众多易混选项的加入，有助于考生更全面地、多角度地精准记忆，从而提高考生的复习效率。以往考生学习后未必全部掌握考试用书考点，造成在考场上答题时觉得见过，但不会解答的情况，本书一个题目可以代替其他辅导书中的3～8个题目，可以有效地解决这个问题。

　　真题全标记——将2014—2023年度一级建造师执业资格考试考核知识点全部标记，为考生总结命题规律提供依据，帮助考生在有限的时间里快速地掌握考核的侧重点，明确复习方向。

　　图表精总结——对知识点采用图表方式进行总结，易于理解，降低了考生的学习难度，并配有经典试题，用例题展现考查角度，巩固记忆知识点。

　　5个专业科目丛书具有以下优势：

　　要点突出——对每一章的要点进行归纳总结，帮助考生快速抓住重点，节约学习时间，更加有效地形成基础知识的提高与升华。

　　布局清晰——分别从施工技术、进度、质量、安全、成本、合同、现场、实操等方面，将历年真题进行合理划分，并配以典型习题。有助于考生抓住考核重点，各个击破。

　　真题全面——收录了2014—2023年度全国一级建造师执业资格考试实务操作和案例分析真题，便于考生掌握考试的命题规律和趋势，做到运筹帷幄。

　　一击即破——针对历年真题中的各个难点，进行细致的讲解，从而有效地帮助考生突破固态思维，茅塞顿开。

　　触类旁通——以历年真题为基础编排的典型习题，着力加强"能力型、开放型、应用型和综合型"试题的开发与研究，注重关联知识点、题型、方法的再巩固与再提高，帮助考生对知识点的进一步巩固，做到融会贯通、触类旁通。

由于本书编写时间仓促，书中难免存在疏漏之处，望广大读者不吝赐教。

读者如果对图书中的内容有疑问或问题，可关注微信公众号【建造师应试与执业】，与图书编辑团队直接交流。

建造师应试与执业

目　　录

全国一级建造师执业资格考试答题方法及评分说明

全国一级建造师执业资格考试设《建设工程经济》《建设工程项目管理》《建设工程法规及相关知识》三个公共必考科目和《专业工程管理与实务》十个专业选考科目（专业科目包括建筑工程、公路工程、铁路工程、民航机场工程、港口与航道工程、水利水电工程、矿业工程、机电工程、市政公用工程和通信与广电工程）。

《建设工程经济》《建设工程项目管理》《建设工程法规及相关知识》三个科目的考试试题为客观题。《专业工程管理与实务》科目的考试试题包括客观题和主观题。

一、客观题答题方法及评分说明

1. 客观题答题方法

客观题题型包括单项选择题和多项选择题。对于单项选择题来说，备选项有4个，选对得分，选错不得分也不扣分，建议考生宁可错选，不可不选。对于多项选择题来说，备选项有5个，在没有把握的情况下，建议考生宁可少选，不可多选。

在答题时，可采取下列方法：

（1）直接法。这是解常规的客观题所采用的方法，就是考生选择认为一定正确的选项。

（2）排除法。如果正确选项不能直接选出，应首先排除明显不全面、不完整或不正确的选项，正确的选项几乎是直接来自于考试用书或者法律法规，其余的干扰选项要靠命题者自己去设计，考生要尽可能多排除一些干扰选项，这样就可以提高选择出正确答案的概率。

（3）比较法。直接把各备选项加以比较，并分析它们之间的不同点，集中考虑正确答案和错误答案关键所在。仔细考虑各个备选项之间的关系。不要盲目选择那些看起来、读起来很有吸引力的错误选项，要去误求正、去伪存真。

（4）推测法。利用上下文推测词义。有些试题要从句子中的结构及语法知识推测入手，配合考生自己平时积累的常识来判断其义，推测出逻辑的条件和结论，以期将正确的选项准确地选出。

2. 客观题评分说明

客观题部分采用机读评卷，必须使用2B铅笔在答题卡上作答，考生在答题时要严格按照要求，在有效区域内作答，超出区域作答无效。每个单项选择题只有1个备选项最符合题意，就是4选1。每个多项选择题有2个或2个以上备选项符合题意，至少有1个错项，就是5选2～4，并且错选本题不得分，少选，所选的每个选项得0.5分。考生在涂卡时应注意答题卡上的选项是横排还是竖排，不要涂错位置。涂卡应清晰、厚实、完整，保持答题卡干净整洁，涂卡时应完整覆盖且不超出涂卡区域。修改答案时要先用橡皮擦将原涂卡处擦干净，再涂新答案，避免在机读评卷时产生干扰。

二、主观题答题方法及评分说明

1. 主观题答题方法

主观题题型是案例分析题。案例分析题是通过背景资料阐述一个项目在实施过程中所开展的相应工作，根据这些具体的工作提出若干小问题：

案例分析题的提问方式及作答方法如下：

（1）补充内容型。一般应按照考试用书将背景资料中未给出的内容都回答出来。

（2）判断改错型。首先应在背景资料中找出问题并判断是否正确，然后结合考试用书、相关规范进行改正。需要注意的是，考生在答题时，有时不能按照工作中的实际做法来回答问题，因为根据实际做法作为答题依据得出的答案和标准答案之间存在很大差距，即使答了很多，得分也很低。

（3）判断分析型。这类题型不仅要求考生答出分析的结果，还需要通过分析背景资料来找出问题的突破口。需要注意的是，考生在答题时要针对问题作答。

（4）图表表达型。结合工程图及相关资料表回答图中构造名称、资料表中缺项内容。需要注意的是，关键词表述要准确，避免画蛇添足。

（5）分析计算型。充分利用相关公式、图表和考点的内容，计算题目要求的数据或结果。最好能写出关键的计算步骤，并注意计算结果是否有保留小数点的要求。

（6）简单论答型。这类题型主要考查考生记忆能力，一般情节简单、内容覆盖面较小。考生在回答这类题型时要直截了当，有什么答什么，不必展开论述。

（7）综合分析型。这类题型比较复杂，内容往往涉及不同的知识点，要求回答的问题较多，难度很大，也是考生容易失分的地方。要求考生具有一定的理论水平和实际经验，对考试用书知识点要熟练掌握。

2. 主观题评分说明

主观题部分评分是采取网上评分的方法来进行，为了防止出现评卷人的评分宽严度差异对不同考生产生的影响，每个评卷人员只评一道题的分数。每份试卷的每道题均由2位评卷人员分别独立评分，如果2人的评分结果相同或很相近（这种情况比例很大）就按2人的平均分为准。如果2人的评分差异较大，超过4～5分（出现这种情况的概率很小），就由评分专家再独立评分一次，然后以专家所评的分数和与专家评分接近的那个分数的平均分数为准。

主观题部分评分标准一般以准确性、完整性、分析步骤、计算过程、关键问题的判别方法、概念原理的运用等为判别核心。评分标准一般按要点给分，只要答出要点基本含义一般就会给分，不恰当的错误语句和文字一般不扣分，要点分值最小一般为1分。

主观题部分作答时必须使用黑色墨水笔书写作答，不得使用其他颜色的钢笔、铅笔、签字笔和圆珠笔。作答时字迹要工整、版面要清晰。因此书写不能离密封线太近，密封后评卷人不容易看到；书写的字不能太粗、太密、太乱，最好买支极细笔，字体稍微书写大点、工整点，这样看起来工整、清晰，评卷人也愿意多给分。

主观题部分作答应避免答非所问，因此考生在考试时要答对得分点，答出一个得分点就给分，说得不完全一致，也会给分，多答不会给分，只会按点给分。不明确用到什么规范的情况就用"强制性条文"或者"有关法规"代替，在回答问题时，只要有可能，就在答题的内容前加上这样一句话：根据有关法规或根据强制性条文，通常这些是得分点之一。

主观题部分作答应言简意赅，并多使用背景资料中给出的专业术语。考生在考试时应相信第一感觉，考生在涂改答案过程中，"把原来对的改成错的"这种情形有很多。在确定完全答对时，就不要展开论述，也不要写多余的话，能用尽量少的文字表达出正确的意思就好，这样评卷人看得舒服，考生自己也能省时间。如果答题时发现错误，不得使用涂改液等修改，应用笔画个框圈起来，打个"×"即可，然后再找一块干净的地方重新书写。

本科目常考的标准、规范

1. 《水利水电工程等级划分及洪水标准》SL 252—2017
2. 《水闸施工规范》SL 27—2014
3. 《水闸设计规范》SL 265—2016
4. 《泵站设计标准》GB 50265—2022
5. 《水工建筑物水泥灌浆施工技术规范》DL/T 5148—2021
6. 《堤防工程施工规范》SL 260—2014
7. 《混凝土面板堆石坝施工规范》SL 49—2015
8. 《水工混凝土施工规范》SL 677—2014
9. 《水工混凝土施工规范》DL/T 5144—2015
10. 《碾压式土石坝施工规范》DL/T 5129—2013
11. 《混凝土面板堆石坝施工规范》DL/T 5128—2021
12. 《水利水电工程施工安全管理导则》SL 721—2015
13. 《水利水电工程施工组织设计规范》SL 303—2017
14. 《水利水电工程施工质量检验与评定规程》SL 176—2007
15. 《水利水电工程单元工程施工质量验收评定标准——土石方工程》SL 631—2012
16. 《水利水电工程单元工程施工质量验收评定标准——混凝土工程》SL 632—2012
17. 《水利水电工程单元工程施工质量验收评定标准——地基处理与基础工程》SL 633—2012
18. 《水利水电工程单元工程施工质量验收评定标准——堤防工程》SL 634—2012
19. 《水利水电工程单元工程施工质量验收评定标准——水工金属结构安装工程》SL 635—2012
20. 《水利水电建设工程验收规程》SL 223—2008
21. 《水利水电工程施工通用安全技术规程》SL 398—2007
22. 《水利水电工程施工安全防护设施技术规范》SL 714—2015
23. 《水电水利工程施工重大危险源辨识及评价导则》DL/T 5274—2012
24. 《大中型水电工程建设风险管理规范》GB/T 50927—2013

第一章　水利水电工程施工技术案例分析专项突破

2014—2023 年度实务操作和案例分析题考点分布

考点	年份									
	2014年	2015年	2016年	2017年	2018年	2019年	2020年	2021年	2022年	2023年
水利水电工程施工测量的要求			●							
水利水电工程地质与水文地质条件分析								●		
水利水电工程建筑物的类型			●	●	●	●			●	
水工建筑物受力状况及主要设计方法						●				
水利水电工程建筑材料的应用						●				●
施工导流方式	●	●							●	
围堰的类型									●	
围堰布置与设计	●								●	
基坑排水技术	●						●			
灌浆施工技术			●		●			●		
土方开挖技术							●			●
锚固技术										●
地下工程施工										●
土石坝填筑的施工碾压试验									●	●
土石坝的质量控制		●								
面板堆石坝结构布置		●						●		
坝体填筑施工				●				●		
面板及趾板的施工		●					●	●		●
混凝土拌合设备及其生产能力的确定			●		●		●			
混凝土的浇筑与养护						●	●			
大体积混凝土温控措施						●				
模板的分类与模板施工										●
钢筋加工安装技术要求							●			
混凝土坝施工的分缝分块						●				
碾压混凝土坝的施工工艺及特点									●	

考点	年份									
	2014年	2015年	2016年	2017年	2018年	2019年	2020年	2021年	2022年	2023年
碾压混凝土坝的施工质量控制						●				
堤身填筑施工方法									●	
水下工程施工									●	
水闸的分类及组成										●
水闸主体结构的施工方法					●					●
闸门的安装方法					●			●		
泵站的布置									●	
水利水电工程施工场区安全要求	●		●					●		
水利水电工程施工操作安全要求				●				●		●

【专家指导】

在近几年的考试中，往往通过施工技术与施工管理相结合进行考查。这部分内容中，会给定图表，要求判断建筑物名称，指出代表的内容或数字，建议考生在复习时对考试用书已有图表详读掌握，并熟悉本书中的示意图。从上述考点分布情况来看，水利水电工程等级划分、建筑物级别划分、土方填筑技术、高处作业级别与种类都是考查的重点。

历 年 真 题

实务操作和案例分析题一［2023年真题］

【背景资料】

某新建大型水库枢纽工程主要建设内容包括主坝、副坝和泄水闸等。其中主坝为混凝土面板堆石坝，副坝为均质土坝。工程施工过程中发生如下事件：

事件1：副坝坝顶混凝土防浪墙施工采用移动式模板，如图1-1所示。

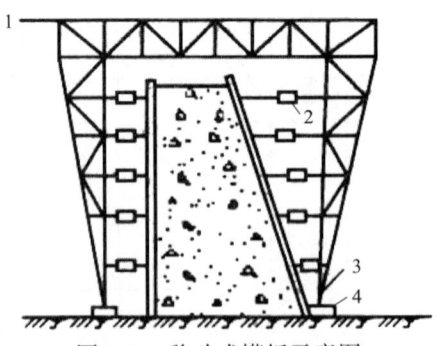

图1-1 移动式模板示意图

事件2：施工单位采用环刀取样检测副坝土料填筑压实度（最大干密度为1.66g/cm³），并按《土工试验方法标准》GB/T 50123—2019进行了土工试验，试验结果见表1-1。

湿密度	环刀号		1			
	环刀容积	cm³	200			
	环刀质量	g	188.34			
	土样＋环刀质量	g	578.24			
	土样质量	g				
	湿密度	g/cm³	1.95		A	
干密度	盒号		1		2	
	盒质量	g	13.40	B	13.21	C
	盒＋湿土质量	g	52.34	D	43.33	E
	盒＋干土质量	g	44.96	F	37.61	G
	水的质量	g				
	干土质量	g				
	含水率	%				
	平均含水率	%	H			
	干密度	g/cm³	I			
	压实度	%	J			

注：表中A～J是为计算所加注的相应数据代码。

事件3：新进一批钢筋，施工单位按要求取样，送至有资质的第三方检验机构进行拉力试验。

事件4：工程采用紫铜片止水，方案部分内容如下：

（1）沉降缝填充，先装填填缝材料，后浇筑混凝土。

（2）紫铜止水片采用双面焊接，焊缝搭接10mm。

（3）水平止水片接头在加工厂制作。

（4）水平止水片上40cm设置一道水平施工缝，施工时采用将止水片留出的方案。

（5）紫铜止水片在沉降槽处用聚乙烯闭孔泡沫板条填缝。

（6）为加强止水片和混凝土的接触，振捣时用振捣泵在止水片上及止水片周围振捣。

（7）焊缝采用紫铜条焊接。

（8）用水检查焊缝的渗透性。

【问题】

1. 写出图1-1中1、2、3、4的名称。

2. 计算压实度，采用代码列式计算，计算结果保留小数点后两位。

3. 钢筋检验除拉力试验外，还应进行哪些试验？钢筋拉力试验项目的三个指标是什么？

4. 写出混凝土面板的施工作业内容。

5. 改正事件4中的不妥之处。

6. 工程结束后，施工单位和发包人签订了质量保修书，写出质量保修书的内容。

【参考答案与分析思路】

1. 图1-1中1、2、3、4的名称分别是：1—支承钢架（贝雷架、门架）；2—花篮螺杆（横向拉杆）；3—行驶轮（滑轮）；4—轨道。

本题考查的是模板的分类与模板施工。模板根据制作材料可分为木模板、钢模板、胶合板、塑料板、混凝土和钢筋混凝土预制模板等；根据架立和工作特征可分为固定式、拆移式、移动式和滑升式等。移动式模板浇筑混凝土墙如图1-2所示。

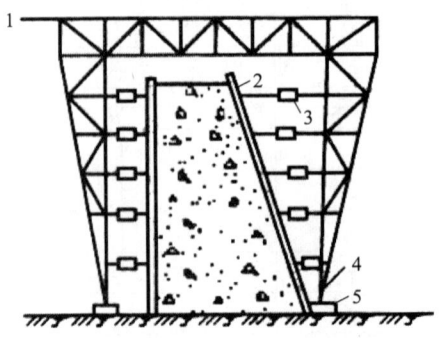

图1-2 移动式模板浇筑混凝土墙

1—支承钢架；2—钢模板；3—花篮螺杆；4—行驶轮；5—轨道

2. 压实度的计算如下：

盒1水的质量：D－F＝52.34－44.96＝7.38g

盒1干土质量：F－B＝44.96－13.40＝31.56g

盒1含水率：水的质量÷干土质量＝7.38÷31.56＝23.38%

盒2水的质量：E－G＝43.33－37.61＝5.72g

盒2干土质量：G－C＝37.61－13.21＝24.40g

盒2含水率：水的质量÷干土质量＝5.72÷24.40＝23.44%

平均含水率H：（23.38%＋23.44%）÷2＝23.41%

干密度I：湿密度÷（1＋含水率）＝1.95÷（1＋23.41%）＝1.58g/cm³

压实度J：干密度÷最大干密度＝1.58÷1.66＝95.18%

本题考查的是压实度的计算。环刀取样检测土料压实度：

（1）水的质量＝（盒＋湿土质量）－（盒＋干土质量）

（2）干土质量＝（盒＋干土质量）－盒质量

（3）含水率＝水的质量÷干土质量

（4）干密度＝湿密度÷（1＋含水率）

（5）压实度＝干密度÷最大干密度

3. 钢筋检验除拉力试验外，还应进行冷弯试验。

钢筋拉力试验项目的三个指标是屈服点、抗拉强度、伸长率。

本题考查的是钢筋检验。施工中经常对钢材进行冷弯或焊接等工艺加工。钢材的力学性能主要有抗拉性能（抗拉屈服强度、抗拉极限强度、伸长率）、硬度和冲击韧性等；工艺性能有焊接性能及冷弯性能。

到货钢筋应分批检查每批钢筋的外观质量，查看锈蚀程度及有无裂缝、结疤、麻坑、气泡、砸碰伤痕等，并应测量钢筋的直径。在拉力检验项目中，包括屈服点、抗拉强度和伸长率三个指标，如有一个指标不符合规定，即认为拉力检验项目不合格。

4. 混凝土面板的施工作业内容主要包括混凝土面板的分块、垂直缝砂浆条铺设、钢筋架立、止水安装、面板混凝土浇筑、面板养护等作业。

> 本题考查的是混凝土面板的施工作业内容。混凝土面板的施工主要包括混凝土面板的分块、垂直缝砂浆条铺设、钢筋架立、止水安装、面板混凝土浇筑、面板养护等作业内容。面板的养护包括保温、保湿两项内容。一般采用草袋保温、喷水保湿，并要求连续养护。

5. 事件4中有四项不妥之处，改正如下：

第（2）条不妥，改正：紫铜片采用双面焊接，焊缝搭接不应小于20mm。

第（6）条不妥，改正：混凝土浇筑时，不得冲撞止水片，振捣器不得触及止水片。

第（7）条不妥，改正：铜止水带宜用黄铜焊条。

第（8）条不妥，改正：应当用煤油检查紫铜焊缝的渗透性。

> 本题考查的是止水设施的施工。
>
> （1）沉降缝填料的施工方法：一种是将填充材料用铁钉固定在模板内侧后，再浇筑混凝土，这样拆模后填充材料即可贴在混凝土上，然后立沉降缝的另一侧模板和浇筑混凝土；另一种是先在缝的一侧立模浇筑混凝土，并在模板内侧预先钉好安装填充材料的长铁钉数排，并使铁钉的1/3留在混凝土外面，然后安装填料、敲弯铁尖，使填料固定在混凝土面上，再立另一侧模板和浇筑混凝土。由此可以判断第（1）条妥当。
>
> （2）紫铜止水片的制作应符合下列规定：
>
> ① 清除表面的油渍、浮皮和污垢。
>
> ② 宜用压模压制成型，转角和交叉处接头，宜在加工厂制作，并留有适当长度的直线段，以利现场搭接；接缝应焊接牢固。
>
> ③ 双面焊其搭接长度不应小于20mm。
>
> ④ 长时间外露应加强防护措施。
>
> 由此可以判断第（2）条不妥当，第（3）条妥当。
>
> （3）紫铜止水片在沉降槽处，应用聚乙烯闭孔泡沫板条或沥青灌填密实。由此可以判断第（5）条妥当。
>
> （4）浇筑止水缝部位混凝土的注意事项包括：
>
> ① 水平止水片应在浇筑层的中间，在止水片高程处，不得设置施工缝。
>
> ② 浇筑混凝土时，不得冲撞止水片，当混凝土将淹没止水片时，应再次清除其表面污垢并注意防止止水片向下弯折。
>
> ③ 振捣器不得触及止水片。
>
> ④ 嵌固止水片的模板应适当推迟拆模时间。
>
> 由此可以判断第（6）条不妥当。
>
> （5）铜止水带宜用黄铜焊条焊接，焊接时应对垫片进行防火、防融蚀保护。不锈钢止水带宜用钨极氩弧焊焊接。金属止水带的焊缝应表面光滑、不渗水，无孔洞、裂隙、漏焊、欠焊、咬边伤等缺陷，应抽样，用煤油等做渗透检验。紫铜止水片焊缝可以采用红铜焊丝。
>
> 由此可以判断第（7）、（8）条不妥当。

6. 质量保修书的内容：合同工程完工验收情况；质量保修的范围和内容；质量保修期；质量保修责任；质量保修费用；其他。

本题考查的是质量保修书的内容。工程办理具体交接手续的同时，施工单位应向项目法人递交单位法定代表人签字的工程质量保修书，保修书的内容应符合合同约定的条件。保修书的主要内容有：

（1）合同工程完工验收情况。

（2）质量保修的范围和内容。

（3）质量保修期。

（4）质量保修责任。

（5）质量保修费用。

（6）其他。

工程质量保修期应从工程通过合同工程完工验收后开始计算，但合同另有约定的除外。

实务操作和案例分析题二［2022年真题］

【背景资料】

某水利工程水库总库容为 $0.64 \times 10^8 m^3$，大坝为碾压混凝土坝，最大坝高为58m。在右岸布置一条导流隧洞，采用土石围堰一次拦断河床的导流方案。施工期间发生如下事件：

事件1：施工单位编制了施工导流方案，确定了导流建筑物结构形式和施工技术措施。其中上游围堰采用黏土心墙土石围堰，设计洪水位为159m，波浪高度为0.3m；导流隧洞长320m，洞径为4m，穿越Ⅱ、Ⅲ、Ⅴ类围岩，对穿越Ⅱ类围岩的洞段不支护，其他洞段均进行支护。

事件2：围堰填筑前，监理工程师对心墙填筑料和堰壳填筑料的渗透系数进行了抽样检测，心墙填筑料的渗透系数为 $1.0 \times 10^{-4} cm/s$，堰壳填筑料的渗透系数为 $1.7 \times 10^{-3} cm/s$。监理工程师要求施工单位更换填筑料。

事件3：导流隧洞施工完成且具备过流条件后，项目法人根据《水利水电建设工程验收规程》SL 223—2008阶段验收的基本要求，向阶段验收主持单位提出了阶段验收申请报告。验收主持单位在收到验收申请报告后第25个工作日决定同意阶段验收，并成立了由验收主持单位和有关专家参加的阶段验收委员会。

事件4：施工单位编制了碾压混凝土施工方案，采用RCC工法施工，碾压厚度为75cm，碾压前通过碾压试验确定碾压参数。在碾压过程中，采用核子密度仪测定碾压混凝土的湿密度和压实度，对碾压层的均匀性进行控制。

【问题】

1. 根据背景资料，判别工程的规模、等别及碾压混凝土坝和围堰的建筑物级别。

2. 根据施工期挡、泄水建筑物的不同，一次拦断河床围堰导流程序可分为哪几个阶段？

3. 根据事件1，计算上游围堰的堰顶高程。分别提出与Ⅲ、Ⅴ类围岩相适应的支护类型。

4. 根据事件2，判定监理工程师提出更换哪个部位的填筑料？说明理由。

5. 指出事件3中的不妥之处，说明理由。除阶段验收主持单位和有关专家外，阶段验收委员会的组成还应包括哪些人员？

6. 指出事件4中的不妥之处，说明理由。碾压参数包含哪些内容？采用核子密度仪测定湿密度和压实度时，对检测点布置和数量以及检测时间有什么要求？

【参考答案与分析思路】

1. 工程的规模、等别及碾压混凝土坝和围堰级别的判别如下：

（1）工程规模：中型。

（2）工程等别：Ⅲ等。

（3）碾压混凝土坝级别：3级。

（4）围堰级别：5级。

> 本题考查的是水利水电工程等级划分。水利工程水库总库容为 $0.64 \times 10^8 \mathrm{m}^3$，符合 "$< 1.0 \times 10^8 \mathrm{m}^3$，$\geqslant 0.10 \times 10^8 \mathrm{m}^3$"，所以该工程规模为中型，工程等别为Ⅲ等，主要建筑物级别为3级，保护对象为3、4级永久性水工建筑物，其临时性水工建筑物的级别为5级。

2. 根据施工期挡、泄水建筑物的不同，一次拦断河床围堰导流程序可分为初期、中期和后期导流三个阶段。

> 本题考查的是一次拦断河床围堰导流。
>
> 对大坝施工而言，根据施工期挡、泄水建筑物的不同，一次拦断河床围堰导流程序可分为初期、中期和后期导流三个阶段。
>
> （1）初期导流为围堰挡水阶段，水流由导流泄水建筑物下泄。
>
> （2）中期导流为坝体临时挡水阶段，坝体填筑高度超过围堰堰顶高程，洪水由导流泄水建筑物下泄，坝体满足安全度汛条件。
>
> （3）后期导流为坝体挡水阶段导流泄水建筑物下闸封堵，水库开始蓄水，永久泄水建筑物尚未具备设计泄流能力。

3. 上游围堰堰顶安全加高下限值为0.5m，则上游围堰的堰顶高程＝159＋0.3＋0.5＝159.8m。

与Ⅲ类围岩相适应的支护类型：喷混凝土、系统锚杆加钢筋网。

与Ⅴ类围岩相适应的支护类型：管棚、喷混凝土、系统锚杆、钢构架，必要时进行二次支护。

> 本题考查的是堰顶高程的计算及围岩支护类型。堰顶高程不低于设计洪水的静水位与波浪高度及堰顶安全加高值之和，其堰顶安全加高不低于表1-2值。

不过水围堰堰顶安全加高下限值（单位：m）　　　　表1-2

围堰类型	围堰级别	
	3	4～5
土石围堰	0.7	0.5
混凝土围堰、浆砌石围堰	0.4	0.3

本题中，堰顶安全加高下限值为0.5m。

上游围堰的堰顶高程＝159＋0.3＋0.5＝159.8m

围岩工程地质分类见表1-3：

围岩工程地质分类 表1-3

围岩类别	围岩稳定性	支护类型
Ⅰ	稳定	不支护
Ⅱ	基本稳定	不支护或局部锚杆或喷薄层混凝土。大跨度时，喷混凝土、系统锚杆加钢筋网
Ⅲ	稳定性差	喷混凝土、系统锚杆加钢筋网。 跨度为20～25m时，浇筑混凝土衬砌
Ⅳ	不稳定	喷混凝土、系统锚杆加钢筋网或加钢构架
Ⅴ	极不稳定	管棚、喷混凝土、系统锚杆、钢构架，必要时进行二次支护

4. 监理工程师应提出更换心墙填筑料。

理由：防渗体土料渗透系数不宜大于1.0×10^{-5}cm/s。

本题考查的是土石围堰填筑材料要求。土石围堰填筑材料应符合下列要求：

（1）均质土围堰填筑材料渗透系数不宜大于1×10^{-4}cm/s；防渗体土料渗透系数不宜大于1×10^{-5}cm/s。

（2）心墙或斜墙土石围堰堰壳填筑料渗透系数宜大于1×10^{-3}cm/s；可采用天然砂卵石或石渣。

（3）围堰堆石体水下部分不宜采用软化系数值大于0.7的石料。

（4）反滤料和过渡层料宜优先选用满足级配要求的天然砂砾石料。

5. 事件3中的不妥之处：第25个工作日决定同意阶段验收。

理由：验收主持单位应自收到验收申请报告之日起20个工作日内决定是否同意进行阶段验收。

除阶段验收主持单位和有关专家外，阶段验收委员会的组成还包括：质量和安全监督机构、运行管理单位的代表。

本题考查的是水利工程阶段验收的组织。阶段验收应由竣工验收主持单位或其委托的单位主持。阶段验收委员会应由验收主持单位、质量和安全监督机构、运行管理单位的代表以及有关专家组成；必要时，可邀请地方人民政府以及有关部门参加。工程建设具备阶段验收条件时，项目法人应向竣工验收主持单位提出阶段验收申请报告。竣工验收主持单位应自收到验收申请报告之日起20个工作日内决定是否同意进行阶段验收。

6. 事件4中的不妥之处：碾压厚度为75cm。

理由：RCC工法碾压厚度通常为30cm。

碾压参数包含：碾压遍数及振动碾行车速度。

采用核子密度仪测定湿密度和压实度时，对检测点布置和数量以及检测时间的要求：每铺筑碾压混凝土100～200m²至少应有一个检测点，每层应有3个以上检测点，检测宜在压实后1h内进行。

本题考查的是碾压混凝土坝的施工技术。

碾压混凝土坝不采用传统的柱状浇筑法，而采用通仓薄层浇筑（RCD工法碾压厚度通常为50cm、75cm、100cm，RCC工法通常为30cm）。

碾压混凝土依靠振动碾碾压达到混凝土密实。碾压前，通过碾压试验确定碾压遍数及振动碾行车速度。

碾压混凝土在碾压过程中，可使用核子密度仪测定碾压混凝土的湿密度和压实度，对碾压层的均匀性进行控制。每铺筑碾压混凝土100～200m²至少应有一个检测点，每层应有3个以上检测点，检测宜在压实后1h内进行。

实务操作和案例分析题三〔2021年真题〕

【背景资料】

某水电枢纽工程包括混凝土面板堆石坝、溢洪道、地下厂房等，其中混凝土面板堆石坝坝高208m，坝顶全长630m，水库总库容为85×10⁸m³。堆石坝坝体分区示意图如图1-3所示。

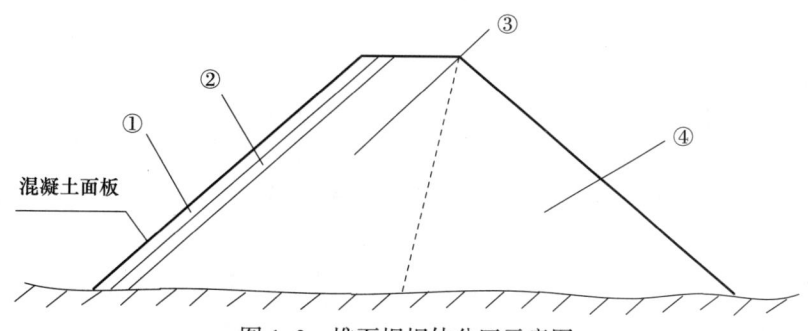

混凝土面板

图1-3 堆石坝坝体分区示意图

施工单位编制了施工组织设计，有关内容和要求如下：

（1）堆石坝坝体填筑料中的堆石材料应满足抗压强度等方面质量要求。

（2）现场通过碾压试验确定碾压机具的重量等坝体填筑压实参数。

（3）各分区坝料压实后检查项目和取样频次应符合相关规范要求。

（4）为确保面板施工质量，围绕混凝土面板分块、垂直缝砂浆条铺设、止水片安装等主要作业内容进行相应组织和安排。

【问题】

1. 分别指出图1-3中①、②、③、④对应的坝体分区名称。

2. 除抗压强度外，堆石材料的质量要求还涉及哪些方面？

3. 除碾压机具的重量外，堆石坝坝体填筑的压实参数还包括哪些？

4. 堆石坝中堆石料的压实检查项目有哪些？相应取样频次是如何规定的？

5. 除背景资料所列内容外，混凝土面板施工的主要作业内容还有哪些？

【参考答案与分析思路】

1. 图1-3中①、②、③、④对应的坝体分区名称分别为：①—垫层区；②—过渡区；③—主堆石区；④—次堆石区（或下游堆石区）。

本题考查的是堆石坝坝体分区。该考点是考试中常考的知识点，一般的考查方式就是指出图中字母或数字所代表的坝体分区名称，判断各区域的作用。

坝体部位不同，受力状况不同，对填筑材料的要求也不同，所以应对坝体进行分区，主要有垫层区、过渡区、主堆石区、次堆石区（或下游堆石区）等，如图1-4所示。

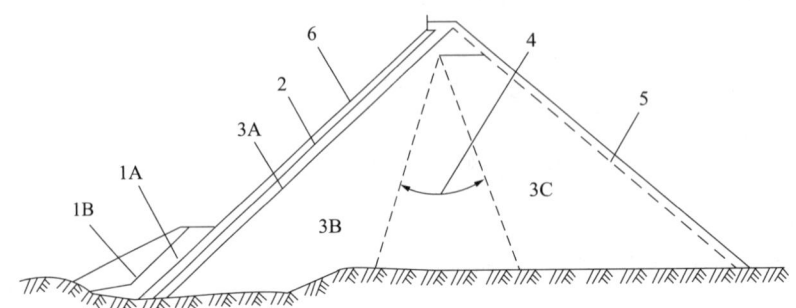

图1-4　堆石坝坝体分区

1A—上游铺盖区；1B—压重区；2—垫层区；3A—过渡区；3B—主堆石区；3C—下游堆石区；
4—主堆石区和下游堆石区的可变界限；5—下游护坡；6—混凝土面板

各分区的主要作用如下：

（1）垫层区主要作用是为面板提供平整、密实的基础，将面板承受的水压力均匀传递给主堆石体，并起辅助渗流控制作用。

（2）过渡区位于垫层区和主堆石区之间，主要作用是保护垫层区在高水头作用下不产生破坏。

（3）主堆石区位于坝体上游区内，是承受水荷载的主要支撑体，其石质好坏、密度、沉降量大小，直接影响面板的安危。

（4）下游堆石区位于坝体下游区，主要作用是保护主堆石体及下游边坡的稳定。

2. 除抗压强度外，堆石材料的质量要求还有：硬度、天然重度、软化系数（抗风化能力）、碾压后的密实度和内摩擦角、具有一定渗透能力（渗透性）。

本题考查的是堆石材料的质量要求。堆石材料的质量要求：（1）为保证堆石体的坚固、稳定，主要部位石料的抗压强度不应低于78MPa，当抗压强度只有49～59MPa时，只能布置在坝体的次要部位。（2）石料硬度不应低于莫氏硬度表中的第三级，其韧性不应低于$2kg \cdot m/cm^2$。（3）石料的天然重度不应低于$22kN/m^3$，石料的重度越大，堆石体的稳定性越好。（4）石料应具有抗风化能力，其软化系数水上不应低于0.8，水下不应低于0.85。（5）堆石体碾压后应有较大的密实度和内摩擦角，且具有一定渗透能力。

3. 除碾压机具的重量外，堆石坝坝体填筑的压实参数还包括行车速度、铺料厚度、加水量和碾压遍数。

本题考查的是堆石坝坝体填筑的压实参数。压实参数是常考考点，经常会考查的题型是指出背景资料之外的压实参数。压实参数包括碾重、行车速度、铺料厚度、加水量和碾压遍数。

4. 堆石料的压实检查项目包括：干密度、孔隙率、颗粒级配。

取样频次：1次／（5000～50000m³）。

本题考查的是坝料压实检查项目及取样频次。重点掌握砂砾料和堆石料的检查项目和取样频次。坝料压实检查项目及取样频次见表1-4。

坝料压实检查项目及取样频次　　　　　　　　　　表1-4

坝料		检查项目	取样频次
垫料层	坝面	干密度、颗粒级配	1次／（500～1000m³），每单元至少1次
	上游坡面	干密度、颗粒级配	1次／（1500～3000m³）
	小区	干密度、颗粒级配	1次／（1～3层）
过渡料		干密度、颗粒级配	1次／（1000～5000m³）
砂砾料		干密度、相对密度、颗粒级配	1次／（1000～5000m³），每层不小于10点
堆石料		干密度、孔隙率、颗粒级配	1次／（5000～50000m³）

5. 混凝土面板施工的主要作业内容除背景资料所列内容外，还包括模板安装、钢筋架立、面板混凝土浇筑、面板养护。

本题考查的是混凝土面板施工的主要作业内容。混凝土面板（面板可划分为面板与趾板）是面板堆石坝的主要防渗结构，厚度薄、面积大，在满足抗渗性和耐久性条件下，要求具有一定柔性以适应堆石体的变形。面板的施工主要包括钢筋混凝土面板的分块、垂直缝砂浆条铺设、止水片安装、模板安装、钢筋架立、面板混凝土浇筑、面板养护等作业内容。这也是个多项选择题采分点，注意掌握。

实务操作和案例分析题四［2020年真题］

【背景资料】

某混凝土重力坝工程，坝基为岩基，大坝上游坝体分缝处设置紫铜止水片。

施工中发生如下事件：

事件1：工程开工前，施工单位编制了常态混凝土施工方案。根据施工方案及进度计划安排，确定高峰月混凝土浇筑强度为25000m³。施工单位采用《水利水电工程施工组织设计规范》SL 303—2017有关公式对混凝土拌合系统的小时生产能力进行计算，有关计算参数如下：小时不均匀系数$K_h = 1.5$，月工作天数$M = 25$d，日工作小时数$N = 20$h。经计算拟选用生产率为35m³/h的JS750型拌合机2台。

事件2：岩基爆破后，施工单位在混凝土浇筑前对基础面进行处理。监理单位在首仓混凝土浇筑前进行开仓检查。

事件3：某一坝段混凝土初凝后4h开始保湿养护，连续养护14d后停止。

事件4：监理人员在巡检过程中，检查了紫铜止水片的搭接焊接质量。

【问题】

1. 根据事件1，计算该工程需要的混凝土拌合系统小时生产能力，判断拟选用拌合设备的生产能力是否满足要求？指出影响混凝土拌合系统生产能力的因素有哪些？

2. 事件2中，岩基基础面需要做哪些处理？大坝首仓混凝土浇筑前除检查基础面处理外，还要检查的内容有哪些？

3. 指出事件3中的错误之处，写出正确做法。

4. 事件4中，紫铜止水片的搭接焊接质量合格的标准有哪些？焊缝的渗透检验采用什么方法？

【参考答案与分析思路】

1. 该工程需要的混凝土拌合系统小时生产能力：$1.5×25000/（25×20）=75m^3/h$。

经计算拟选用生产率为$35m^3/h$的JS750型拌合机2台，由此可知：$2×35=70m^3/h<75m^3/h$，不满足要求。

影响混凝土拌合系统生产能力的因素有设备容量、台数、生产率等。

> 本题考查的是拌合设备生产能力的确定。拌合设备生产能力主要取决于设备容量、台数与生产率等因素。混凝土拌合系统的基本生产能力，一般情况下是用满足浇筑强度而选择配置混凝土拌合设备的总生产能力来表示。
>
> 混凝土拌合系统小时生产能力的计算公式为：
>
>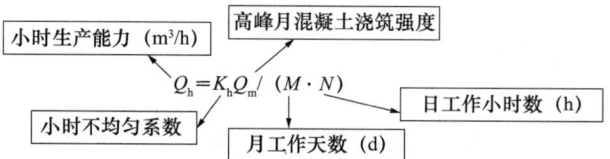
>
> 根据事件1，将数据代入公式，该工程需要的混凝土拌合系统小时生产能力为$1.5×25000/（25×20）=75m^3/h$。
>
> 因为拟选用生产率为$35m^3/h$的JS750型拌合机2台，将计算出的数据与其进行比较，即$2×35=70m^3/h<75m^3/h$，所以是不满足要求的。

2. 事件2中，岩基基础面需要做以下处理：用人工清除表面松软岩石、棱角和反坡，并用高压水枪冲洗，若粘有油污和杂物，可用金属丝刷洗，直至洁净为止，最后，再用高压风吹至岩面无积水。

大坝首仓混凝土浇筑前还要检查的内容有：模板、钢筋及止水安设等内容。

> 本题考查的是基础面处理。混凝土浇筑前的准备作业包括基础面的处理、施工缝处理、立模、钢筋和预埋件及止水安设等。基础面的处理分为三种情况：
>
> （1）对于砂砾地基，应清除杂物，整平建基面，再浇筑10～20cm低强度等级的混凝土作垫层，以防漏浆。
>
> （2）对于土基应先铺碎石，盖上湿砂，压实后，再浇筑混凝土。
>
> （3）对于岩基，在爆破后，用人工清除表面松软岩石、棱角和反坡，并用高压水枪冲洗，若粘有油污和杂物，可用金属丝刷洗，直至洁净为止，最后，再用高压风吹至岩面无积水，经质检合格，才能开仓浇筑。

3. 对事件3中混凝土养护错误之处的判断及正确做法如下：

错误之处一：混凝土初凝后4h开始保湿养护。

正确做法：常态混凝土应在初凝后3h开始保湿养护。

错误之处二：连续养护14d后停止。

正确做法：混凝土宜养护至设计龄期，养护时间不宜少于28d。

> 本题考查的是混凝土养护。事件3，只有一句话，错误点就在两个时间点。
>
> （1）坝体混凝土施工中出现的所有临时或永久暴露面均应进行养护。常态混凝土应在初凝后3h开始保湿养护；碾压混凝土可在收仓后进行喷雾养护，并尽早开始保湿养护。
>
> （2）混凝土养护可采用喷雾、旋喷洒水、表面流水、表面蓄水、花管喷淋、覆盖潮湿草袋、铺湿砂层或湿砂袋、涂刷养护剂、人工洒水等方式。
>
> （3）混凝土宜养护至设计龄期，养护时间不宜少于28d。闸墩、抗冲磨混凝土等特殊部位宜适当延长养护时间。

4. 事件4中，紫铜止水片的搭接焊接质量合格的标准有：（1）双面焊接，搭接长度应大于20mm。（2）焊缝应表面光滑、不渗水，无孔洞、裂隙、漏焊、欠焊、咬边伤等缺陷。

焊缝抽样应用煤油等做渗透检验。

> 本题考查的是接缝止水施工。铜止水带的连接宜采用对缝焊接或搭接焊接，焊缝处的抗拉强度不应小于母材抗拉强度的70%。对缝焊接应用单面双道焊缝；搭接焊接宜双面焊接，搭接长度应大于20mm。铜止水带宜用黄铜焊条焊接，焊接时应对垫片进行防火、防融蚀保护。不锈钢止水带宜用钨极氩弧焊焊接。金属止水带的焊缝应表面光滑、不渗水，无孔洞、裂隙、漏焊、欠焊、咬边伤等缺陷，抽样应用煤油等做渗透检验。止水带加工成型、接头焊接后，不应有机械加工引起的裂纹、孔洞等损伤，以及漏焊、欠焊等缺陷。

实务操作和案例分析题五［2020年真题］

【背景资料】

某河道治理工程包括新建泵站、新建堤防工程。本工程采用一次拦断河床围堰导流，上下游围堰采用均质土围堰。该工程地面高程为30.000m，泵站主体工程设计建基面高程为22.900m。

本工程混凝土采用泵送，现场布置有混凝土拌合系统、钢筋加工厂、木工厂、油库、塔式起重机、办公生活区、地磅等临时设施。根据有利生产、方便生活、易于管理、安全可靠、成本最低的原则，进行施工现场布置，平面布置示意图如图1-5所示。

施工中发生如下事件：

事件1：基坑初期排水过程中，上游来水致使河道水位上升，上游围堰基坑侧发生滑坡。

事件2：施工单位土方开挖采用反铲挖掘机一次性开挖到22.900m高程。

事件3：启闭机平台简支梁断面示意图如图1-6所示，梁长6m，保护层厚25mm，因该工程箍筋φ8钢筋备量不足，拟采用φ6或Φ6钢筋代换，φ6钢筋抗拉强度按210MPa计算，Φ6钢筋抗拉强度按310MPa计算。

事件4：新建堤防迎水面采用混凝土预制块护坡。根据《水利水电建设工程验收规程》SL 223—2008，堤防工程竣工验收前，检测单位对混凝土预制块护坡质量进行抽检。

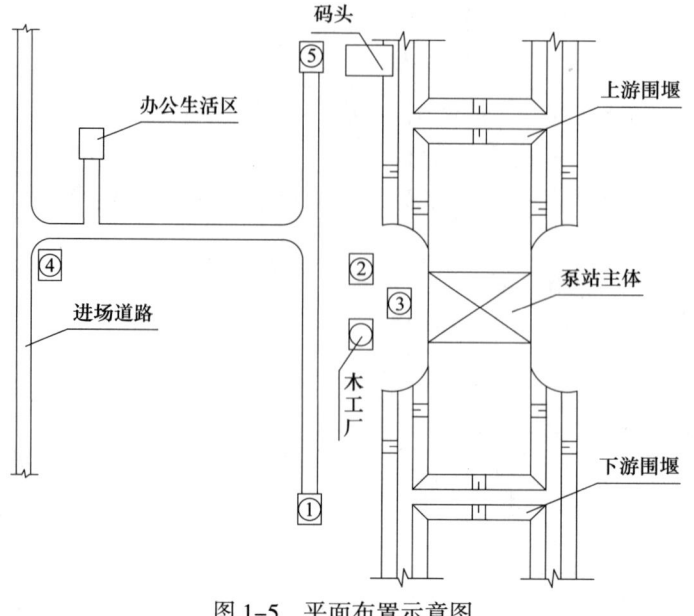

图 1-5　平面布置示意图

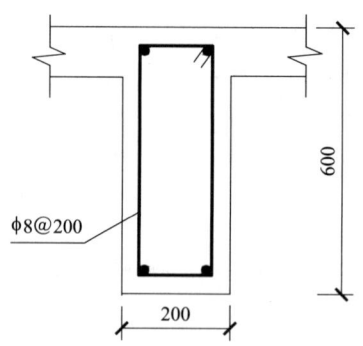

图 1-6　简支梁断面示意图（单位：mm）

【问题】

1. 指出示意图1-5中代号①、②、③、④、⑤所对应的临时设施名称。

2. 事件1中，基坑初期排水总量由哪几部分组成？指出围堰滑坡的可能原因，应如何处理？

3. 指出事件2中的错误之处，并提出合理的施工方法。

4. 写出泵站主体结构基础土方开挖单元工程质量评定工作的组织要求。

5. 根据事件3：

（1）画出箍筋示意图并注明尺寸。

（2）计算箍筋单根下料长度。（箍筋调整值按16.5d计算，计算结果取整数，单位：mm）

（3）单根梁需要的箍筋根数。

（4）分别计算φ6及Φ6代替Φ8的理论箍筋间距值。（计算结果取整数，单位：mm）

6. 写出事件4中混凝土预制块护坡质量抽检的主要内容。

【参考答案与分析思路】

1. 平面布置示意图1-5中①、②、③、④、⑤所对应的临时设施名称分别为：①为油库；②为钢筋加工厂；③为塔式起重机；④为地磅；⑤为混凝土拌合系统。

> 本题考查的是临时设施的布置。根据平面示意图判断临时设施的布置是常考考点。为了降低运输费用，必须合理地布置各种仓库、起重设备、加工厂及其他工厂设施，正确地选择运输方式和铺设工地运输道路。临时设施最好不占用拟建永久性建筑物和设施的位置，以避免拆迁这些设施所引起的损失和浪费。工地上各项设施应尽量使工人在工地上因往返而损失的时间最少，应合理规划行政管理及文化福利用房的相对位置，并考虑卫生、防火安全等方面的要求。

2. 事件1中，基坑初期排水总量由基坑积水量、抽水过程中围堰及地基渗水量、堰身及基坑覆盖层中的含水量，以及可能的降水量等组成。

围堰滑坡的可能原因及其处理措施如下：

（1）围堰滑坡原因：① 外河水位上升，围堰浸润线抬高；② 基坑抽水速度过快。

（2）处理措施：① 加固围堰；② 降低基坑排水速度，开始排水降速以0.5～0.8m/d为宜，接近排干时可允许达到1.0～1.5m/d。

> 本题考查的是基坑初期排水总量的组成以及围堰滑坡的原因和处理措施。这道题有3个小问，作答时一定要分条作答，不漏题。
>
> 初期排水总量应按围堰闭气后的基坑积水量、抽水过程中围堰及地基渗水量、堰身及基坑覆盖层中的含水量，以及可能的降水量等组成计算。这也是一个多项选择题采分点。
>
> 为了避免基坑边坡因渗透压力过大，造成边坡失稳产生塌坡事故，在确定基坑初期抽水强度时，应根据不同围堰形式对渗透稳定的要求确定基坑水位下降速度。
>
> 对于土质围堰或覆盖层边坡，其基坑水位下降速度必须控制在允许范围内。开始排水降速以0.5～0.8m/d为宜，接近排干时可允许达到1.0～1.5m/d。

3. 事件2中错误之处的判断及其合理的施工方法如下：

不妥之处：施工单位土方开挖采用反铲挖掘机一次性开挖到22.900m高程。

合理的施工方法：应分层开挖，邻近设计建基面高程时，应留出0.2～0.3m的保护层人工开挖。

> 本题考查的是土方开挖技术。应先挖出排水沟，然后再分层下挖。邻近设计建基面高程时，应留出0.2～0.3m的保护层暂不开挖，待上部结构施工时，再予以挖除。本案例中，工程地面高程为30.000m，最多开挖至22.800m。

4. 泵站主体结构基础土方开挖单元工程质量评定工作的组织要求：经施工单位自评合格，监理单位抽检后，由项目法人（或委托监理）、监理、设计、施工、工程运行管理（施工阶段已经成立）等单位组成联合小组，共同检查核定其质量等级并填写签证表，报工程质量监督机构核备。

> 本题考查的是有关施工质量评定工作的组织要求。该采分点在考试时经常考查，不仅会考查案例分析题，还经常考查选择题。土方开挖单元工程属于重要隐蔽单元工程，应符合下列规定：

重要隐蔽单元工程及关键部位单元工程质量经施工单位自评合格、监理单位抽检后，由项目法人（或委托监理）、监理、设计、施工、工程运行管理（施工阶段已经成立）等单位组成联合小组，共同检查核定其质量等级并填写签证表，报工程质量监督机构核备。

5. 根据事件3中简支梁断面示意图、相关数据画图及其计算如下：

（1）箍筋示意图如图1-7所示：

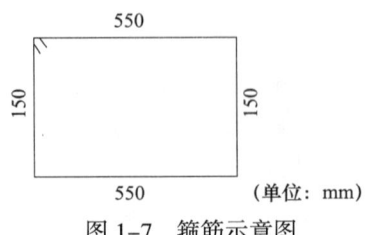

图 1-7　箍筋示意图

（2）箍筋单根下料长度L＝（550＋150）×2＋16.5×8＝1532mm

（3）单根梁需要的箍筋根数：（6000－25×2）÷200＋1＝31根

（4）Φ6代替Φ8间距：$\dfrac{3 \times 3 \times \pi}{4 \times 4 \times \pi} \times 200 = 113mm$

Φ6代替Φ8间距：$\dfrac{3 \times 3 \times \pi \times 310}{4 \times 4 \times \pi \times 210} \times 200 = 166mm$

本题考查的是钢筋的加工安装技术要求。解答本题需要熟悉钢筋图，还需要根据箍筋示意图进行计算，所以画图非常关键。

首先我们看下钢筋标注形式，如图1-8所示：

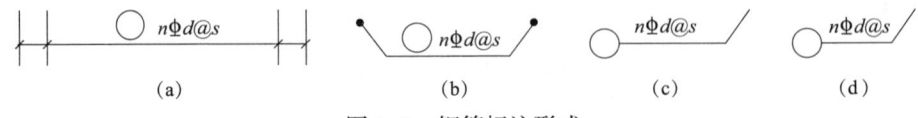

图 1-8　钢筋标注形式

注：圆圈内填写钢筋编号；n为钢筋的根数；Φ为钢筋种类的代号；

d为钢筋直径的数值；@为钢筋间距的代号；s为钢筋间距的数值。

接下来我们来看下如何计算：

（1）箍筋下料长度＝箍筋周长＋箍筋调整值，需要根据画出的箍筋示意图中数据来计算。箍筋下料长度＝（550＋150）×2＋16.5×8＝1532mm

（2）（梁的净宽－箍筋的起步间距×2）/箍筋间距，向上取整，再加1，得箍筋数量。（注意换算单位，6m＝6000mm）

所以，单根梁需要的箍筋根数：（6000－25×2）÷200＋1＝31根

（3）钢筋代换的规定：

①以另一种钢号或直径的钢筋代替设计文件中规定的钢筋时，应遵守以下规定：

应按钢筋承载力设计值相等的原则进行，钢筋代换后应满足规定的钢筋间距、锚固长度、最小钢筋直径等构造要求。

以高一级钢筋代换低一级钢筋时，宜采用改变钢筋直径的方法而不宜采用改变钢筋

根数的方法来减少钢筋截面积。

　　② 用同钢号某直径钢筋代替另一种直径的钢筋时，其直径变化范围不宜超过4mm，代换后钢筋总截面面积与设计文件规定的截面面积之比不得小于98%或大于103%。

　　③ 设计主筋采取同钢号的钢筋代换时，应保持间距不变，可以用直径比设计钢筋直径大一级和小一级的两种型号钢筋间隔配置代换，满足钢筋最小间距要求。

　　6. 事件4中混凝土预制块护坡质量抽检的主要内容：预制块厚度、平整度、缝宽。

　　本题考查的是质量检验的内容。本题需要根据《水利水电建设工程验收规程》SL 223—2008附录P作答。

实务操作和案例分析题六 ［2019 年真题］

【背景资料】

　　某水利水电枢纽由拦河坝、溢洪道、发电引水系统、电站厂房等组成。水库库容为 $12\times10^8\text{m}^3$。拦河坝为混凝土重力坝，最大坝高152m，坝顶全长905m。重力坝抗滑稳定计算受力简图如图1-9所示。

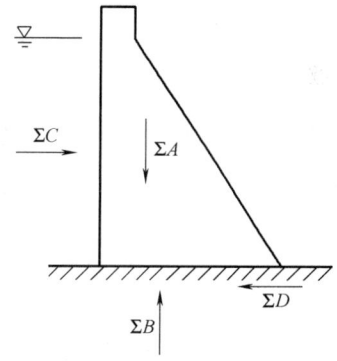

图1-9　重力坝抗滑稳定
计算受力简图

　　事件1：混凝土重力坝以横缝分隔为若干坝段。根据本工程规模和现场施工条件，施工单位将每个坝段以纵缝分为若干浇筑块进行混凝土浇筑。每个坝段采用竖缝分块形式浇筑混凝土。

　　事件2：混凝土重力坝基础面为岩基，开挖至设计高程后，施工单位对基础面表面松软岩石、棱角和反坡进行清除，随即开仓浇筑。

　　事件3：混凝土重力坝施工中，早期施工时坝体出现少量裂缝，经分析裂缝系温度应力所致。施工单位编制了温度控制技术方案，提出了相关温度控制措施，并提出出机口温度、表面保护等主要温度控制指标。

　　事件4：本工程混凝土重力坝为主要单位工程，分为18个分部工程，其中主要分部工程12个。单位工程施工质量评定时，分部工程全部合格，优良等级15个，其中主要分部工程优良等级11个。施工中无质量事故。外观质量得分率为91%。

【问题】

　　1. 写出图1-9中 ΣA、ΣB、ΣC、ΣD 分别对应的荷载名称。

　　2. 事件1中，混凝土重力坝坝段分段长度一般为多少米？每个坝段的混凝土浇筑除采用竖缝分块以外，通常还可采用哪些分缝分块形式？

　　3. 事件2中，施工单位对混凝土重力坝基础面采取的处理措施和程序是否完善？请说明理由。

　　4. 事件3中，除出机口温度、表面保护外，主要温度控制指标还应包括哪些？

　　5. 事件4中，混凝土重力坝单位工程施工质量等级能否评定为优良？说明原因。

【参考答案与分析思路】

　　1. 图1-9中 ΣA、ΣB、ΣC、ΣD 对应的荷载名称分别为：

（1）∑A 对应的荷载名称为自重。

（2）∑B 对应的荷载名称为扬压力。

（3）∑C 对应的荷载名称为水压力。

（4）∑D 对应的荷载名称为摩擦力。

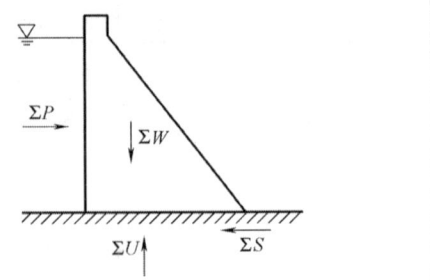

本题考查的是重力坝抗滑稳定计算受力简图。在近几年的考试中，经常会考查考试用书中的原图，考生要注意掌握示意图说明。重力坝抗滑稳定计算受力简图如图1-10所示。

图1-10　重力坝抗滑稳定计算受力简图

∑P—水压力；∑W—自重；∑U—扬压力；∑S—摩擦力

2. 混凝土坝的分缝分块，首先是沿坝轴线方向，将坝的全长划分为15～24m的若干坝段。

每个坝段的混凝土浇筑除采用竖缝分块以外，通常还可采用水平施工缝（通仓浇筑）、斜缝分块、错缝分块等分缝分块形式。

本题考查的是混凝土坝施工的分缝分块。混凝土重力坝分缝有横缝、纵缝和水平施工缝。沿坝轴线方向，将坝的全长划分为15～24m的若干坝段。坝段之间的缝称为横缝，纵缝是在平行于坝轴线方向设置的临时缝，如图1-11所示。

 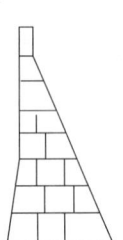 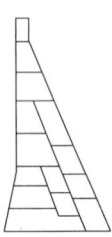 

（a）竖缝分块　　　（b）错缝分块　　　（c）斜缝分块　　　（d）水平施工缝（通仓浇筑）

图1-11　重力坝分缝分块

3. 事件2中，施工单位对混凝土重力坝基础面采取的处理措施和程序不完善。

理由：对于岩基，在爆破后，用人工清除表面松软岩石、棱角和反坡，并用高压水枪冲洗，若粘有油污和杂物，可用金属丝刷洗，直至洁净为止，最后，再用高压风吹至岩面无积水，经质检合格，才能开仓浇筑。

本题考查的是混凝土坝基础面处理。对于砂砾地基，应清除杂物，整平建基面，再浇10～20cm低强度等级的混凝土作垫层，以防漏浆；对于土基应先铺碎石，盖上湿砂，压实后，再浇筑混凝土；对于岩基，在爆破后，用人工清除表面松软岩石、棱角和反坡，并用高压水枪冲洗，若粘有油污和杂物，可用金属丝刷洗，直至洁净为止，最后，再用高压风吹至岩面无积水，经质检合格，才能开仓浇筑。针对不同的地基，处理方法不同，本题为岩基。

4. 事件3中，除出机口温度、表面保护外，主要温度控制指标还应包括：浇筑温度、浇筑层厚度、间歇期、表面冷却、通水冷却等。

> 本题考查的是混凝土温度控制指标。根据《混凝土坝温度控制设计规范》NB/T
> 35092—2017，混凝土温度控制应提出符合坝体分区容许最高温度及温度应力控制标准
> 的混凝土温度控制措施，并提出出机口温度、浇筑温度、浇筑层厚度、间歇期、表面冷
> 却、通水冷却和表面保护等主要温度控制指标。本题中需要写出出机口温度、表面保护
> 温度以外的其他指标。

5. 事件4中，混凝土重力坝单位工程施工质量等级不能评定为优良等级。

原因：主要分部工程12个，主要分部工程优良等级11个，不满足"主要分部工程质
量全部优良"的条件。

> 本题考查的是单位工程施工质量评定。本题中，18个分部工程，优良等级15个，
> 满足"70%以上达到优良等级"的条件；主要分部工程12个，主要分部工程优良等级11
> 个，不满足"主要分部工程质量全部优良"的条件。施工中无质量事故，外观质量得分
> 率为91%均满足条件。所以不能评定为优良，可以评定为合格。

实务操作和案例分析题七［2019年真题］

【背景资料】

某水电站工程主要工程内容包括：碾压混凝土坝、电站厂房、溢洪道等，工程规模为
中型。水电站装机容量为50MW，碾压混凝土坝坝顶高程为417.000m，最大坝高65m。该
工程施工平面布置示意图如图1-12所示。

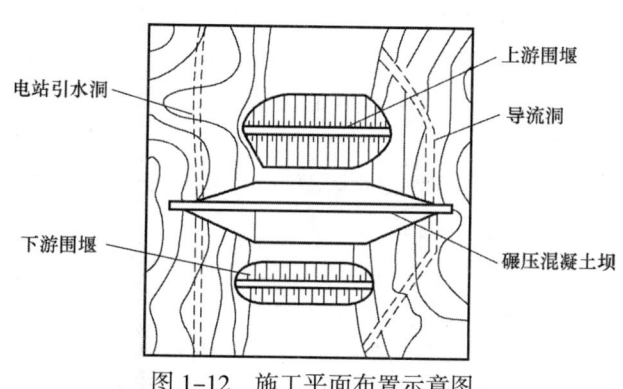

图1-12　施工平面布置示意图

事件1：根据合同工期要求，该工程施工导流部分节点工期目标及有关洪水标准见
表1-5。

施工导流部分节点工期目标及有关洪水标准表　　　　　　　　　　　表1-5

时间节点	工期目标	洪水标准	备注
2015.11	围堰填筑完成	围堰洪水标准A	围堰顶高程362.000m；围堰级别为B级
2016.5	大坝施工高程达到377.000m	大坝施工期洪水标准C	相应拦洪库容为2000万m³
2017.12	导流洞封堵完成	坝体设计洪水标准D；坝体校核洪水标准50～100年一遇	溢洪道尚不具备设计泄洪能力

事件2：上游围堰采用均质土围堰，围堰断面示意图如图1-13所示，施工单位分别采取瑞典圆弧法（K_1）和简化毕肖普法（K_2）计算围堰边坡稳定安全系数，K_1、K_2计算结果分别为1.03和1.08。施工单位组织编制了围堰工程专项施工方案，专项施工方案内容包括工程概况等。

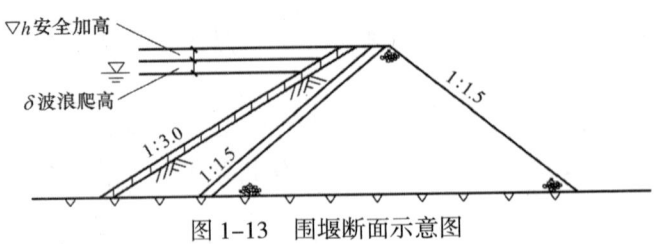

图1-13 围堰断面示意图

事件3：碾压混凝土坝施工中，采取了仓面保持湿润等养护措施。2016年9月，现场对已施工完成的碾压混凝土坝体钻孔取芯，钻孔取芯检验项目及评价内容见表1-6。

钻孔取芯检验项目及评价内容   表1-6

序号	检验项目	评价内容
1	芯样获得率	E
2	压水试验	F
3	芯样的物理力学性能试验	评价碾压混凝土均质性和力学性能
4	芯样断面位置及形态描述	评价碾压混凝土层间结合是否符合设计要求
5	芯样外观描述	G

事件4：为保证蓄水验收工作的顺利进行，2017年9月，施工单位根据工程进度安排，向当地水行政主管部门报送工程蓄水验收申请，并抄送项目审批部门。

【问题】

1. 根据《水利水电工程施工组织设计规范》SL 303—2017，指出事件1中A、C、D分别对应的洪水标准；围堰级别B为几级？

2. 事件2中，∇h最小应为多少？K_1、K_2是否满足《水利水电工程施工组织设计规范》SL 303—2017的要求？规范规定的最小值分别为多少？

3. 事件2中，围堰工程专项施工方案除背景所述内容外，还应包括哪些内容？

4. 事件3中，除仓面保持湿润外，在碾压混凝土养护方面还应注意哪些问题？

5. 事件3表1-6中，E、F、G分别所代表的评价内容是什么？

6. 根据《水电工程验收管理办法》（国能新能〔2015〕426号），指出并改正事件4中，在工程蓄水验收申请的组织方面存在的不妥之处。

【参考答案与分析思路】

1. 根据《水利水电工程施工组织设计规范》SL 303—2017，对事件1中A、C、D洪水标准及围堰级别B的判断如下：

（1）A代表的洪水标准范围为5～10年一遇。

（2）C代表的洪水标准范围为20～50年一遇。

（3）D代表的洪水标准范围为20～50年一遇。

（4）围堰级别B为5级。

本题考查的是洪水标准及围堰级别的判断。对本题的分析如下：

（1）对围堰洪水标准及级别的分析：

水工建筑物等级划分见表1-7。

水工建筑物等级划分 　　　　表1-7

工程等别	工程规模	水库总库容（10^8m^3）	防洪			治涝	灌溉	供水		发电
			保护人口（10^4人）	保护农田面积（10^4亩）	保护区当量经济规模（10^4人）	治涝面积（10^4亩）	灌溉面积（10^4亩）	供水对象重要性	年引水量（10^8m^3）	发电装机容量（MW）
I	大（1）型	≥10	≥150	≥500	≥300	≥200	≥150	特别重要	≥10	≥1200
II	大（2）型	<10，≥1.0	<150，≥50	<500，≥100	<300，≥100	<200，≥60	<150，≥50	重要	<10，≥3	<1200，≥300
III	中型	<1.0，≥0.10	<50，≥20	<100，≥30	<100，≥40	<60，≥15	<50，≥5	比较重要	<3，≥1	<300，≥50
IV	小（1）型	<0.1，≥0.01	<20，≥5	<30，≥5	<40，≥10	<15，≥3	<5，≥0.5	一般	<1，≥0.3	<50，≥10
V	小（2）型	<0.01，≥0.001	<5	<5	<10	<3	<0.5		<0.3	<10

记忆方法：

界限值遵循"包小不包大"。等别遵循"就高不就低"。水库总库容数字界限是10倍关系。

永久性水工建筑物级别见表1-8。

永久性水工建筑物级别 　　　　表1-8

工程等别	主要建筑物	次要建筑物	工程等别	主要建筑物	次要建筑物
I	1	3	IV	4	5
II	2	3	V	5	5
III	3	4			

水电站工程规模为中型，那么其工程等别为III等，根据水电站装机容量为50MW，也可以判断出工程等别为III等，最大坝高65m。由此可知主要建筑物级别为3级。

围堰属于临时性水工建筑物，根据临时性水工建筑物级别表（表1-9），可知围堰级别为5级。

临时性水工建筑物洪水标准见表1-10：

由此可知，围堰级别为5级，围堰洪水标准范围为5～10年一遇。

				导流建筑物规模	
级别	保护对象	失事后果	使用年限（年）	围堰高度（m）	库容（10⁸m³）
				围堰高度（m）	库容（10^8m³）

临时性水工建筑物级别　　　　　　　　　　　　　表1-9

级别	保护对象	失事后果	使用年限（年）	导流建筑物规模	
				围堰高度（m）	库容（10^8m³）
3	有特殊要求的1级永久性水工建筑物	淹没重要城镇、工矿企业、交通干线或推迟工程总工期及第一台（批）机组发电，推迟工程发挥效益，造成重大灾害和损失	＞3	＞50	＞1.0
4	1、2级永久性水工建筑物	淹没一般城镇、工矿企业、交通干线或影响工程总工期及第一台（批）机组发电，推迟工程发挥效益，造成较大经济损失	1.5～3	15～50	0.1～1.0
5	3、4级永久性水工建筑物	淹没基坑，但对总工期及第一台（批）机组发电影响不大，对工程发挥效益影响不大，经济损失较小	＜1.5	＜15	＜0.1

临时性水工建筑物洪水标准［重现期（年）］　　　　　表1-10

临时性建筑物类型	临时性水工建筑物级别		
	3	4	5
土石结构	20～50	10～20	5～10
混凝土、浆砌石结构	10～20	5～10	3～5

（2）对大坝施工期洪水标准的分析：

大坝相应拦洪库容为2000万 m³，即 0.2×10^8m³，根据水库大坝施工期洪水标准表（表1-11），可知大坝施工期洪水标准为20～50年一遇。

水库大坝施工期洪水标准［重现期（年）］　　　　　表1-11

坝型	拦洪库容（10^8m³）			
	≥10	＜10，≥1.0	＜1.0，≥0.1	＜0.1
土石坝	≥200	100～200	50～100	20～50
混凝土坝、浆砌石坝	≥100	50～100	20～50	10～20

（3）对导流洞封堵完成后坝体设计洪水标准的分析：

水库工程导流泄水建筑物封堵后坝体洪水标准见表1-12：

水库工程导流泄水建筑物封堵后坝体洪水标准［重现期（年）］　表1-12

坝型		大坝级别		
		1	2	3
混凝土坝、浆砌石坝	设计	100～200	50～100	20～50
	校核	200～500	100～200	50～100
土石坝	设计	200～500	100～200	50～100
	校核	500～1000	200～500	100～200

坝体校核洪水标准为50～100年一遇，则设计洪水标准为20～50年一遇。

2. 对事件2的分析如下：

（1）▽h最小应为0.5m。

（2）K1不满足《水利水电工程施工组织设计规范》SL 303—2017的要求，规范规定的最小值为1.05。

（3）K2不满足《水利水电工程施工组织设计规范》SL 303—2017的要求，规范规定的最小值为1.15。

> 本题考查的是土石围堰边坡稳定安全系数。根据《水利水电工程施工组织设计规范》SL 303—2017，土石围堰边坡稳定安全系数见表1-13：

土石围堰边坡稳定安全系数　　　　表1-13

围堰级别	计算方法	
	瑞典圆弧法	简化毕肖普法
3级	≥1.20	≥1.30
4级、5级	≥1.05	≥1.15

> K1规范规定的最小值为1.05，K2规范规定的最小值为1.15，都不满足规范要求。
>
> 不过水围堰堰顶安全加高下限值见表1-14：

不过水围堰堰顶安全加高下限值（单位：m）　　　　表1-14

围堰类型	围堰级别	
	3	4～5
土石围堰	0.7	0.5
混凝土围堰、浆砌石围堰	0.4	0.3

3. 事件2中，围堰工程专项施工方案除背景所述内容外，还应包括：编制依据、施工计划、施工工艺技术、施工安全保证措施、劳动力计划、设计计算书及相关图纸等。

> 本题考查的是专项施工方案的内容。该类型题目属于补缺题，资料中已给出部分内容，需要考生补全余下内容。专项施工方案应包括以下内容：（1）工程概况；（2）编制依据；（3）施工计划；（4）施工工艺技术；（5）施工安全保证措施；（6）劳动力计划；（7）设计计算书及相关图纸等。
>
> 本题中，背景资料中已经给出工程概况，应回答其余的六项内容。

4. 事件3中，除仓面保持湿润外，在碾压混凝土养护方面还应注意的问题包括：

（1）刚碾压后的混凝土不能洒水养护，可以采取覆盖等措施防止表面水分蒸发。

（2）混凝土终凝后应立即进行洒水养护。

（3）水平施工缝和冷缝，洒水养护持续至上一层碾压混凝土开始铺筑。

（4）永久外露面，宜养护28d以上。

> 本题考查的是碾压混凝土养护。碾压混凝土的养护和防护包括：
>
> （1）大风、干燥、高温气候下施工时，可采取仓面喷雾措施，防止混凝土表面水分散失。

（2）刚碾压后的混凝土不能洒水养护，可以采取覆盖等措施防止表面水分蒸发。

（3）混凝土终凝后应立即进行洒水养护。其中，水平施工缝和冷缝，洒水养护持续至上一层碾压混凝土开始铺筑。永久外露面，宜养护28d以上。

5. 事件3表1-6中，E、F、G分别所代表的评价内容：

（1）E代表评价碾压混凝土的均质性。

（2）F代表评价碾压混凝土的抗渗性。

（3）G代表评价碾压混凝土的均质性和密实性。

本题考查的是钻孔取芯检验项目及评价内容。钻孔取样评定的内容如下：

（1）芯样获得率：评价碾压混凝土的均质性；

（2）压水试验：评价碾压混凝土抗渗性；

（3）测定芯样密度、抗压强度、抗拉强度、抗剪强度、弹性模量和拉伸变形等性能，评价碾压混凝土的均质性和结构强度；

（4）芯样外观描述：评价碾压混凝土的均质性和密实性。

6. 事件4中，在工程蓄水验收申请的组织方面存在的不妥之处及正确做法。

（1）不妥之处：申请时间2017年9月。

正确做法：申请提出时间在计划下闸蓄水前6个月。

（2）不妥之处：施工单位根据工程进度安排报送验收申请。

正确做法：工程蓄水验收，项目法人应根据工程进度安排，报送验收申请。

（3）不妥之处：向当地水行政主管部门报送工程蓄水验收申请，并抄送项目审批部门。

正确做法：应向工程所在地省级人民政府能源主管部门报送工程蓄水验收申请，并应抄送验收主持单位。

本题考查的是工程蓄水验收的申请。工程截流验收，项目法人应在计划截流前6个月，向省级人民政府能源主管部门报送工程截流验收申请。工程蓄水验收项目法人应根据工程进度安排，在计划下闸蓄水前6个月，向工程所在地省级人民政府能源主管部门报送工程蓄水验收申请，并抄送验收主持单位。由此可知，事件4中有三项不妥之处，要分别写出正确做法。

实务操作和案例分析题八［2018年真题］

【背景资料】

某水利枢纽由混凝土重力坝、引水隧洞和电站厂房等建筑物组成。最大坝高123m，水库总库容为$2 \times 10^8 m^3$，电站装机容量为240MW。混凝土重力坝剖面图如图1-14所示。

本工程在施工中发生如下事件：

事件1：施工单位根据《水工建筑物水泥灌浆施工技术规范》DL/T 5148—2012和设计图纸编制了帷幕灌浆施工方案，计划三排帷幕孔按顺序A→B→C依次进行灌浆施工。

事件2：施工单位根据《水利水电工程施工组织设计规范》SL 303—2017，先按高峰月混凝土浇筑强度初步确定了混凝土生产系统规模，同时又按平层浇筑法计算公式 $Q_h \geq K_h SD/(t_1 - t_2)$，复核了混凝土生产系统的小时生产能力。

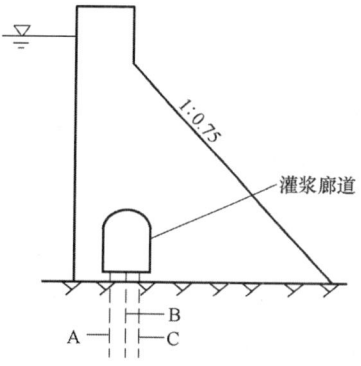

图1-14 混凝土重力坝剖面图

事件3：施工单位根据《水工混凝土施工规范》SL 677—2014，对大坝混凝土采取了温控措施。首先对原材料和配合比进行优化，降低混凝土水化热温升，其次在混凝土拌合、运输和浇筑等过程中采取多种措施，降低混凝土浇筑温度。

事件4：施工单位在某一坝段基础C20混凝土浇筑过程中，共抽取混凝土试样35组进行抗压强度试验，试验结果统计：（1）有3组试样抗压强度为设计强度的80%；（2）试样混凝土的强度保证率为78%。施工单位按《水利水电工程施工质量检验与评定规程》SL 176—2007对混凝土强度进行评定，评定结果为不合格，并对现场相应部位结构物的混凝土强度进行了检测。

事件5：本工程各建筑物全部完工并经一段时间试运行后，项目法人组织勘测、设计、监理、施工等有关单位的代表开展竣工验收自查工作，召开自查工作会议。自查完成后，项目法人向工程主管部门提交了竣工验收申请报告。工程主管部门提出：本工程质量监督部门未对工程质量等级进行核定，不得验收。

【问题】

1. 改正事件1中三排帷幕孔的灌浆施工顺序。简述帷幕灌浆施工工艺流程（施工过程）。

2. 指出事件2中 Q_h 的计算公式中 K_h、S、D、t_1、t_2 的含义。

3. 说明事件3中"混凝土浇筑温度"这一规范术语的含义。指出在混凝土拌合、运输过程中降低混凝土浇筑温度的具体措施。

4. 说明事件4中混凝土强度评定为不合格的理由。指出对结构物混凝土强度进行检测的方法有哪些？

5. 除事件5中列出的参加会议的单位外，还有哪些单位代表应参加自查工作和列席自查工作会议？工程主管部门的要求是否妥当？说明理由。

【参考答案与分析思路】

1. 三排帷幕孔的灌浆施工顺序为：C → A → B。

帷幕灌浆施工工艺流程：钻孔 → 裂隙冲洗 → 压水试验 → 灌浆 → 质量检查。

本题考查的是帷幕灌浆的施工顺序及施工工艺流程。由三排孔组成的帷幕，应先灌注下游排孔，再灌注上游排孔，最后灌注中间排孔，每排孔可分为二序。由两排孔组成的帷幕应先灌注下游排孔，后灌注上游排孔，每排孔可分为二序或三序。本题中的施工顺序应为C → A → B。

帷幕灌浆施工工艺主要包括：钻孔、裂隙冲洗、压水试验、灌浆和质量检查等。

《水工建筑物水泥灌浆施工技术规范》DL/T 5148—2012现已被《水工建筑物水泥灌浆施工技术规范》DL/T 5148—2021替代。

2. K_h—小时不均匀系数；S—最大混凝土块的浇筑面积（m^2）；D—最大混凝土块的浇筑分层厚度（m）；t_1—混凝土初凝时间（h）；t_2—混凝土出机后到浇筑入仓时间（h）。

本题考查的是拌合设备生产能力的确定。混凝土初凝条件校核小时生产能力（平浇法施工）计算公式如下：

$$Q_h \geqslant 1.1SD/(t_1-t_2)$$

式中　S——最大混凝土块的浇筑面积（m^2）；
　　　D——最大混凝土块的浇筑分层厚度（m）；
　　　t_1——混凝土的初凝时间（h），与所用水泥种类、气温、混凝土的浇筑温度、外加剂等因素有关；
　　　t_2——混凝土出机后到浇筑入仓时间（h）。
注意K_h指的是小时不均匀系数。

3. "混凝土浇筑温度"的含义：混凝土经过平仓振捣后，覆盖上层混凝土前，距离混凝土表面下10cm的混凝土温度。

拌合过程中降低混凝土浇筑温度的具体措施：采用加冰或者加冰水拌合等降温措施，对骨料进行预冷，适当延长拌合时间。

运输过程中降低混凝土浇筑温度的具体措施：合理安排混凝土施工时间，减少运输途中和仓面温度回升。

本题考查的是混凝土浇筑温控的主要措施。注意这一问需要回答3个小问题：（1）"混凝土浇筑温度"的含义，在《水工混凝土施工规范》SL 677—2014中有具体规定；（2）混凝土拌合过程中降低混凝土浇筑温度的具体措施；（3）混凝土运输过程中降低混凝土浇筑温度的具体措施。

根据《水工混凝土施工规范》SL 677—2014，混凝土拌合时，可采用冷水、加冰等降温措施。加冰时，宜用片冰或冰屑，并适当延长拌合时间。

高温季节施工时，宜采取下列措施：

（1）缩短混凝土运输及等待卸料时间，入仓后及时进行平仓振捣，加快覆盖速度，缩短混凝土的暴露时间。

（2）混凝土运输工具具有隔热遮阳措施。

（3）采用喷雾等方法降低仓面气温。

（4）混凝土浇筑宜安排在早晚、夜间及阴天进行。

（5）当浇筑块尺寸较大时，可采用台阶法，台阶宽应大于2m，浇筑块分层厚度宜小于2m。

（6）混凝土平层振捣后，及时采用隔热材料覆盖。

4. 事件4中混凝土强度评定为不合格的理由如下：

（1）3组试样抗压强度为设计强度的80%不合格。

理由：C20混凝土任何一组试件的抗压强度不得低于设计值的85%。

（2）试样混凝土的强度保证率为78%不合格。

理由：无筋或少筋混凝土抗压强度保证率不低于80%。

对结构物混凝土强度进行检测的方法有：钻芯取样、无损检测。

> 本题考查的是混凝土强度评定。试块组数大于30组时，任何一组试件的抗压强度不得低于设计值的85%，强度保证率不低于80%。

5. 参加自查工作单位：主要设备制造（供应）商及运行管理单位。

列席自查工作会议单位：质量和安全监督机构。

工程主管部门的要求不妥当。

理由：工程竣工验收前，质量监督机构应对工程质量结论进行核备，未经质量核备的工程，项目法人不得报验，工程主管部门不得进行验收。

> 本题考查的是水利工程竣工验收的要求。申请竣工验收前，项目法人应组织竣工验收自查。自查工作由项目法人主持，勘测、设计、监理、施工、主要设备制造（供应）商以及运行管理等单位的代表参加。质量和安全监督机构应派员列席自查工作会议。水利工程质量监督实施以抽查为主的监督方式，运用法律和行政手段，做好监督抽查后的处理工作。工程竣工验收前，质量监督机构应对工程质量结论进行核备。未经质量核备的工程，项目法人不得报验，工程主管部门不得验收。

实务操作和案例分析题九〔2015年真题〕

【背景资料】

某新建水库工程由混凝土面板堆石坝、溢洪道、引水发电系统等主要建筑物组成。其中，混凝土面板堆石坝最大坝高95m，坝顶全长222m，混凝土面板堆石坝剖面图如图1-15所示。

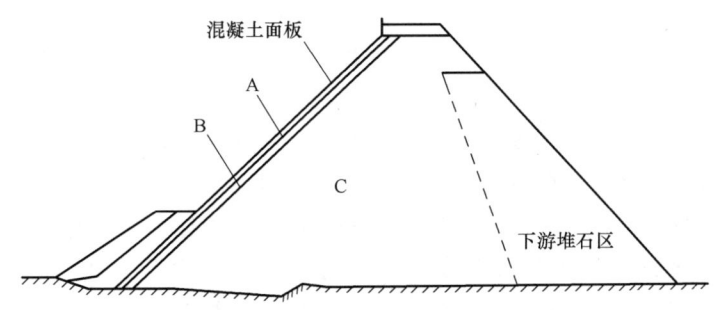

图1-15 混凝土面板堆石坝剖面图

承包人甲中标承担该水库工程的施工任务，施工过程中发生如下事件：

事件1：由于异常恶劣天气原因，工程开工时间比原计划推迟，综合考虑汛前形势和承包人甲的施工能力，项目法人直接指定围堰工程由分包人乙实施。承包人甲同时提出将混凝土面板浇筑分包给分包人丙实施的要求，经双方协商，项目法人同意了承包人甲提出的要求，并签订协议，协议中要求承包人甲对两个分包人的行为向项目法人负全部责任。

事件2：当大坝填筑到一定高程时，为安全度汛，承包人甲对堆石坝体上游坡面采取了防渗固坡处理措施。

事件3：混凝土面板采用滑模施工，脱模后的混凝土及时进行了修整和养护。

【问题】

1. 指出图1-15中A、B、C所代表的坝体分区名称及相应主要作用。

2. 根据《水利建设工程施工分包管理规定》（水建管〔2005〕304号），指出事件1中项目法人行为的不妥之处，并说明理由。

3. 根据《混凝土面板堆石坝施工规范》SL 49—2015，列举事件2中承包人甲可采取的防渗固坡处理措施。

4. 指出事件3中混凝土面板养护的起止时间和养护的具体措施。

【参考答案与分析思路】

1. 图中A、B、C所代表的坝体分区名称及相应主要作用如下：

（1）A代表垫层区，主要作用是为混凝土面板提供平整、密实的基础。

（2）B代表过渡区，主要作用是保护垫层区在高水头作用下不产生破坏。

（3）C代表主堆石区，主要作用是承受水荷载。

本题考查的是堆石坝坝体分区及其作用。该考点内容重复考查的概率很大，前面已经讲过，在此就不再阐述了。

---

2. 根据《水利建设工程施工分包管理规定》（水建管〔2005〕304号），事件1中项目法人行为的不妥之处及理由如下：

（1）不妥之处1：项目法人直接指定围堰工程由分包人乙实施。

理由：项目法人一般不得直接指定分包人。但在合同实施过程中，如承包人无力在合同规定的期限内完成合同中的应急防汛、抢险等危及公共安全和工程安全的项目，项目法人经项目的上级主管部门同意，可根据工程技术、进度的要求，对该应急防汛、抢险等项目的部分工程指定分包人。

（2）不妥之处2：项目法人同意承包人甲提出将混凝土面板浇筑分包给分包人丙实施的要求。

理由：水利建设工程的主要建筑物的主体结构不得进行工程分包。混凝土面板浇筑作为该新建水库工程的主要建筑物的主体结构，故不得进行工程分包。

（3）不妥之处3：协议中要求承包人甲对两个分包人的行为向项目法人负全部责任。

理由：由指定分包人造成的与其分包工作有关的一切索赔、诉讼和损失赔偿由指定分包人直接对项目法人负责，承包人不对此承担责任。因此，案例中的指定分包人乙直接对项目法人负责。承包人甲将混凝土面板浇筑分包给分包人丙实施的要求属于违法分包。

本题考查的是《水利建设工程施工分包管理规定》（水建管〔2005〕304号）对项目法人分包管理职责的要求。项目法人在履行分包管理职责时应注意以下几点：

（1）水利建设工程的主要建筑物的主体结构不得进行工程分包。主要建筑物是指失事以后将造成下游灾害或严重影响工程功能和效益的建筑物，如堤坝、泄洪建筑物、输水建筑物、电站厂房和泵站等。主要建筑物的主体结构，由项目法人要求设计单位在设计文件或招标文件中明确。

（2）项目法人一般不得直接指定分包人。但在合同实施过程中，如承包人无力在合同规定的期限内完成合同中的应急防汛、抢险等危及公共安全和工程安全的项目，项目法人经项目的上级主管部门同意，可根据工程技术、进度的要求，对该应急防汛、抢险等项目的部分工程指定分包人。由指定分包人造成的与其分包工作有关的一切索赔、诉讼和损失赔偿由指定分包人直接对项目法人负责，承包人不对此承担责任。

3. 根据《混凝土面板堆石坝施工规范》SL 49—2015，承包人甲必须对堆石坝体上游坡面进行碾压水泥砂浆、喷射混凝土、喷乳化沥青等防渗固坡处理。

本题考查的是防渗固坡处理措施。根据《混凝土面板堆石坝施工规范》SL 49—2015规定，垫层坡面压实合格后，应按设计要求进行坡面防护。保护形式可选择碾压水泥砂浆、喷涂乳化沥青、喷射混凝土等。

（1）水泥砂浆宜采用人工或机械摊铺，振动碾碾压应通过试验确定。砂浆初凝前应碾压完毕，终凝后洒水养护。碾压后的砂浆表面，法线方向不应高于设计线50mm、低于设计线80mm。

（2）喷射后的混凝土表面，应平整、密实、厚度均匀，法线方向不应高于设计线50mm、低于设计线80mm。喷护混凝土终凝后应洒水养护。

（3）喷涂乳化沥青前应把坡面上的浮尘清除干净。沥青乳剂喷涂后，应随即撒砂碾压。碾压方式、遍数可通过试验确定。喷涂间隔时间不少于24h。阴雨、浓雾天气不应喷涂。

4. 事件3中混凝土面板养护的起止时间和养护的具体措施如下：

（1）混凝土面板养护应从混凝土初凝后开始，连续养护至水库蓄水为止。

（2）混凝土面板的养护包括保温、保湿两项内容。一般采用草袋保温，喷水保湿。

本题考查的是混凝土面板养护的起止时间和养护的具体措施。根据《混凝土面板堆石坝施工规范》SL 49—2015规定，脱模后的混凝土宜及时用塑料薄膜等遮盖。混凝土初凝后，应及时洒水养护，必要时铺盖隔热、保温材料。宜连续养护至水库蓄水或至少养护90d。应重视趾板止水连接处等特殊部位的养护。

实务操作和案例分析题十 [2014年真题]

【背景资料】

某水闸除险加固工程主要内容包括加固老闸、扩建新闸、开挖引河等。新闸设计流量为1100m³/s。工程平面布置示意图如图1-16所示。

施工合同约定工程施工总工期为3年。工程所在地主汛期为6～9月，扩建新闸、加固老闸安排在非汛期施工，相应施工期设计洪水水位为10.000m，该工程施工中发生了如下事件：

事件1：施工单位根据本工程具体条件和总体进度计划安排，提出的施工导流方案如图1-16所示。工程附近无现有河道可供施工导流，施工单位采用的导流方案为一次拦断河床（全段）围堰法施工，具体施工组织方案是在一个非汛期施工完成扩建新闸和加固老闸，在新闸和老闸上、下游填筑施工围堰，期间利用新挖导流明渠导流。监理单位审核后，认为开挖导流明渠工程量较大，应结合现场条件和总体工期安排，优化施工导流方案和施工组织方案。

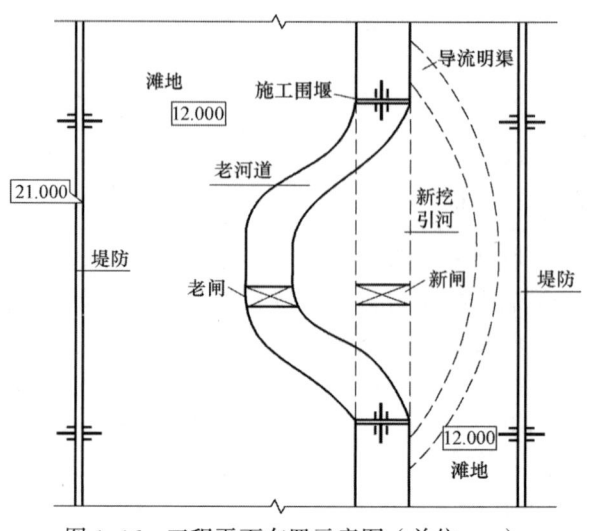

图1-16　工程平面布置示意图（单位：m）

事件2：施工单位优化施工导流方案和施工组织方案报监理单位审批，并开展施工导流工程设计，其中施工围堰采用均质土围堰，围堰工程级别为4级，波浪高度为0.8m。

事件3：施工单位在围堰施工完毕后，立即进行基坑初期排水，基坑初期水深为6.0m。开始排水的当天下午，基坑水位下降了2.0m，此时围堰顶部在基坑侧局部出现纵向裂缝，边坡出现坍塌现象。施工单位及时采取措施进行处理，处理完成并经监理单位同意后继续进行后续工作。

事件4：新闸闸室地基采用沉井基础，施工单位经项目法人同意选择符合资质条件的某专业基础处理公司进行施工，并要求该公司选派符合要求的注册建造师担任项目负责人。

【问题】

1. 根据事件1，提出适宜的施工导流方案及相应的施工组织方案。

2. 根据《水利水电工程施工组织设计规范》SL 303—2004，计算事件2中施工围堰的设计顶高程；该围堰的边坡稳定安全系数最小应为多少？

3. 根据事件3，施工单位计算确定基坑初期排水设施时，应考虑的主要因素有哪些？

4. 根据事件3，基坑围堰出现险情后，施工单位应采取哪些技术措施？

5. 根据《注册建造师执业工程规模标准（试行）》（建市〔2007〕171号），分析事件4中沉井工程的注册建造师执业工程规模标准以及该项目负责人应具有的注册建造师级别。

【参考答案与分析思路】

1. 本工程应采用分期（分段）围堰法导流的导流方案。

施工组织方案为：扩建新闸、加固老闸分别安排在两个非汛期施工，第一个非汛期利用老河道、老闸导流，施工新闸期间利用预留土埂挡水，开挖引河；第二个非汛期在老闸上下游筑围堰，利用新挖引河和已完新闸进行导流，加固老闸。

本题考查的是施工导流方案及施工组织方案。

一次拦断河床围堰导流是指在河床内距主体工程轴线（如大坝、水闸等）上下游一定的距离，修筑拦河堰体，一次性截断河道，使河道中的水流经河床外修建的临时泄水道或永久泄水建筑物下泄。一次拦断河床围堰导流适用于枯水期流量不大、河道狭窄的河流。本例中应采用分期（分段）围堰法导流。明渠导流是在河岸或河滩上开挖渠道，在基坑的上下游修建横向围堰，河道的水流经渠道下泄。所以应该取消明渠导流方案。

分期围堰导流，也称分段围堰导流，就是用围堰将要施工的建筑物分段分期围护起来，便于干地施工。具体施工组织方案：先进行新建引河、新建闸施工，利用老河道导流；完工后在老河道上下游进行围堰截流，利用新河道导流，进行老闸加固；完工后拆除围堰，扩建新闸和开挖引河时用老闸进行导流，加固老闸时用新闸进行导流。

2. 该围堰工程为土围堰，级别为4级，相应堰顶安全加高下限值为0.5m。

围堰设计顶高程：$10.0 + 0.8 + 0.5 = 11.3m$

该土围堰级别为4级，相应边坡稳定安全系数应不小于1.05。

本题考查的是围堰的设计顶高程及围堰边坡稳定安全系数的计算。《水利水电工程施工组织设计规范》SL 303—2004已被《水利水电工程施工组织设计规范》SL 303—2017代替。堰顶高程不应低于设计洪水的静水位与波浪高度及堰顶安全超高值之和。

安全加高 = 0.5m。

则施工围堰的设计顶高程 = $10.0 + 0.8 + 0.5 = 11.3m$。

根据表1-13，本工程中围堰工程级别为4级，则围堰的边坡稳定安全系数最小应为1.05。

3. 施工单位计算确定基坑初期排水设施应考虑的主要因素包括：积水量、地下渗流量、围堰渗流量、降雨量、水位降落速度、排水时间等。

本题考查的是排水设备的选择。无论是初期排水还是经常性排水，当其布置形式及排水量确定后，需进行水泵的选择，即根据不同排水方式对排水设备技术性能（吸程及扬程）的要求，按照所能提供的设备型号及动力情况以及设备利用的经济原则，合理选用水泵的型号及数量。

4. 基坑围堰出现险情后，施工单位应采取的技术措施包括：（1）首先停止抽水；（2）采取抛投物料、稳定基础、挖填裂缝等措施，加固堰体；（3）限制水位下降速率；（4）加强观测，注意裂缝发展和堰体变形情况，如有异常及时处理。

本题考查的是基坑围堰出现险情后采取的措施。在基坑施工中，为防止边坡失稳，保证施工安全，采取的措施有：设置合理坡度、设置边坡护面、基坑支护、降低地下水位等。

5. 本工程水闸闸室的建筑物级别为2级，根据《注册建造师执业工程规模标准（试行）》（建市〔2007〕171号），沉井工程的注册建造师执业工程规模标准应为大型，该项目负责人应具有一级注册建造师资格。

本题考查的是注册建造师执业工程规模标准。解答本题首先要判断工程等别，本题根据考试当年《水利水电工程等级划分及洪水标准》SL 252—2000规定解答。《水利水电工程等级划分及洪水标准》SL 252—2000已被《水利水电工程等级划分及洪水标准》SL 252—2017替代。

本例中，新闸设计流量为$1100m^3/s$，则该工程为大型工程。一级注册建造师可担任大、中、小型工程施工项目负责人；二级注册建造师可以承担中、小型工程施工项目负责人。所以该项目负责人应具有的注册建造师级别为一级建造师。

典 型 习 题

实务操作和案例分析题一

【背景资料】

某山区河道新建混凝土重力坝工程，设计坝高28m。工程主要施工项目内容包括岩石开挖、基础固结灌浆、帷幕灌浆、坝体混凝土浇筑；合同约定该工程主要施工项目内容应在2022年8月底完成。工程实施过程中发生如下事件：

事件1：施工单位把坝体某坝段混凝土分为Ⅰ、Ⅱ、Ⅲ层浇筑施工；固结灌浆在Ⅰ层混凝土浇筑完成后进行。混凝土重力坝结构及施工方案示意图如图1-17所示。

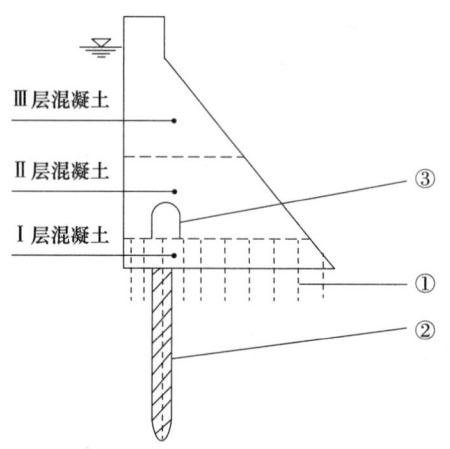

图 1-17　混凝土重力坝结构及施工方案示意图

事件2：施工单位编制的某坝段施工进度计划见表1-15（每月按30d计，持续时间包含必要的间歇时间）。监理工程师审查后指出，表1-15中项次4、5、6的项目开始时间安排不妥并要求改正。

事件3：施工单位编制的大体积混凝土施工方案部分内容如下：

（1）水平施工缝采用风砂枪打毛处理，纵缝表面不作处理。

（2）夏季混凝土温控采取了降低混凝土出机口温度和浇筑后温度控制措施。

（3）坝体混凝土应在终凝后开始养护，养护时间不少于28d。

事件4：某坝段浇筑完成后，验收时发现了一条冷缝，需进行处理。

项次	项目名称	持续时间（d）	2021年			2022年								
			10	11	12	1	2	3	4	5	6	7	8	9
1	岩石开挖	30	▬											
2	Ⅰ层坝体混凝土浇筑	60		▬▬										
3	固结灌浆	60				▬▬								
4	帷幕灌浆	90				▬▬▬								
5	Ⅱ层坝体混凝土浇筑	90							▬▬▬					
6	Ⅲ层坝体混凝土浇筑	90										▬▬▬		

【问题】

1. 指出图1-17中①、②、③对应的工程部位或施工项目名称。指出表1-15中施工进度计划的表达方法名称，除该表达方法外，施工进度计划还有哪些表达方法？

2. 根据事件2，分别说明表1-15中项次为4、5、6的项目合理开始时间。

3. 改正事件3中大体积混凝土施工方案的不妥之处。

4. 事件3中，降低混凝土出机口温度和浇筑后温度控制措施分别有哪些？

5. 指出事件4中冷缝产生的原因和处理措施。

【参考答案】

1. 图1-17中①、②、③对应的工程部位或施工项目名称：①—固结灌浆；②—帷幕灌浆；③—灌浆廊道。

表1-15中施工进度计划的表达方法名称：横道图。

施工进度计划其他表达方法有：网络图、工程进度曲线、施工进度管理控制曲线、形象进度图。

2. 表1-15中项次为4、5、6的项目合理开始时间：

4—帷幕灌浆选择在2022年3月1日—6月1日开始均正确。

5—Ⅱ层坝体混凝土浇筑在2022年3月1日开始。

6—Ⅲ层坝体混凝土浇筑在2022年6月1日开始。

> 合同约定该工程主要施工项目内容应在2022年8月底完成，所以项次6的项目应在8月底完成，持续时间为90d，那么开始时间应为2022年6月1日。
>
> 项次5的项目持续时间为90d，其完成时间应为5月底，那么开始时间应为2022年3月1日。
>
> 灌浆帷幕应在固结灌浆之后进行，持续时间为90d，所以开始时间在2022年3月1日—6月1日均正确。

3. 事件3中大体积混凝土施工方案的不妥之处的改正：

（1）纵缝表面可不凿毛，但应冲洗干净，以利灌浆。

（3）坝体混凝土应在初凝后3h开始养护。

4. 降低混凝土出机口温度的措施有：骨料预冷（或风冷、浸水、喷淋）、加冰、加制冷水拌合。

浇筑后温度控制措施有：冷却水管通水冷却、表面流水冷却、表面蓄水降温。

5. 冷缝产生的原因：层间间歇时间超过混凝土初凝时间。

冷缝处理措施：一般采用钻孔灌浆处理，也可采用喷浆或表面凿槽嵌补。

实务操作和案例分析题二

【背景资料】

某支流河道改建工程主要建设项目包括：5.2km新河道开挖、新河道堤防填筑、废弃河道回填等，其工程平面布置示意图如图1-18所示。堤防采用砂砾石料填筑，上游坡面采用现浇混凝土框格＋植生块护坡，上游坡脚设置现浇混凝土脚槽，下游坡面采用草皮护坡，堤防剖面示意图如图1-19所示。

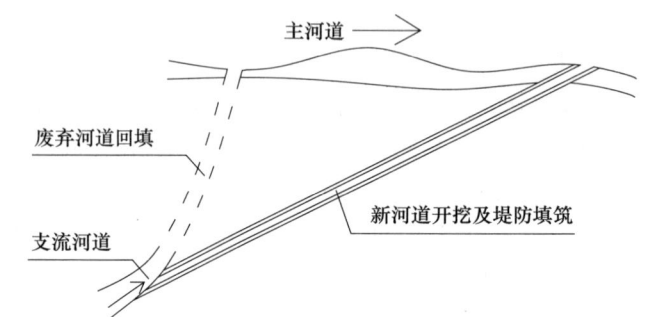

图1-18 某支流河道改建工程平面布置示意图

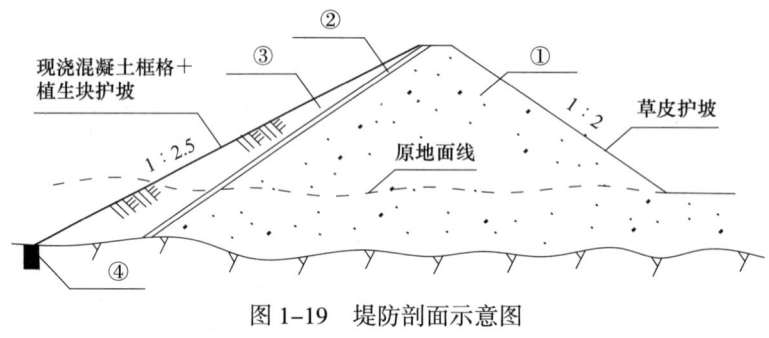

图1-19 堤防剖面示意图

工程施工过程中发生如下事件：

事件1：支流河道常年流水。改建工程开始施工前，施工单位编制了施工导流方案，确定本改建工程分两期施工，在新河道进口和出口处各留一道土埂作为施工围堰，并根据施工期相应河道洪水位对土埂顶高程进行了复核等。

事件2：现浇筑混凝土采用自建拌合站供应。施工单位根据施工进度安排，计算确定高峰月混凝土浇筑强度为12000m³，并按每天生产20h、每月生产25d计算拌合站所需生产能力，计算公式为$P = K_h Q_m / (MN)$，$K_h = 1.5$。

事件3：堤防填筑时，发现黏性土料含水量偏大，监理工程师要求施工单位采取措施降低黏性土料含水量。施工单位轮换掌子面开采，检测发现黏性土料含水量仍达不到要求。

【问题】

1. 根据背景资料，分别确定一期施工和二期施工的建设项目；指出新河道进口和出口土埂围堰顶高程复核时所采用的相应水位；说明开始截断（或回填）支流河道应具备的条件。

2. 指出图1-19中堤防采用的防渗形式；写出图1-19中①、②、③、④所代表的构造名称。

3. 指出事件2公式中P、K_h、Q_m所代表的含义，计算拌合站所需的生产能力，并判别拌合站的规模。

4. 事件3中，为降低黏性土料的含水量，除轮换掌子面外，施工单位还可采取哪些措施？

【参考答案】

1. 一期施工的建设项目：5.2km新河道开挖、新河道堤防填筑。二期施工的建设项目：废弃河道回填。

新河道进口处土埂顶高程复核采用支流河道洪水位，新河道出口处土埂顶高程复核采用主河道洪水位。

当新河道具备通水条件（或一期施工完成后），才可开始截断（或回填）支流河道。

2. 图1-19中堤防采用的防渗形式：黏土斜墙。①代表砂砾石堤身；②代表反滤层；③代表黏土斜墙；④代表现浇混凝土脚槽。

3. 事件2公式中P、K_h、Q_m所代表的含义：P代表混凝土系统所需小时生产能力（m^3/h）；K_h代表小时不均匀系数；Q_m代表高峰月混凝土浇筑强度（$m^3/$月）。

拌合站所需的生产能力$P = 1.5 \times 12000 / (20 \times 25) = 36 m^3/h$，其规模为小型。

4. 为降低黏性土料的含水量，除轮换掌子面外，施工单位还可采取的措施包括：（1）改善料场的排水条件和采取防雨措施；（2）将含水偏高的土料进行翻晒处理，使土料含水量降低到规定范围再开挖。

实务操作和案例分析题三

【背景资料】

某新建中型拦河闸工程，施工期由上、下游填筑的土石围堰挡水，其中上游围堰断面示意图如图1-20所示。闸室底板与消力池底板之间设铜片止水，止水布置示意图如图1-21所示。

工程施工过程中发生如下事件：

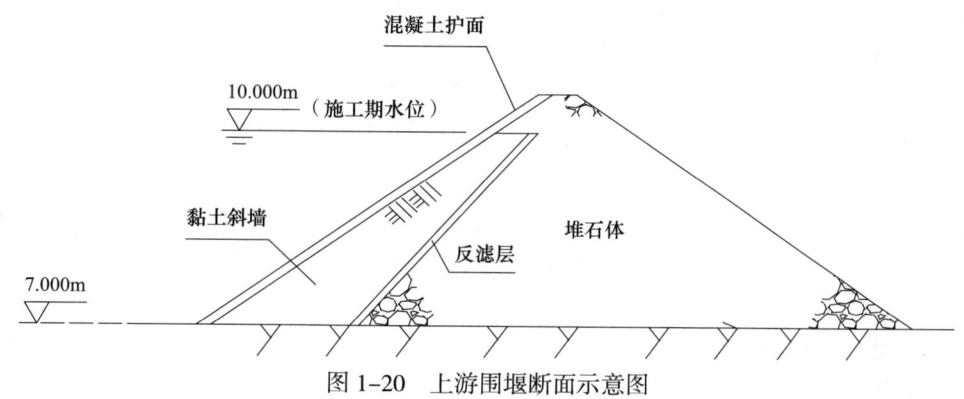

图1-20　上游围堰断面示意图

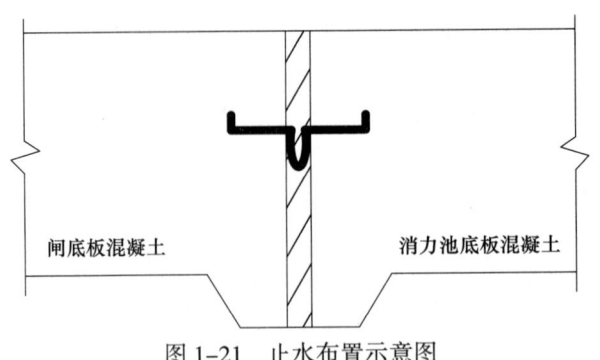

图 1-21　止水布置示意图

事件 1：施工单位依据《水利水电工程施工组织设计规范》SL 303—2017，采用简化毕肖普法，对围堰边坡稳定进行计算，其中上游围堰背水侧边坡稳定安全系数计算结果为 1.25。

事件 2：施工单位根据《水利水电工程施工安全管理导则》SL 721—2015，编制围堰专项施工方案，并组织有关专业技术人员进行审核。

事件 3：闸墩混凝土拆模后，施工单位对混凝土外观质量进行检查，发现闸墩底部存在多条竖向裂缝。

【问题】

1. 根据图 1-20，计算上游围堰最低顶高程（波浪爬高按 0.5m 计）；指出黏土斜墙布置的不妥之处，并说明理由。

2. 事件 1 中，上游围堰背水侧边坡稳定安全系数计算结果是否满足规范要求？规范要求的边坡稳定安全系数最小值应为多少？

3. 围堰专项施工方案经施工单位有关专业技术人员审核合格后，还需要履行哪些报审程序方可组织实施？

4. 图 1-21 中止水缝部位混凝土浇筑时，应注意哪些事项？

5. 事件 3 中，施工单位除检查混凝土裂缝外，还需要检查哪些常见的混凝土外观质量问题？

【参考答案】

1. 上游围堰挡水水位为 10.000m，波浪爬高为 0.5m。根据《水利水电工程施工组织设计规范》SL 303—2017，该围堰堰顶安全加高下限值为 0.5m。

因此该上游围堰顶高程应不低于：10 + 0.5 + 0.5 = 11m

黏土斜墙布置的不妥之处：黏土斜墙的顶高程设置。

理由：黏土斜墙顶高程应与围堰顶高程相同。

2. 上游围堰背水侧边坡稳定安全系数计算结果满足规范要求。

规范要求的边坡稳定安全系数最小值应为 1.15。

3. 围堰专项施工方案经施工单位有关专业技术人员审核合格后，应由施工单位技术负责人签字确认，报监理单位，由项目总监理工程师审核签字，并报项目法人备案后，方可组织实施。

4. 止水缝部位混凝土浇筑时应注意的事项有：

（1）浇筑混凝土时，不得冲撞止水片。

（2）当混凝土将要淹没止水片时，应再次清除其表面污垢。

（3）振捣器不得触及止水片。

（4）嵌固止水片的模板应适当推迟拆模时间。

5. 混凝土外观质量检查，除检查混凝土裂缝外，还应检查是否有蜂窝、麻面、错台、模板走样、露筋等问题。

实务操作和案例分析题四

【背景资料】

某小型排涝枢纽工程，由排涝泵站、自排涵闸和支沟口主河道堤防等建筑物组成。泵站和自排涵闸的设计排涝流量均为9.0m³/s，主河道堤防级别为3级。排涝枢纽平面布置示意图如图1-22所示。

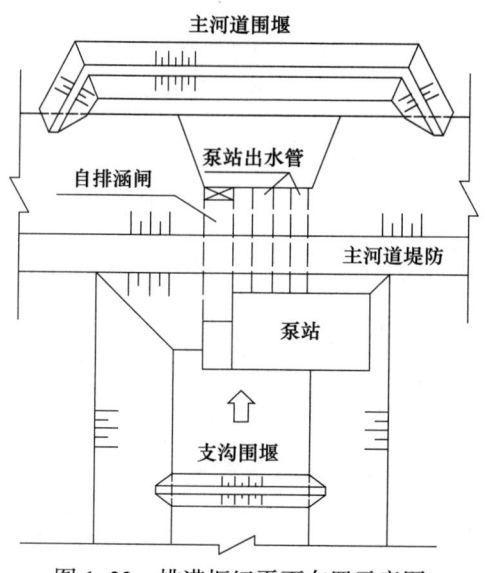

图1-22 排涝枢纽平面布置示意图

根据工程施工进度安排，本工程利用10月至次年4月一个非汛期完成施工，次年汛期投入使用。支沟口主河道堤防采用黏性土填筑，料场复勘时发现料场土料含水量偏大，不满足堤防填筑要求。

【问题】

1. 分别写出自排涵闸、主河道围堰和支沟围堰的建筑物级别。

2. 本工程采用的是哪种导流方式？确定围堰顶高程需要考虑哪些要素？

3. 列出本工程从围堰填筑至工程完工时段内，施工关键线路上的主要施工项目。

4. 写出堤防填筑面作业的主要工序；提出本工程料场土料含水量偏大的主要处理措施。

【参考答案】

1. 自排涵闸的建筑物级别为3级，主河道围堰的建筑物级别为5级，支沟围堰的建筑物级别为5级。

2. 本工程采用一次拦断河床围堰导流方式。

确定围堰顶高程需要考虑：堰前施工期最高水位（或施工期设计水位）、波浪爬高、围堰安全加高。

3. 施工关键线路上的主要施工项目有：围堰填筑，基坑初期排水（或降排水），基坑开挖（或土方开挖），混凝土工程施工，土方填筑，金属结构安装，机电设备安装，围堰拆除。

4. 堤防填筑面作业的主要工序包括：铺料、整平、压实（碾压）、边坡整修、质量检查。

本工程料场土料含水量偏大的主要处理措施：（1）料场排水；（2）土料翻晒。

实务操作和案例分析题五

【背景资料】

某水库工程由混凝土面板堆石坝、溢洪道和输水隧洞等主要建筑物组成，水库总库容为0.9亿m³。

混凝土面板堆石坝最大坝高为68m，大坝上下游坡比均为1:1.5，大坝材料分区包括：石渣压重（1B）区、黏土铺盖（1A）区、混凝土趾板、混凝土面板及下游块石护坡等。混凝土面板堆石坝材料分区如图1-23所示。

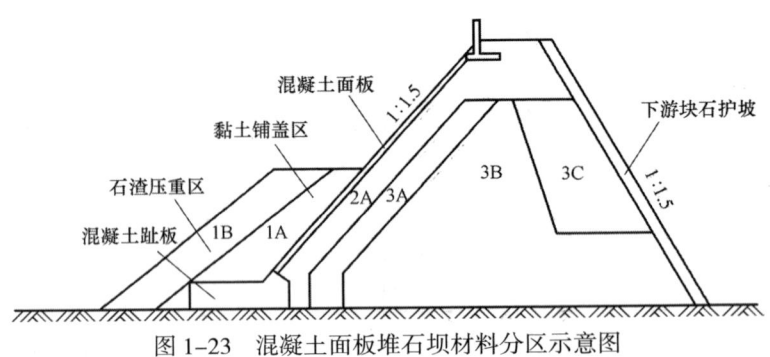

图1-23 混凝土面板堆石坝材料分区示意图

施工过程中发生如下事件：

事件1：施工单位在坝体填筑前，按照设计要求对堆石料进行了现场碾压试验，通过试验确定了振动碾的激振力、振幅、频率、行车速度和坝料加水量等碾压参数。

事件2：施工单位在面板混凝土施工前，提供了面板混凝土配合比，见表1-16。

面板混凝土配合比 表1-16

编号	水泥品种等级	水胶比	砂率	每方混凝土材料用量（kg/m³）					
				水	水泥	砂	小石	中石	粉煤灰
1-1	P.MH 42.5	A	B	122	249	760	620	620	56

事件3：混凝土趾板分部工程共有48个单元工程，单元工程质量评定全部合格，其中28个单元工程质量优良，主要单元工程、重要隐蔽单元工程（关键部位单元工程）质量优良，且未发生质量事故；中间产品质量全部合格，其中混凝土试件质量达到优良，原材料质量合格。故该分部工程评定为优良。

事件4：根据施工进度安排和度汛要求，第一年汛后坝体施工由导流洞导流，土石围

42

堰挡水，围堰高度为14.8m；第二年汛前坝体施工高程超过上游围堰顶高程，汛期大坝临时挡洪度汛，相应大坝可拦洪库容为$0.3 \times 10^8 \mathrm{m}^3$。

【问题】

1. 分别指出图1-23中2A、3A、3B、3C所代表的坝体材料分区名称。

2. 除背景资料所述内容外，事件1中的碾压参数还应包括哪些内容？

3. 计算事件2面板混凝土配合比表中的水胶比A值（保留小数点后2位）和砂率B值（用%表示、保留小数点后2位）。

4. 事件3中趾板分部工程质量评定结论是否正确？简要说明理由。

5. 指出该水库工程等别、工程规模及面板堆石坝建筑物级别。指出事件4土石围堰的洪水标准和面板堆石坝施工期临时度汛的洪水标准。

【参考答案】

1. 图中2A、3A、3B、3C所代表的坝体材料分区名称为：

2A—垫层区；3A—过渡区；3B—主堆石区；3C—下游堆石区。

2. 除背景资料所述内容外，事件1中的碾压参数还应包括：振动碾的重量、碾压遍数、铺料厚度。

3. 事件2面板混凝土配合比表中的水胶比A值和砂率B值的计算：

水胶比：$A = 122 / (249 + 56) = 0.40$

砂率：$B = 760 / (760 + 620 + 620) = 38\%$

4. 事件3中趾板分部工程质量评定结论的判定及理由如下：

该分部工程评定为优良不正确。

理由：该分部工程优良率：$28/48 \times 100\% = 58.33\%$，不满足优良率大于70%的要求。

该分部工程应评定为合格。

5. 该水库工程等别、工程规模、面板堆石坝建筑物级别及洪水标准的判定如下：

（1）该水库工程等别为Ⅲ等。

（2）该水库工程规模为中型。

（3）面板堆石坝建筑物级别为3级。

（4）土石围堰的洪水标准（重现期）为5～10年。

（5）面板堆石坝施工期临时度汛的洪水标准（重现期）为50～100年。

实务操作和案例分析题六

【背景资料】

某大型水库枢纽工程由大坝、电站、泄洪隧洞、引水发电隧洞、溢洪道组成，大坝为黏土心墙砂壳坝。该枢纽工程除险加固的主要工程内容有：（1）坝基帷幕灌浆；（2）坝顶道路拆除重建；（3）上游护坡拆除重建（▽66.500m～▽100.000m）；（4）上游坝坡石渣料帮坡（▽66.500m～▽100.000m）；（5）引水发电隧洞加固；（6）泄洪隧洞加固；（7）黏土心墙中新建混凝土截渗墙；（8）溢洪道加固；（9）下游护坡拆除重建。

水库枢纽工程主要特征水位、坝顶和坝底高程如图1-24所示。泄洪隧洞和引水发电隧洞进口底高程分别为42.000m、46.000m，溢洪道底板高程为82.000m。根据设计要求，施工期非汛期库水位66.000m，施工期汛期最高库水位为80.000m，截渗墙施工时上游坝坡石渣料帮坡需要达到的最低高程为81.0m。

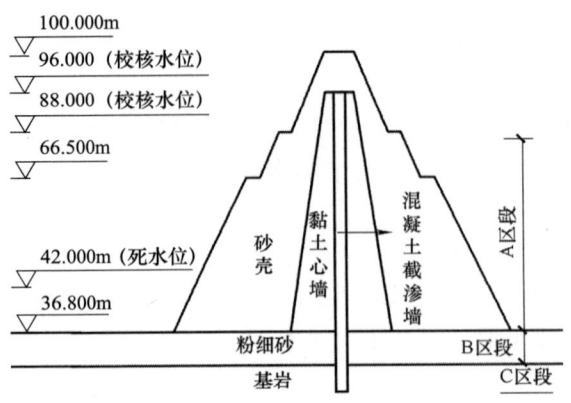

图1-24 混凝土截渗墙布置示意图

工程总工期为20个月,自2015年10月1日至2017年5月31日,汛期为7—9月。考虑发电和灌溉需要,引水发电隧洞加固必须在2016年4月30日前完成;为保证工期,新建混凝土截渗墙必须安排在第一个非汛期内完成。本工程所用石渣料及抛石料场距工程现场5.6km,石渣料帮坡设计干密度为2.0g/cm³,孔隙率为26%。河床段坝基为厚8.0m的松散～中密状态的粉细砂,下卧裂隙为发育中等的基岩,混凝土截渗墙厚度为0.8m,入基岩深度2.0m(图1-24)。基岩帷幕灌浆按透水率不大于5Lu控制。

工程建设过程中发生了如下事件:

事件1:施工单位编制了总进度计划,其中部分工程项目的进度计划见表1-17。

部分工程项目的进度计划　　　　　　　表1-17

序号	工程名称	开工日期	完工日期	备注
(1)	引发水电隧洞加固	2015.10.1	2016.4.15	
(2)	泄洪隧洞加固	2015.10.1	2016.5.31	
(3)	新建混凝土截渗墙	2015.12.1	2016.4.15	
(4)	上游护坡重建	2016.10.1	2017.3.31	
(5)	下游护坡重建	2016.10.1	2017.3.10	
(6)	泄洪道加固	2015.12.1	2016.10.31	

事件2:本水库枢纽工程共分为1个单位工程,9个分部工程。9个分部工程质量全部合格,其中6个分部工程质量优良,主要分部工程质量全部优良,且施工中未发生过较大质量事故,外观质量得分率为82%。单位工程施工质量检验与评定资料齐全。工程施工期和运行期,单位工程观测资料分析结果符合国家和行业技术标准以及合同约定的标准要求,该单位工程质量等级评定为优良。

【问题】

1.为保证混凝土截渗墙和防渗帷幕共同组成的防渗体系安全可靠,并考虑升级要求等其他因素,请给出(1)、(2)、(4)、(7)项工程内容之间合理的施工顺序。

2. 指出并改正事件1中进度安排的不妥之处，并说明理由。

3. 本工程上游坝坡石渣料帮坡施工时适宜采用的施工机械有哪些？干密度的检测方法是什么？

4. 指出题中混凝土截渗施工难度最大的区段，并说明理由。

5. 根据《水利水电工程施工质量检验与评定规程》SL 176—2007，指出并改正事件2中关于单位工程质量等级评定的不妥之处，并说明理由。

【参考答案】

1. 工程内容之间合理的施工顺序为：（4）→（7）→（1）→（2）。

2. 事件1中进度安排的不妥之处、改正和理由如下：

（1）不妥之处：泄洪隧洞加固施工进度安排。

改正：应安排在2016年10月1日以后（2016年汛后）开工，2017年5月31日之前完工。

理由：引水发电隧洞加固必须安排在2016年4月30日之前完工。期间泄洪隧洞需要担负水库非汛期导流任务。

（2）不妥之处：上游护坡重建施工进度安排。

改正：应安排在2016年6月底（2016年汛前）施工至80.000m高程以上。

理由：2016年安全度汛的需要。

3. 本工程上游坝坡石渣料帮坡施工时适宜采用的施工机械有：挖掘机、自卸汽车、推土机、振动碾。

干密度的检测方法是：灌砂法（灌水法）。

4. 混凝土截渗施工难度最大的区段：B区段。

理由：砂层中施工混凝土截渗墙易塌孔、漏浆。

5. 事件2中单位工程质量等级评定的不妥之处：该单位工程质量等级评定为优良。

改正：单位工程质量等级应为合格。

理由：部分工程质量优良率：$6/9 \times 100\% = 66.7\% < 70\%$

实务操作和案例分析题七

【背景资料】

某水库枢纽工程由大坝及泄水闸等组成。大坝为壤土均质坝，最大坝高为15.5m，坝长为1135m。该工程采用明渠导流、立堵法截流进行施工。该大坝施工承包商首先根据设计要求就近选择一料场，该料场土料黏粒含量较高，含水量适中。在施工过程中，料场土料含水量因天气等各种原因发生变化，比施工最优含水量偏高，承包商及时采取了一些措施，使其满足施工要求。

坝面作业共安排了A、B、C三个工作班组进行填筑碾压施工。在统计一个分部工程质量检测结果时，发现在90个检测点中，有10个点不合格。其中检测A班组30个检测点，有2个不合格检测点；检测B班组30个检测点，有5个不合格检测点；检测C班组30个检测点，有3个不合格检测点。

【问题】

1. 解决施工截流难度的主要技术措施包括哪些？

2. 适合于该大坝填筑作业的压实机械有哪些？

3. 该大坝填筑压实标准应采用什么控制？土料填筑压实参数主要包括哪些？如何确定这些参数？

4. 土料含水量偏高，为满足大坝要求，可采取哪些措施？

5. 根据质量检测统计结果，采用分层法分析，指出哪个班组施工质量对总体质量水平影响最大？

【参考答案】

1. 截流工程是整个水利枢组施工的关键，其成败直接影响工程进度。减少截流难度的主要技术措施包括：加大分流量，改善分流条件；改善龙口水力条件；增大抛投料的稳定性，减少块料流失；加大截流施工强度等。

2. 适合于该大坝填筑作业的压实机械有羊脚碾、气胎碾和夯板。

3. 该大坝的填筑压实标准采用干密度控制。土料填筑压实参数主要包括碾压机具的重量、含水量、碾压遍数及铺料厚度等。压实参数依据下述步骤确定：

（1）在确定土料压实参数前必须对土料进行充分调查，全面掌握各料场土料的物理力学指标，在此基础上选择具有代表性的料场进行碾压试验，作为施工进程的控制参数。当所选料场土性差异甚大，应分别进行碾压试验。因试验不能完全与施工条件吻合，在确定压实标准的合格率时，应略高于设计标准。

（2）首先选择具有代表性的料场，通过理论计算并参照已建类似工程的经验，初选几种碾压机械和拟定几组碾压参数进行试验。

（3）黏性土料压实含水量可取 $\omega_1 = \omega_p + 2\%$、$\omega_2 = \omega_p$、$\omega_3 = \omega_p - 2\%$ 三种进行试验。ω_p 为土料塑限。

（4）选取试验铺料厚度和碾压遍数，并测定相应的含水量和干密度，做出对应的关系曲线。再按铺料厚度、压实遍数和最优含水量、最大干密度进行整理并绘制相应的曲线，根据设计干密度 ρ_d，在曲线上分别查出不同铺料厚度所对应的压实遍数和对应的最优含水量。最后再分别计算单位压实遍数的压实厚度，并进行比较，以单位压实遍数的压实厚度最大者为最经济、最合理。

4. 若土料的含水量偏高，一方面应改善料场的排水条件和采取防雨措施，另一方面需将含水量偏高的土料进行翻晒处理，或采取轮换掌子面的办法，使土料含水量降低到规定范围再开挖。若以上方法仍难满足要求，可以采用机械烘干。

5. 分层法列表见表1-18。

分层法列表 表1-18

工作班组	检测点数	不合格点数	个体不合格率	占不合格点总数百分率
A	30	2	6.67%	20%
B	30	5	16.67%	50%
C	30	3	10%	30%
合计	90	10	—	100%

由此可知，B班组施工质量对总体质量水平影响最大。

实务操作和案例分析题八

【背景资料】

某装机容量50万kW的水电站工程建于山区河流上,拦河大坝为2级建筑物,采用碾压式混凝土重力坝,坝高60m,坝体浇筑施工期为2年,施工导流采取全段围堰、隧洞导流的方式。

施工导流相关作业内容包括:① 围堰填筑;② 围堰拆除;③ 导流隧洞开挖;④ 导流隧洞封堵;⑤ 下闸蓄水;⑥ 基坑排水;⑦ 河道截流。

围堰采用土石围堰,堰基河床地面高程为140.0m。根据水文资料,上游围堰施工期设计洪水位为150.0m,经计算与该水位相应的波浪高度为2.8m。

导流隧洞石方爆破开挖采取从两端同时施工的相向开挖方式。根据施工安排,相向开挖的两个工作面在相距20m距离放炮时,双方人员均需撤离工作面;相距10m时,须停止一方工作,单向开挖贯通。

工程蓄水前,由有关部门组织进行蓄水验收,验收委员会听取并研究了工程度汛措施计划报告、工程蓄水库区移民初步验收报告等有关方面的报告。

【问题】

1. 指出上述施工导流相关作业的合理施工程序。(可以用序号表示)

2. 确定该工程围堰的建筑物级别并说明理由。计算上游围堰堰顶高程。

3. 根据《水工建筑物地下工程开挖施工技术规范》DL/T 5099—2011,改正上述隧洞开挖施工方案的不妥之处。

4. 根据蓄水验收有关规定,除度汛措施计划报告、库区移民初步验收报告外,验收委员会还应听取并研究哪些方面的报告?

【参考答案】

1. 施工导流相关作业的合理施工程序为:

③ 导流隧洞开挖→⑦ 河道截流→① 围堰填筑→⑥ 基坑排水→② 围堰拆除→⑤ 下闸蓄水→④ 导流隧洞封堵。

2. 该工程围堰的建筑物级别应为4级。

理由:其保护对象为2级建筑物,而其使用年限不足2年,其围堰高度不足50.0m。

围堰堰顶高程应为施工期设计洪水位与波浪高度及堰顶安全加高值之和,4级土石围堰其堰顶安全加高下限值为0.5m,因此其堰顶高程应不低于153.3m(150m+2.8m+0.5m)。

3. 根据规范要求,相向开挖的两个工作面相距小于30m或5倍洞径距离放炮时,双方人员均须撤离工作面;在相距15m时,应停止一方工作,单向开挖贯通。

4. 验收委员会还应听取并研究工程建设报告、工程蓄水安全鉴定报告以及工程设计、施工、监理、质量监督等单位的报告。

实务操作和案例分析题九

【背景资料】

某大(2)型水库枢纽工程,总库容为$5.84 \times 10^8 \text{m}^3$,水库枢纽主要由主坝、副坝、溢洪道、电站及输水洞组成。输水洞位于主坝右岸山体内，长275.0m，洞径为4.0m，设计输水流量为34.5m³/s。该枢纽工程在施工过程中发生了如下事件：

事件1：主坝帷幕由三排灌浆孔组成，分别为上游排孔、中间排孔、下游排孔，各排孔均按工序进行灌浆施工；主坝帷幕后布置排水孔和扬压力观测孔。施工单位计划安排排水孔和扬压力观测孔与帷幕灌浆同期施工。

事件2：输水洞布置在主坝防渗范围之内，洞内采用现浇混凝土衬砌，衬砌厚度为0.5m。根据设计方案，输水洞采取了帷幕灌浆、固结灌浆和回填灌浆的综合措施。

事件3：输水洞开挖采用爆破法施工，施工分甲、乙两组从输水洞两端相向进行。当两个开挖工作面相距25m，乙组爆破时，甲组在进行出渣作业；当两个开挖工作面相距10m，甲组爆破时，导致乙组正在作业的3名工人死亡。事故发生后，现场有关人员立即向本单位负责人进行了电话报告。

【问题】

1. 帷幕灌浆施工的原则是什么？指出事件1主坝帷幕三排灌浆孔施工的先后顺序。

2. 指出事件1中施工安排的不妥之处，并说明正确做法。

3. 指出事件2中帷幕灌浆、固结灌浆和回填灌浆施工的先后顺序。回填灌浆应在衬砌混凝土强度达到设计强度的多少后进行？

4. 指出事件3中施工方法的不妥之处，并说明正确做法。

5. 根据《水利安全生产信息报告和处置规则》（水监督〔2022〕156号），事件3中施工单位负责人在接到事故电话报告后，应在多长时间内向哪些单位（部门）进行电话报告？

【参考答案】

1. 帷幕灌浆必须按分序加密的原则进行。

事件1中由三排孔组成的帷幕，应先灌注下游排孔，再灌注上游排孔，然后进行中间排孔的灌浆。

2. 不妥之处：施工单位计划安排排水孔和扬压力观测孔与帷幕灌浆同期施工。

正确做法：帷幕后的排水孔和扬压力观测孔必须在相应部位的帷幕灌浆完成并检查合格后，方可钻进。

3. 事件2中宜按照先回填灌浆、后固结灌浆、再帷幕灌浆的顺序进行。

回填灌浆应在衬砌混凝土达到设计强度的70%后进行。

4. 不妥之处一：施工分甲、乙两组从输水洞两端相向进行，当两个开挖工作面相距25m，乙组爆破时，甲组在进行出渣作业。

正确做法：地下相向开挖的两端在相距30m以内或5倍洞径距离爆破时，装炮前应通知另一端暂停工作，退到安全地点。

不妥之处二：当两个开挖工作面相距10m，甲组爆破时，导致乙组正在作业的3名工人死亡。

正确做法：当相向开挖的两端相距15m时，一端应停止掘进，单头贯通。

5. 施工单位负责人在接到事故电话报告后，应在1h内向主管单位和事故发生地县级以上水行政主管部门电话报告。

实务操作和案例分析题十

【背景资料】

某平原区拦河闸工程，设计流量为850m³/s，校核流量为1020m³/s，闸室结构图如图1-25所示。本工程施工采用全段围堰法导流，上、下游围堰为均质土围堰，基坑采用轻型井点降水。闸室地基为含少量砾石的黏土，自然湿密度为1820～1900kg/m³，基坑开挖时，施工单位采用反铲挖掘机配自卸汽车将闸室地基挖至建基面高程10.000m，弃土运距约1km。

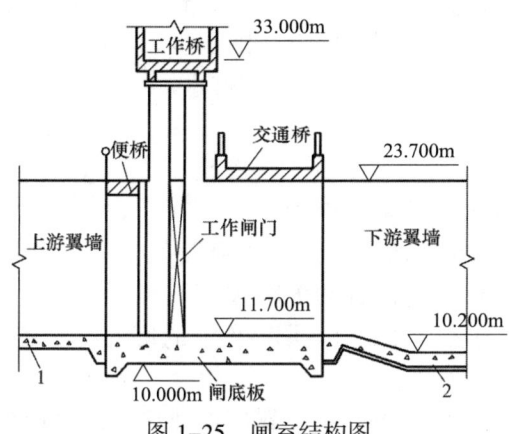

图 1-25 闸室结构图

工作桥夜间施工过程中，2名施工作业人员不慎坠落，其中1人死亡、1人重伤。

【问题】

1. 说明该拦河闸工程的等别及闸室和围堰的级别；指出图1-25中建筑物1和2的名称。

2. 根据《土的工程分类标准》GB/T 50145—2007，依据土的开挖方法和难易程度，土共分为几类？本工程闸室地基土属于其中哪一类？

3. 背景资料中，施工单位选用的土方开挖机具和开挖方法是否合适？简要说明理由。

4. 根据《水利部生产安全事故应急预案》（水监督〔2021〕391号），水利生产安全事故共分为几级？本工程背景资料中的事故等级属于哪一级？根据2名工人的作业高度和环境说明其高处作业的级别和种类。

【参考答案】

1. 该拦河闸工程的等别为Ⅱ等；闸室级别为2级；围堰级别为4级。

图1-25中建筑物1的名称为上游铺盖。建筑物2的名称为护坦（闸下消力池）。

2. 根据《土的工程分类标准》GB/T 50145—2007，依据土的开挖方法和难易程度，土共分为4类。本工程闸室地基土属于Ⅲ类。

3. 背景资料中，施工单位选用的土方开挖机具合适，开挖方法不合适。

理由：本工程闸室地基土为Ⅲ类土，弃土运距约1km，选用反铲挖掘机配自卸汽车开挖是合适的，用挖掘机直接开挖至建基面高程不合适，闸室地基保护层应由人工开挖。

4. 根据《水利部生产安全事故应急预案》（水监督〔2021〕391号），水利生产安全事故共分为4级。本工程事故属于一般事故。

根据2名工人的作业高度和环境，其高处作业的级别为三级。高处作业种类为特殊（或夜间）。

实务操作和案例分析题十一

【背景资料】

某施工单位承包了某水库工程施工，制定的施工方案中部分内容如下：

（1）水库大坝施工采用全段围堰法导流。相关工作内容有：① 截流；② 围堰填筑；③ 围堰拆除；④ 导流隧洞开挖；⑤ 下闸蓄水；⑥ 基坑排水；⑦ 坝体填筑。

（2）岸坡石方开挖采用钻孔爆破法施工，爆破开挖布置如图1-26所示；隧洞爆破采用电力起爆。方案要求测量电雷管电阻应采用小流量的通用欧姆表；用于同一爆破网路的康铜桥丝电雷管的电阻极差不超过0.5Ω；起爆电源开关钥匙由每天负责爆破作业的班组长轮流保管。

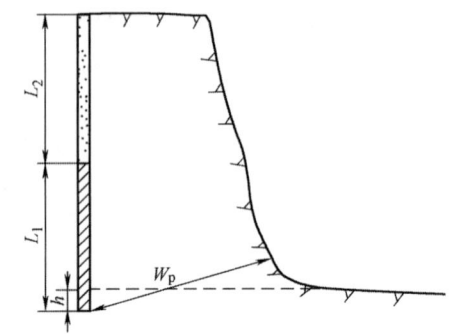

图1-26 爆破开挖布置图

施工过程中发生如下事件：

事件1：某天装药作业时因现场阴暗，爆破作业班长亲自拉线接电安装照明设施，照明灯置于距爆破作业面10m处。作业中发生安全事故，造成1人死亡、2人重伤。

事故发生后，项目法人及时向水行政主管部门、地方人民政府进行了报告。

事件2：随着汛期临近，围堰上游水位上涨，基坑靠近堰脚处发生险情，地面出现涌水，夹带有许多泥沙，并有逐渐加剧的趋势。

【问题】

1. 指出施工方案（1）中①～⑦工作的合理施工顺序。

2. 指出图中参数 W_p、L_1、L_2、h 的名称；改正施工方案（2）中关于爆破作业的不妥之处。

3. 改正事件1中的错误做法；根据《水利部生产安全事故应急预案》（水监督〔2021〕391号）的规定，确定事件1的事故等级；事故发生后，项目法人还应向哪个部门报告。

4. 判断事件2的基坑险情类型，指出其抢护原则。

【参考答案】

1. 施工方案（1）中①～⑦工作的合理施工顺序：④ 导流隧洞开挖→① 截流→② 围堰填筑→⑥ 基坑排水→⑦ 坝体填筑→③ 围堰拆除→⑤ 下闸蓄水。

2. 图中参数 W_p 为底盘抵抗线；L_1 为装药深度；L_2 为堵塞深度；h 为超钻深度。

施工方案（2）中关于爆破作业的不妥之处及改正：

（1）不妥之处：用通用欧姆表量测。

改正：应使用经过检查的专用爆破测试仪或线路电桥。

（2）不妥之处：用于同一爆破网路的康铜桥丝电雷管的电阻极差不超过0.5Ω。

改正：用于同一爆破网路内的康铜桥丝雷管的电阻极差不得超过0.25Ω。

（3）不妥之处：起爆电源开关钥匙由每天负责爆破作业的班组长轮流保管。

改正：起爆电源的开关钥匙应由专人保管。

3. 事件 1 中错误做法的改正：专业电工亲自拉线接电安装照明设施，照明灯置于距爆破作业面 30m 以外。

根据《水利部生产安全事故应急预案》（水监督〔2021〕391 号）的规定，确定事件 1 的事故等级为一般事故。

事故发生后，项目法人还应向安全生产监督管理部门报告。

4. 事件 2 的基坑险情类型为管涌，其抢护原则：制止涌水带砂，留有渗水出路。

实务操作和案例分析题十二

【背景资料】

某小型水库枢纽工程由均质土坝、溢洪道、左岸输水涵和右岸输水涵等建筑物组成，其平面布置示意图如图 1-27 所示。该水库工程进行除险加固的主要内容包括：坝体混凝土防渗墙、坝基帷幕灌浆、坝体下游侧加高培厚；拆除重建左、右岸输水涵进口及出口等。混凝土防渗墙位于坝体中部，厚 60cm；帷幕位于防渗墙底部。土坝横剖面示意图如图 1-28 所示。

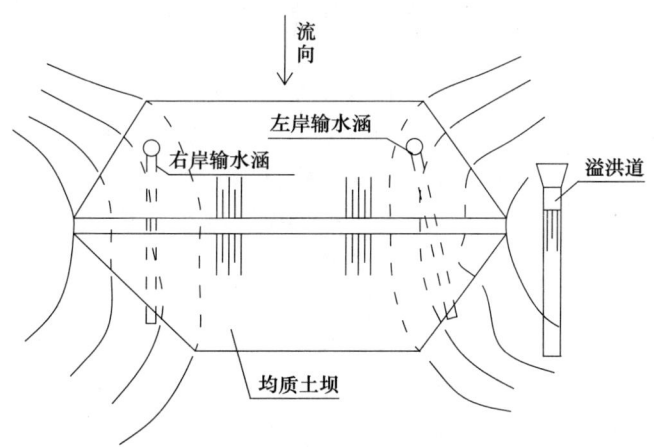

图 1-27 水库枢纽工程平面布置示意图

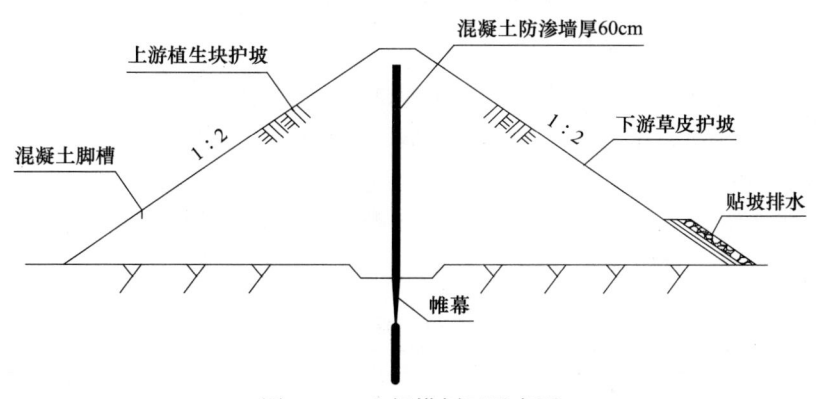

图 1-28 土坝横剖面示意图

施工单位中标后，编制了施工组织设计，计划利用一个非汛期完成主体工程施工；绘制了包括混凝土拌合系统、主要加工厂、仓库、交通系统等各种临时设施在内的施工总平面布置图；研究制定了施工导流方案等。在研究施工导流方案时，经复核，左、右岸输水涵过流能力均能满足施工期导流的要求。

【问题】

1. 本工程混凝土防渗墙成槽施工前，需做哪些准备工作？本防渗墙混凝土采用哪种方式入仓浇筑比较合适？

2. 本工程帷幕灌浆压力控制需考虑哪些因素？其灌浆压力如何确定？帷幕灌浆主要控制参数除灌浆压力和深度外，还有哪些？

3. 根据背景资料，确定本工程合适的施工导流方案和需要设置的导流建筑物。

4. 根据背景资料，除各种临时设施外，施工总平面布置图中还应包括哪些主要内容？

【参考答案】

1. 本工程混凝土防渗墙成槽施工前，需进行场地平整（施工平台）、导槽开挖、导墙浇筑、挖槽机械设备安装和制备泥浆注入导槽等工作。

本防渗墙混凝土采用导管入仓浇筑比较合适。

2. 本工程帷幕灌浆压力控制需考虑的因素有：孔深、岩层性质等因素。

灌浆压力应通过试验确定。

帷幕灌浆主要控制参数除灌浆压力和深度外，还有防渗标准、厚度、灌浆孔排数等。

3. 本工程施工导流可利用左、右岸输水涵进行分期（相互）导流（或左岸输水涵导流，右岸输水涵施工；右岸输水涵导流，左岸输水涵施工）。

需设置的导流建筑物为：左岸输水涵上游围堰、右岸输水涵上游围堰。

4. 除各种临时设施外，施工总平面布置图中还应包括：

（1）施工用地范围。

（2）已有和拟建建筑物（构筑物及其他设施）的平面位置（轮廓尺寸）。

（3）永久（半永久）性坐标位置。

（4）场内取土（弃土）的区域位置。

实务操作和案例分析题十三

【背景资料】

某水利枢纽工程由电站、泄水闸和土坝组成。泄水闸底板、闸墩均为C30钢筋混凝土结构；土坝为均质土坝，上游设干砌块石护坡，下游设草皮护坡和堆石排水体。工程施工过程中发生如下事件：

事件1：泄水闸施工前，承包人委托有关单位对C30混凝土进行配合比试验，确定了配合比（表1-19），并报监理机构批准。

泄水闸C30混凝土配合比 表1-19

材料名称	水泥	砂	石子	水	外加剂	粉煤灰	矿粉	硅粉
品种规格	P·O42.5	中砂	5~40mm	自来水	SH-306	I级	S95	—
每立方米混凝土材料用量（kg）	260	752	1082	170	4.02	40	35	15

事件2：泄水闸底板混凝土施工过程中，承包人采用标准坍落度筒（上口口径100mm、下口口径200mm、高度300mm的截头圆锥筒）对混凝土坍落度进行测定，测定结果如图1-29所示。

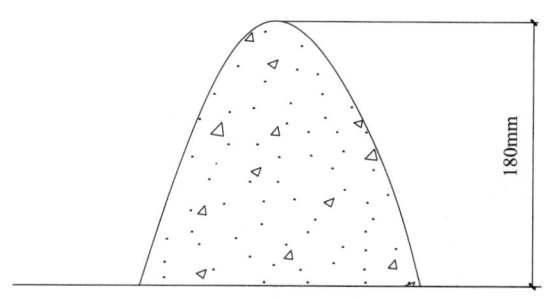

图1-29　混凝土坍落度测定示意图

事件3：承包人在泄水闸闸墩施工过程中，对闸墩的模板安装、钢筋制作及安装等工序按照《水利水电工程单元工程施工质量验收评定标准——混凝土工程》SL 632—2012进行了施工质量验收评定。

事件4：承包人组织有关人员对闸墩混凝土出现的竖向裂缝在工程质量缺陷备案表中进行了如实填写，并报监理机构备案，作为工程竣工验收备查资料。工程质量缺陷备案表填写内容包括质量缺陷产生的部位、原因等。

事件5：土坝坝面作业中，承包人进行了铺土、平土、铺筑反滤层及质量检查等工序作业。

【问题】

1. 根据事件1，计算泄水闸C30混凝土的水胶比和砂率。（保留小数点后2位）

2. 根据事件2，计算混凝土坍落度。

3. 事件3中，除模板安装、钢筋制作及安装外，闸墩施工质量验收评定工作还应包括哪些内容？

4. 指出并改正事件4中工程质量缺陷备案处理程序的不妥之处；除给出的填写内容外，工程质量缺陷备案表还应填写哪些内容？

5. 事件5中，除铺土、平土、铺筑反滤层及质量检查外，土坝坝面作业还应包括哪些施工工序？

【参考答案】

1. 泄水闸C30混凝土的水胶比和砂率的计算如下：

（1）水胶比 $= \dfrac{170}{260+40+35+15} = 0.49$

（2）砂率 $= \dfrac{752}{752+1082} \times 100\% = 41\%$

水胶比＝水重量／胶凝材料重量

胶凝材料重量＝水泥用量＋掺合料用量（如粉煤灰、矿粉、硅灰、沸石粉之类有水硬性或潜在水硬性、火山灰性或潜在火山灰性材料，但不包括石粉）

则水胶比＝170/（260＋40＋35＋15）＝0.49

$$砂率＝砂的重量／（砂用量＋石子用量）×100\%＝752／（752＋1082）×100\%＝41\%$$

2. 混凝土坍落度＝300－180＝120mm

坍落度的测定是将混凝土拌合物按规定的方法装入标准截头圆锥筒（坍落度筒）内，将筒垂直提起后，拌合物在自身质量作用下会产生坍落现象，坍落的高度（以mm计）称为坍落度。

3. 除模板安装、钢筋制作及安装外，闸墩施工质量验收评定工作还应包括：施工缝处理、预埋件（止水、伸缩缝等）制作及安装、混凝土浇筑（含养护、脱模）、外观质量检查。

4. 事件4中工程质量缺陷备案处理程序的不妥之处及改正如下：

不妥之处：承包人组织有关人员对闸墩混凝土出现的竖向裂缝在工程质量缺陷备案表中进行了如实填写，并报监理机构备案。

改正：应由监理机构组织工程质量缺陷备案表填写，报工程质量监督机构备案。

除给出的填写内容外，工程质量缺陷备案表还应填写的内容包括：对质量缺陷是否处理和如何处理及对建筑物使用的影响。

5. 除铺土、平土、铺筑反滤层及质量检查外，土坝坝面作业还应包括：洒水或晾晒（控制含水量），土料压实，修整边坡、排水体及护坡。

第二章　水利水电工程招标投标与合同管理案例分析专项突破

2014—2023年度实务操作和案例分析题考点分布

考点	年份									
	2014年	2015年	2016年	2017年	2018年	2019年	2020年	2021年	2022年	2023年
水利水电工程项目法人分包管理职责		●								
水利水电工程承包单位分包管理职责			●					●		
水利水电工程分包单位管理职责								●		
水利行业施工招标投标的主要要求	●	●		●	●	●	●		●	●
水利水电工程施工合同文件的构成									●	
发包人的义务和责任	●		●							
承包人的义务和责任				●	●					
施工合同管理	●	●		●			●	●	●	●

【专家指导】

施工招标投标与合同管理内容中，施工招标投标的主要管理要求是考查的重点内容，判断施工招标投标管理相关条款的正误是考查的重点题型。索赔类型的题目历年都会结合进度延误进行综合考查，判断工期是否可以索赔有两个原则：非施工单位原因，超过总时差；判断费用是否可以索赔有两个原则：非施工单位原因，不属于不可抗力。另外需要关注的就是合同文件的相关内容，工程款的计算主要是考查考生对工程预付款、质量保证金、预付款扣回等的掌握情况，计算难度不大，其计算方法在背景资料的合同中都有约定。考生在复习过程中要注重对基础知识的把握，案例分析题中常常会问到"正确或错误""是或否"，考生在作答时一定要先做好判断，明确回答"正确或错误"，再对题目进行分析和分条解答。

历 年 真 题

实务操作和案例分析题一［2023年真题］

【背景资料】

某大型水库枢纽工程，建设资金来源为国有资金，发包人和施工单位甲依据《水利水电工程标准施工招标文件》（2009年版）签订施工总承包合同。工程量清单计价以《水利工程工程量清单计价规范》GB 50501—2007为标准。南干渠隧洞工程估算投资1000万元，发包人将其以暂估价形式列入总承包合同。施工过程中发生如下事件：

事件1：发包人要求以招标形式确定南干渠隧洞承包人，经招标，施工单位乙确定为承包人，与施工单位甲签订分包合同。

事件2：南干渠隧洞施工方案中，隧洞全长1000m，为圆形平洞，内径为5m，混凝土衬砌厚50cm。施工完工后，隧洞平均超挖控制在15cm，南干渠隧洞开挖衬砌示意图如图2-1所示。

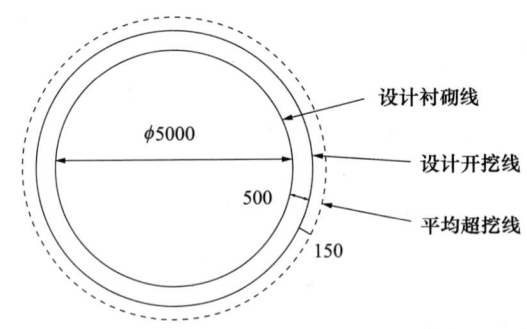

图 2-1 南干渠隧洞开挖衬砌示意图（单位：mm）

事件3：南干渠隧洞设计衬砌量为8635m³，实际衬砌量为12223.55m³。配合比见表2-1，完工后，施工单位乙向监理单位提交混凝土衬砌子目完工付款申请单，申请以12223.55m³计量。

衬砌混凝土配合比表　　　　　　　　　　　表2-1

标号	水泥（kg）	卵石（m³）	砂（m³）	水（m³）
C25	291	0.8	0.52	0.2

事件4：为保障分包单位农民工工资支付，双方在合同中约定如下：

（1）存储农民工工资保证金。

（2）编制农民工工资支付表。

（3）配备劳资专管员。

（4）对农民工进行实名登记。

（5）将人工费及时足额拨付至农民工工资专用账户。

（6）开设农民工工资专用账户。

【问题】

1. 事件1中，发包人要求招标的要求是否合理，并说明理由。

2. 根据事件2，计算石方开挖设计开挖量和实际开挖量，并判定计量用量（π取3.14）。

3. 根据事件3，计算水泥和砂的实际用量。

4. 指出并改正事件3中施工单位申请付款的不妥之处。

5. 分别判定事件4中的哪些约定是施工单位甲或施工单位乙的责任，以序号表示。

【参考答案与分析思路】

1. 发包人要求招标的要求合理。

理由：南干渠隧洞工程估算投资1000万元，超过400万元，建设资金来源为国有资金，所以应当招标。

> 本题考查的是招标投标项目的确定。根据《中华人民共和国招标投标法》，以下项目宜采用招标的方式确定承包人。
>
> （1）大型基础设施、公用事业等关系社会公共利益、公众安全的项目。
>
> （2）全部或者部分使用国有资金投资或者国家融资的项目。
>
> （3）使用国际组织或者国外政府贷款、援助资金的项目。

2. 设计开挖量：$3.14 \times (5/2 + 0.5) \times (5/2 + 0.5) \times 1000 = 28260 m^3$

实际开挖量：$3.14 \times (5/2 + 0.5 + 0.15) \times (5/2 + 0.5 + 0.15) \times 1000 = 31156.65 m^3$

计量用量取设计开挖量，即 $28260 m^3$。

> 本题考查的是开挖量的计算及计量规定。开挖量 $V = SL = \pi r^2 L$，注意内径换算为半径。计算设计开挖量时，$r =$ 半径+设计开挖；计算实际开挖量时，$r =$ 半径+设计开挖+平均超挖。

3. 水泥实际用量：$12223.55 \times 291 = 3557053.05 kg$

砂子实际用量：$12223.55 \times 0.52 = 6356.246 m^3$

> 本题考查的是混凝土的配制。混凝土配合比是指混凝土中水泥、水、砂及石子材料用量之间的比例关系。常采用的方法有：
>
> （1）单位用量表示法：以每立方米混凝土中各项材料的重量来表示。
>
> （2）相对用量表示法：以各项材料间的重量比来表示。
>
> 混凝土配合比的设计，实质上就是确定四种材料用量之间的三个对比关系：水胶比、砂率、浆骨比。水胶比表示水与水泥用量之间的对比关系；砂率表示砂与石子用量之间的对比关系；浆骨比是用单位体积混凝土用水量表示，是表示水泥浆与集料用量之间的对比关系。
>
> 水泥实际用量=混凝土总用量×水泥用量比例
>
> 砂实际用量=混凝土总用量×配合比中砂的比例

4. 事件3中的不妥之处及改正如下：

不妥之处一：施工单位乙向监理单位提交混凝土衬砌子目完工付款申请单。

改正：由施工单位甲向监理单位提交混凝土衬砌子目完工付款申请单。

不妥之处二：混凝土衬砌子目以实际衬砌量 $12223.55 m^3$ 计量。

改正：混凝土衬砌子目应以设计衬砌量8635m³计量。

> 本题考查的是单价子目的计量。单价子目结算工程量是承包人实际完成的，并按合同约定的计量方法进行计量的工程量，即按施工图纸所示尺寸计算的有效体积为单位计量。

5. 施工单位甲的责任：（1）、（3）、（6）。

施工单位乙的责任：（2）、（4）。

> 本题考查的是农民工工资支付的规定。根据《保障农民工工资支付条例》（中华人民共和国国务院令第724号）规定：
>
> （1）施工总承包单位应当按照有关规定存储工资保证金，专项用于支付为所承包工程提供劳动的农民工被拖欠的工资。由此判断（1）属于施工单位甲的责任。
>
> （2）施工总承包单位应当在工程项目部配备劳资专管员，对分包单位劳动用工实施监督管理，掌握施工现场用工、考勤、工资支付等情况，审核分包单位编制的农民工工资支付表，分包单位应当予以配合。由此判断（2）属于施工单位乙的责任，（3）属于施工单位甲的责任。
>
> （3）施工总承包单位或者分包单位应当依法与所招用的农民工订立劳动合同并进行用工实名登记，具备条件的行业应当通过相应的管理服务信息平台进行用工实名登记、管理。由此判断（4）属于施工单位乙的责任。
>
> （4）建设单位与施工总承包单位依法订立书面工程施工合同，应当约定工程款计量周期、工程款进度结算办法以及人工费用拨付周期，并按照保障农民工工资按时足额支付的要求约定人工费用。由此判断（5）属于建设单位的责任。
>
> （5）施工总承包单位应当按照有关规定开设农民工工资专用账户，专项用于支付该工程建设项目农民工工资。由此判断（6）属于施工单位甲的责任。

实务操作和案例分析题二 ［2022年真题］

【背景资料】

某水利枢纽工程施工招标文件根据《水利水电工程标准施工招标文件》（2009年版）编制。在招标及合同实施期间发生了以下事件：

事件1：评标结束后，招标人未能在投标有效期内完成定标工作。招标人通知所有投标人延长投标有效期。投标人甲拒绝延长投标有效期。为此，招标人通知投标人甲，其投标保证金不予退还。

事件2：评标委员会依序推荐投标人乙、丙、丁为中标候选人并经招标人公示。在公示期间查实投标人乙存在影响中标结果的违法行为。招标人据此取消了投标人乙的中标候选人资格，并按照评标委员会提出的中标候选人排序确定投标人丙为中标人。

事件3：评标公示结束后，招标人与投标人丙（以下称施工单位丙）签订施工总承包合同。本合同相关合同文件见表2-2，各合同文件解释合同的优先次序序号分别为一至八。

合同文件解释合同的优先次序　　　　　　　　　　表2-2

文件编号	文件名称	优先次序序号
1	协议书	一

文件编号	文件名称	优先次序序号
2	图纸	
3	技术标准和要求	
4	中标通知书	
5	通用合同条款	
6	投标函及投标函附录	
7	专用合同条款	
8	已标价工程量清单	八

事件4：开工后施工单位丙按照《保障农民工工资支付条例》（中华人民共和国国务院令第724号）规定开设农民工工资专用账户，工程完工后，申请注销农民工工资专用账户。

【问题】

1. 事件1中，招标人不退还投标人甲投标保证金的做法是否妥当？说明理由。投标保证金不予退还的情形有哪些？

2. 事件2中，招标人取消投标人乙的中标候选人资格并确定投标人丙为中标人，应履行什么程序？除背景资料所述情形外，第一中标候选人资格被取消的情形还有哪些？

3. 事件3表2-2中，文件编号2～7分别对应的解释合同的优先次序序号是多少？

4. 事件4中，农民工工资专用账户的用途是什么？申请注销农民工工资专用账户的条件有哪些？申请注销后其账户内的余额归谁所有？

【参考答案与分析思路】

1. 事件1中，招标人不退还投标人甲投标保证金的做法不妥。

理由：投标人甲拒绝延长投标有效期，有权收回投标保证金或招标人无权没收投标保证金。

投标保证金不予退还的情形：投标人在规定的投标有效期内撤销或修改其投标文件；中标人在收到中标通知书后，无正当理由拒签合同协议书或未按招标文件规定提交履约担保。

> 本题考查的是投标保证金的相关规定。
>
> 投标保证金与投标有效期一致。投标人在规定的投标有效期内撤销或修改其投标文件，或中标人在收到中标通知书后，无正当理由拒签合同协议书或未按招标文件规定提交履约担保的，投标保证金将不予退还。
>
> 在招标文件规定的投标有效期内，投标人不得要求撤销或修改其投标文件。定标应当在投标有效期内完成，不能在投标有效期内完成的，招标人应当通知所有投标人延长投标有效期。拒绝延长投标有效期的，投标人有权收回投标保证金。

2. 事件2中，招标人取消投标人乙第一中标候选人资格并确定投标人丙为中标人，应当有充足的理由，并按照项目管理权限向水行政主管部门备案。

取消第一中标候选人资格的情形还有：排名第一的中标候选人放弃中标、因不可抗力不能履行合同、不按照招标文件要求提交履约保证金、被查实存在影响中标结果的违法行为。

> 本题考查的是确定中标人的规定。确定中标人应遵守下述规定：
> （1）招标人应当确定排名第一的中标候选人为中标人。

（2）排名第一的中标候选人放弃中标、因不可抗力不能履行合同、不按照招标文件要求提交履约保证金，或者被查实存在影响中标结果的违法行为等情形，不符合中标条件的，招标人可以按照评标委员会提出的中标候选人名单排序依次确定其他中标候选人为中标人，也可以重新招标。

（3）当招标人确定的中标人与评标委员会推荐的中标候选人顺序不一致时，应当有充足的理由，并按项目管理权限报水行政主管部门备案。

（4）在确定中标人之前，招标人不得与投标人就投标价格、投标方案等实质性内容进行谈判。

（5）中标人确定后，招标人应当向中标人发出中标通知书，同时通知未中标人。

3. 事件3中，文件编号2～7分别对应的解释合同的优先次序序号是：2—七、3—六、4—二、5—五、6—三、7—四。

本题考查的是合同文件解释合同的优先次序。根据《水利水电工程标准施工招标文件》（2009年版），合同文件指构成合同的各项文件，包括：协议书、中标通知书、投标函及投标函附录、专用合同条款、通用合同条款、技术标准和要求（合同技术条款）、图纸、已标价工程量清单、经合同双方确认进入合同的其他文件。上述次序也是解释合同的优先顺序。

---

4. 开设农民工工资专用账户，专项用于支付该工程建设项目农民工工资。

施工单位丙申请注销农民工工资专用账户的条件：工程完工，未拖欠农民工工资，公示30d后，可以提出申请。

申请注销后账户内的余额归施工单位丙所有。

本题考查的是农民工工资支付。工程建设领域特别规定：

（1）建设单位与施工总承包单位依法订立书面工程施工合同，应当约定工程款计量周期、工程款进度结算办法以及人工费用拨付周期，并按照保障农民工工资按时足额支付的要求约定人工费用。人工费用拨付周期不得超过1个月。

（2）施工总承包单位应当按照有关规定开设农民工工资专用账户，专项用于支付该工程建设项目农民工工资。

（3）工程完工且未拖欠农民工工资的，施工总承包单位公示30d后，可以申请注销农民工工资专用账户，账户内余额归施工总承包单位所有。

（4）施工总承包单位或者分包单位应当依法与所招用的农民工订立劳动合同并进行用工实名登记。施工总承包单位、分包单位应当建立用工管理台账，并保存至工程完工且工资全部结清后至少3年。

（5）建设单位应当按照合同约定及时拨付工程款，并将人工费用及时足额拨付至农民工工资专用账户，加强对施工总承包单位按时足额支付农民工工资的监督。

（6）施工总承包单位对分包单位劳动用工和工资发放等情况进行监督。分包单位拖欠农民工工资的，由施工总承包单位先行清偿，再依法进行追偿。工程建设项目转包、拖欠农民工工资的，由施工总承包单位先行清偿，再依法进行追偿。

（7）工程建设领域推行分包单位农民工工资委托施工总承包单位代发制度。

（8）施工总承包单位应当按照有关规定存储工资保证金，专项用于支付为所承包工程提供劳动的农民工被拖欠的工资。

（9）建设单位与施工总承包单位或者承包单位与分包单位因工程数量、质量、造价等产生争议的，建设单位不得因争议不按照规定拨付工程款中的人工费用，施工总承包单位也不得因争议不按照规定代发工资。

（10）建设单位或者施工总承包单位将建设工程发包或者分包给个人或者不具备合法经营资格的单位，导致拖欠农民工工资的，由建设单位或者施工总承包单位清偿。

实务操作和案例分析题三〔2021年真题〕

【背景资料】

某水库枢纽工程包括混凝土重力拱坝（坝高71m）、导流洞（洞径为8m、长度为1350m）。本工程施工划分为导流洞、大坝两个标段，招标代理机构根据《水利水电工程标准施工招标文件》（2009年版）编制了招标文件。在招标及实施期间发生了以下事件：

事件1：招标代理机构初步拟定的招标工作计划见表2-3。

招标工作计划   表2-3

序号	工作事项	时间节点
1	发售招标文件	2018年4月6日至4月9日
2	发出招标文件澄清修改通知	2018年4月12日
3	递交投标文件截止时间	2018年4月23日上午10：00
4	开标	2018年4月23日下午15：00

事件2：招标代理机构拟定了投标人资质及业绩要求：大坝标段投标人资质要求为水利水电工程施工总承包一级及以上，导流洞标段投标人资质要求为水利水电工程施工总承包二级及以上；投标人近5年内完成的类似项目业绩至少有两项，并提供相关业绩证明材料。

事件3：对导流洞标段进行合同检查过程中，检查单位根据《水利工程合同监督检查办法（试行）》（办监督〔2020〕124号），发现下列问题：（1）承包人派驻施工现场的主要管理人员中，财务负责人和质量负责人不是本单位人员；（2）导流洞衬砌劳务分包商除计取劳务作业费用外，还计取了钢筋、水泥、砂石料费用和混凝土拌合运输费用。

【问题】

1. 指出表2-3中时间节点的错误之处（以招标文件发售开始时间为准），说明理由。

2. 指出事件2中资质要求的错误之处，说明理由。投标人业绩应附哪些证明材料？

3. 根据水利工程施工分包管理相关规定，事件3中检查单位发现的两个问题分别属于哪种违法行为？说明理由。

4. 水利工程合同问题按严重程度分为哪几类？事件3中检查单位发现的合同问题（2）属于其中哪一类？

【参考答案与分析思路】

1. 表2-3中时间节点的错误之处及理由如下：

（1）错误之处：招标文件发售期只有4d。

理由：招标文件发售期不得少于5d。

（2）错误之处：招标文件澄清修改通知距开标时间只有12d。

理由：招标文件澄清修改通知一般在投标截止时间15d前发出，不影响投标文件实质性编制的除外。

（3）错误之处：递交投标文件截止时间自发出招标文件至开标时间只有18d。

理由：自招标文件开始发出之日起至投标人提交投标文件截止不得少于20d。

（4）错误之处：递交投标文件截止时间与开标时间不一致。

理由：投标截止时间与开标时间应当为同一时间。

本题考查的是施工招标的主要管理要求。水利水电工程施工招标投标是考试的常考内容，常考题型是分析判断题，对于此类题目首先要判断错误之处，再说明理由，注意判断错误之处要分点、分条作答。表2-3中有4项工作事项，逐条进行分析。

工作1：发售招标文件，发售期应不得少于5d，而4月6日—9日只有4d，是错误之处。

工作2：发出招标文件澄清修改通知应在投标截止时间15d前发给所有购买招标文件的投标人，而开标时间是4月23日，时间只有12d，是错误之处。

工作3：自招标文件开始发出之日起至投标人提交投标文件截止不得少于20d，而发售招标文件到递交投标文件截止时间只有18d，这也是错误之处。

工作4：投标截止时间与开标时间应当为同一时间，这也是错误之处。

---

2. 事件2中资质要求的错误之处：导流洞标段资质要求错误。

理由：二级企业只能承担规模范围为洞径小于8m且长度小于1000m的水工隧洞（或本标段资质应为水利水电工程施工总承包一级资质）。

业绩证明材料包括：中标通知书，合同协议书，合同工程完工证书（或工程接收证书、竣工验收证书、竣工验收鉴定书）。

本题考查的是施工投标的主要管理要求。二级企业可承担工程规模中型以下水利水电工程和建筑物级别3级以下水工建筑物的施工，但下列工程规模限制在以下范围内：坝高70m以下、水电站总装机容量150MW以下、水工隧洞洞径小于8m（或断面积相等的其他形式）且长度小于1000m、堤防级别为2级以下。

投标人业绩一般指类似工程业绩的类似性，包括功能、结构、规模、造价等方面。投标人业绩以合同工程完工证书颁发时间为准。投标人应按招标文件要求填报"近5年完成的类似项目情况表"，并附中标通知书和（或）合同协议书、工程接收证书（或竣工验收证书、竣工验收鉴定书）、合同工程完工证书的复印件。

---

3. 事件3中检查单位发现的两个问题违法行为的判定及理由如下：

问题（1）属于借用他人资质（或以他人名义）承揽工程。

理由：承包单位派驻施工现场的主要管理负责人中部分人员不是本单位人员的，认定为出借或借用他人资质承揽工程。

问题（2）属于违法分包。

理由：劳务作业分包单位除计取劳务作业费用外，还计取主要建筑材料款和大中型机械设备费用的，认定为违法分包。

本题考查的是认定为违法分包及认定为出借或借用他人资质承揽工程的情形。

有下列情形之一的，认定为违法分包：

（1）将工程分包给不具备相应资质或安全生产许可证的单位或个人施工的。

（2）施工承包合同中未有约定，又未经项目法人书面认可，将工程分包给其他单位施工的。

（3）将主要建筑物的主体结构工程分包的。

（4）工程分包单位将其承包的工程中非劳务作业部分再次分包的。

（5）劳务作业分包单位将其承包的劳务作业再分包的；或除计取劳务作业费用外，还计取主要建筑材料款和大中型机械设备费用的。

（6）承包单位未与分包单位签订分包合同，或分包合同不满足承包合同中相关要求的。

（7）法律法规规定的其他违法分包行为。

注意与认定为转包的情形进行区分。

具有下列情形之一的，认定为出借或借用他人资质承揽工程：

（1）单位或个人借用其他单位的资质承揽工程的。

（2）投标人法定代表人的授权代表人不是投标单位人员的。

（3）实际施工单位使用承包单位资质中标后，以承包单位分公司、项目部等名义组织实施，但两公司无实质隶属关系的。

（4）工程分包的发包单位不是该工程的承包单位，或劳务作业分包的发包单位不是该工程的承包单位或工程分包单位的。

（5）承包单位派驻施工现场的主要管理负责人中部分人员不是本单位人员的。

（6）承包单位与项目法人之间没有工程款收付关系，或者工程款支付凭证上载明的单位与施工合同中载明的承包单位不一致的。

（7）合同约定由承包单位负责采购、租赁的主要建筑材料、工程设备等，由其他单位或个人采购、租赁，或者施工单位不能提供有关采购、租赁合同及发票等证明，又不能进行合理解释并提供证明材料的。

（8）法律法规规定的其他出借借用资质行为。

4. 水利工程合同问题按严重程度分为一般合同问题、较严重合同问题、严重合同问题、特别严重合同问题四种。

检查单位发现的问题（2）属于特别严重合同问题。

本题考查的是合同问题的分类。合同问题分为一般合同问题、较严重合同问题、严重合同问题、特别严重合同问题。具体内容见表2-4。

合同问题的分类		表2-4
合同问题		内容
一般合同问题		项目法人方面主要有以下： （1）未及时审批施工单位上报的工程分包文件。 （2）未对施工分包、劳务分包等合同进行备案
较严重合同问题	项目法人方面	未按要求严格审核分包人有关资质和业绩证明材料
	施工单位方面	（1）签订的劳务合同不规范。 （2）未按分包合同约定计量规则和时限进行计量。 （3）未按分包合同约定及时、足额支付合同价款
严重合同问题	项目法人方面	（1）对违法分包或转包行为未采取有效措施处理。 （2）对工程分包合同履约情况检查不力
	施工单位方面	（1）工程分包未履行报批手续。 （2）未按要求严格审核工程分包单位的资质和业绩。 （3）对工程分包合同履行情况检查不力
特别严重合同问题		责任单位发生转包、违法分包、出借借用资质的

实务操作和案例分析题四［2020年真题］

【背景资料】

某泵站工程施工招标文件按照《水利水电工程标准施工招标文件》（2009年版）和《水利工程工程量清单计价规范》GB 50501—2007编制。专用合同条款约定：泵站工程的管理用房列为暂估价项目，金额为1200万元，增值税税率为9%。

投标人甲结合本工程特点和企业自身情况分析、讨论了施工投标不平衡报价的策略和利弊。其编制的投标文件部分内容如下：

已标价的工程量清单中，钢筋制作与安装单价分析表（部分）见表2-5。

钢筋制作与安装单价分析表（单位：1t） 表2-5

编号	名称及规格	单位	数量	单价（元）	合计（元）
1	直接费	元			4551.91
1.1	基本直接费	元			D
1.1.1	人工费	元			125.37
（1）	A	工时	2.32	7.12	16.52
（2）	高级工	工时	6.48	6.58	42.64
（3）	中级工	工时	8.10	5.72	46.33
（4）	初级工	工时	6.25	3.18	19.88
1.1.2	材料费	元			4245.58
（1）	钢筋	t	1.05	3926.35	4122.67
（2）	B	kg	4.00	6.5	26.00
（3）	焊条	kg	7.22	7.6	54.87
（4）	C	元			42.04

编号	名称及规格	单位	数量	单价（元）	合计（元）
1.1.3	机械使用费	元			69.94
1.2	其他直接费	元			111.02
2	间接费	元			182.08
3	利润	元			331.38
4	税金	元			E
	合同执行单价	元			F

投标人乙中标承建该项目，合同总价为19600万元。合同中约定：工程预付款按签约合同价的10%支付，开工前由发包人一次性付清；工程预付款按照公式 $R = \dfrac{A}{(F_2 - F_1)S}(C - F_1 S)$ 扣还，其中 $F_1 = 20\%$、$F_2 = 80\%$；承包人缴纳的履约保证金兼具工程质量保证金功能，施工进度付款中不再扣留质量保证金。

工程实施期间发生如下事件：

事件1：施工过程中，发现实际地质情况与发包人提供的地质情况不同，经设计变更，新增了地基处理工程（合同工程量清单中无地基处理相关子目）。各参建方及时办理了变更手续。

事件2：截至工程开工后的第10个月末，承包人累计完成合同金额14818万元，第11个月经项目法人和监理单位审核批准的合同金额为1450万元。

事件3：项目法人主持了泵站首台机组启动验收，工程所在地区电力部门代表参加了验收委员会。泵站机组带额定负荷7d内累计运行了42h，机组无故障停机次数3次。在机组启动试运行完成前，验收主持单位组织了技术预验收。

【问题】

1. 写出表2-5中A、B、C、D、E和F分别代表的名称或数字。（计算结果保留2位小数）

2. 根据背景材料，写出投标人在投标阶段不平衡报价的常用策略及存在的弊端。

3. 根据背景材料，管理用房暂估价项目如属于必须招标项目，其招标工作的组织方式有哪些？

4. 写出事件1中变更工作的估价原则。

5. 根据事件2，计算第11个月的工程预付款扣还金额和承包人实得金额。（单位：万元，计算结果保留2位小数）

6. 根据《水利水电建设工程验收规程》SL 223—2008，指出事件3中的错误之处，说明理由。

【参考答案与分析思路】

1. 表2-5中A、B、C、D、E和F分别代表的名称或数字：

A代表工长；B代表钢丝；C代表其他材料费；

D代表4440.89；E代表455.88；F代表5521.25。

本题考查的是建筑工程单价分析表。根据给定图表，让考生据此判断名称或计算相关数值是常考题型。根据建筑工程单价分析表来分析本案例中字母的名称或数字。

首先看D，是计算费用。基本直接费＝人工费＋材料费＋机械使用费＝125.37＋4245.58＋69.94＝4440.89元

接下来看A，判断名称。人工划分为四个档次，即工长、高级工、中级工、初级工，也可以判断出A为工长。

再来看B、C，判断名称。B、C属于材料费中的内容，给出钢筋制作与安装单价分析表，顾名思义B应该为钢丝，C应该属于其他材料费。

再来看E，计算费用。税金＝（直接费＋间接费＋利润＋材料补差）×税率＝（4551.91＋182.08＋331.38＋0）×9%＝455.88元

再来看F，计算费用。合同执行单价＝直接费＋间接费＋利润＋材料补差＋税金＝4551.91＋182.08＋331.38＋0＋455.88＝5521.25元

2. 投标人在投标阶段不平衡报价的常用策略及存在的弊端如下：

常用策略有：

（1）能够早日结账收款的项目（如临时工程费、基础工程、土方开挖等）可适当提高单价。

（2）预计今后工程量会增加的项目，适当提高单价。

（3）招标图纸不明确，估计修改后工程量要增加的，可以提高单价。

（4）工程内容解说不清楚的，则可适当降低一些单价，待澄清后再要求提价。

存在的弊端有：

（1）对报低单价的项目，如工程量执行时增多将造成承包人损失。

（2）不平衡报价过多和过于明显，可能会导致报价不合理等后果。

本题考查的是投标报价策略。常用的投标报价策略应重点掌握投标报价高报与低报的工程、不平衡报价与计日工报价。

投标报价高报与低报的工程是对立的，条件差的、要求高的、竞争少的、支付不理想的都可以高报。反之应低报。

不平衡报价以期既不提高总报价、不影响中标，又能在结算时得到更理想的经济效益。要注意在哪个阶段可以提高报价，哪个阶段可以降低报价。

水利工程计日工不计入总价，可以高报。

3. 管理用房暂估价项目如属于必须招标项目，其招标工作的组织方式有两种：

第一种：若承包人不具备承担暂估价项目的能力或具备承担暂估价项目的能力但明确不参与投标的，由发包人和承包人共同组织招标。

第二种：若承包人具备承担暂估价项目的能力且明确参与投标的，由发包人组织招标。

本题考查的是暂估价的管理要求。必须招标的暂估价项目招标组织形式，在专用合同条款中约定，包括两种组织方式：（1）发包人和承包人共同组织；（2）发包人组织。

4. 事件1中变更工作的估价原则是：已标价工程量清单中无适用或类似子目的单价，

可按照成本加利润的原则，由监理单位商定或确定变更工作的单价。

> 本题考查的是变更工作的估价原则。除专用合同条款另有约定外，因变更引起的价格调整按照本款约定处理。
> （1）已标价工程量清单中有适用于变更工作的子目的，采用该子目的单价。
> （2）已标价工程量清单中无适用于变更工作的子目，但有类似子目的，可在合理范围内参照类似子目的单价，由监理单位商定或确定变更工作的单价。
> （3）已标价工程量清单中无适用或类似子目的单价，可按照成本加利润的原则，由监理单位商定或确定变更工作的单价。
> 本案例中，在合同工程量清单中无地基处理相关子目，所以应按照第（3）条原则。

5. 第11个月的工程预付款扣还金额和承包人实得金额的计算如下：

根据工程预付款公式 $R=\dfrac{A}{(F_2-F_1)S}(C-F_1S)$ 计算，截至第10个月累计已扣还预付款为：

$R_{10}=19600\times10\%\times(14818-20\%\times19600)/[(80\%-20\%)\times19600]=1816.33$ 万元

截至第11个月累计已扣还预付款为：

$R_{11}=19600\times10\%\times(14818+1450-20\%\times19600)/[(80\%-20\%)\times19600]=2058$ 万元 $>19600\times10\%=1960$ 万元，所以截至第11个月预付款已全额扣还。

第11个月的工程预付款扣还金额：$1960-1816.33=143.67$ 万元

承包人实得金额：$1450-143.67=1306.33$ 万元

> 本题考查的是工程预付款扣还金额和承包人实得金额的计算。首先应根据工程预付款公式计算截至第10个月、第11个月累计已扣还的工程预付款。根据背景资料中事件2数据代入公式计算即可。在做题时要列式计算，注意最后计算结果占分值较高，还要看清问题中保留几位小数，不要在最后环节中功亏一篑。
> 第11个月经项目法人和监理单位审核批准的合同金额减去第11个月的工程预付款扣还金额即为承包人的实得金额。

6. 根据《水利水电建设工程验收规程》SL 223—2008，对事件3中错误之处的判断及其理由如下：

错误之处一：泵站机组带额定负荷7d内累计运行了42h。

理由：泵站机组带额定负荷7d内累计运行了48h。

错误之处二：在机组启动试运行完成前，验收主持单位组织了技术预验收。

理由：应在机组启动试运行完成后组织技术预验收。

> 本题考查的是泵站机组带负荷运行的规定。解答本题需要对事件3中的每一句话都进行判断。
> （1）"项目法人主持了泵站首台机组启动验收"，这句话是没有错误的。
> 理由：首（末）台机组启动验收应由竣工验收主持单位或其委托单位组织的机组启动验收委员会负责；中间机组启动验收应由项目法人组织的机组启动验收工作组负责。验收委员会（工作组）应由所在地区电力部门的代表参加。

根据机组规模情况，竣工验收主持单位也可委托项目法人主持首（末）台机组启动验收。

（2）"工程所在地区电力部门代表参加了验收委员会"，这句话也没有错误。

理由：验收委员会（工作组）包括所在地区电力部门的代表。

（3）"泵站机组带额定负荷7d内累计运行了42h，机组无故障停机次数3次"，这句话错在了"42h"，应为"48h"。

（4）"在机组启动试运行完成前，验收主持单位组织了技术预验收"，这句话是错误的，应在机组启动试运行完成后组织技术预验收。

实务操作和案例分析题五［2019年真题］

【背景资料】

某大型引调水工程位于Q省X市，第5标段河道长10km。主要工程内容包括河道开挖、现浇混凝土护坡以及河道沿线生产桥。工程沿线涉及黄庄村等5个村庄。根据地质资料，沿线河道开挖深度范围内均有膨胀土分布，地面以下1～2m地下水丰富且土层透水性较强。本标段土方为1100万m^3，合同价约4亿元，计划工期2年，招标文件按照《水利水电工程标准施工招标文件》（2009年版）编制，评标办法采用综合评估法，招标文件中明确了最高投标限价。建设管理过程中发生如下事件：

事件1：评标办法中部分要求见表2-6。

评标办法（部分要求）　　　　　　　　　　　　　　　　　　　　　表2-6

序号	评审因素	分值	评审标准
1	投标报价	30	评标基准价＝投标人有效投标报价去掉一个最高和一个最低后的算术平均值。 投标人有效投标报价等于评标基准价的得满分；在此基础上，偏差率每上升1%（位于两者之间的线性插值，下同）扣2分，每下降1%扣1分，扣完为止，偏差率计算保留小数点后2位。 投标人有效投标报价要求： （1）应当在最高投标限价的85%～100%，不在此区间的其投标视为无效标。 （2）无效标的投标报价不纳入评标基准价计算
2	投标人业绩	15	近5年每完成一个大型调水工程业绩得3分，最多得15分。业绩认定以施工合同为准
3	投标人实力	3	获得"鲁班奖"的得3分，获得"詹天佑奖"的得2分，获得Q省"青山杯"的得1分，同一获奖项目只能计算一次
4	对本标段施工重点和难点的认识	5	合理4～5分，较合理2～3分，一般1～2分，不合理不得分

招标文件约定，评标委员会在对实质性响应招标文件要求的投标进行报价评估时，对投标报价中算术性错误按现行有关规定确定的原则进行修正。

事件2：投标人甲编制的投标文件中，河道护坡现浇混凝土配合比材料用量（部分）见表2-7。

序号	混凝土强度等级	A	B	C	预算材料量（kg/m³）				
					D	E	石子	泵送剂	F
	泵送混凝土								
1	C20（40）	42.5	二	0.44	292	840	1215	1.46	128
2	C25（40）	42.5	二	0.41	337	825	1185	1.69	138
	砂浆								
3	水泥砂浆 M10	42.5		0.7	262	1650			183
4	水泥砂浆 M7.5	42.5		0.7	224	1665			157

主要材料预算价格：水泥0.35元/kg，砂0.08元/kg，水0.05元/kg。

事件3：合同条款中，价格调整约定如下：

（1）对水泥、钢筋、油料三个可调因子进行价格调整。

（2）价格调整计算公式为 $\Delta M = [P - (1 \pm 5\%)P_0] \times W$，式中 ΔM 代表需调整的价格差额，P 代表可调因子的现行价格，P_0 代表可调因子的基本价格，W 代表材料用量。

【问题】

1. 事件1中，对投标报价中算术性错误进行修正的原则是什么？

2. 针对事件1，指出表2-6中评审标准的不合理之处，并说明理由。

3. 根据背景资料，合理分析本标段施工的重点和难点问题。

4. 分别指出事件2表2-7中A、B、C、D、E、F所代表的含义。

5. 计算事件2中每立方米水泥砂浆M10的预算单价。

6. 事件3中，为了价格调整的计算，还需约定哪些因素？

【参考答案与分析思路】

1. 对投标报价中算术性错误进行修正的原则是：

（1）用数字表示的数额与用文字表示的数额不一致的，以文字数额为准。

（2）单价与工程量的乘积与总价之间不一致的，以单价为准修正总价，但单价有明显的小数点错位的，以总价为准，并修改单价。

本题考查的是对投标报价中算术性错误进行修正的原则。本题可根据《工程建设项目施工招标投标办法》（九部委令第23号）规定作答。

2. 表2-6中评审标准的不合理之处及理由如下：

（1）不合理之处：投标人有效投标报价应当在最高投标限价的85%～100%。

理由：招标人不得规定最低投标限价。

（2）不合理之处：获得Q省"青山杯"的得1分。

理由：招标文件不得以本区域奖项作为加分项。

（3）不合理之处：投标人业绩以施工合同为准。

理由：投标人业绩除施工合同外，还包括中标通知书和合同工程完工验收证书（竣工验收证书或竣工验收鉴定书）。

本题考查的是综合评估法的相关规定。综合评估法是指评标委员会对满足招标文件实质性要求的投标文件，按照招标文件规定的评分标准进行打分，并按得分由高到低顺序推荐中标候选人，但投标报价低于其成本的除外。综合评分相等时，以投标报价低的优先；投标报价也相等的，由招标人自行确定。综合评估法中，评审包括初步评审和详细评审。详细评审阶段需要评审的因素有施工组织设计、项目管理机构、投标报价和投标人综合实力。

1）赋分标准

（1）施工组织设计一般占40%～60%。

（2）项目管理机构一般占15%～20%。

（3）投标报价一般占20%～30%。

（4）投标人综合实力一般占10%。

2）投标报价评审

招标文件应明确约定最优偏差率得分值，偏离最优偏差率后的扣分规则、投标人有效报价是否含暂列金额和暂估价，是否指通过初步评审，以及最高投标限价在评标基准价中所占的权重等。

偏差率＝［（投标报价－评标基准价）/评标基准价］×100%，百分率计算结果保留小数点后一位，小数点后第二位四舍五入。

评标基准价的计算方法为：评标基准价＝$A×0.7＋B×0.3$，其中：A为招标人编制的最高投标限价，B为投标人有效报价，B＝所有通过初步评审的投标人投标报价的算术平均值。

偏差率＝－5%时得满分。在此基础上，偏差率＞－5%，每上升1个百分点扣2分，扣完为止；偏差率＜－5%，每下降1个百分点扣1分，扣完为止。报价得分可以插值，取小数点后一位数字，小数点后第二位四舍五入。

评标基准价及投标报价均不含暂列金额，投标报价指经计算性算术错误修正后的值。

3. 根据背景资料，本标段施工的重点和难点问题包括：

（1）施工过程中降排水问题。

（2）膨胀土处理问题。

（3）土方平衡与调配问题。

（4）施工环境协调问题。

（5）河道护坡现浇混凝土施工问题。

（6）进度组织安排问题。

（7）本标段与其他相邻标段协调问题。

本题考查的是对标段施工重点与难点的分析。解答本题要充分根据背景资料的内容进行分析。具体分析如下：

（1）因地下水丰富且土层透水性较强，可能会出现施工过程中降排水问题。

（2）因沿线河道开挖深度范围内均有膨胀土分布，可能会出现膨胀土处理问题。

（3）因本标段土方为1100万m³，土方开挖量大，可能会出现土方平衡与调配问题。

（4）沿线涉及黄庄村等5个村庄，可能会出现施工环境协调问题。

（5）因本工程包括现浇混凝土护坡，可能会出现河道护坡现浇混凝土施工问题。

（6）因本标段工程量大、工期紧，可能会出现进度组织安排问题。

（7）最后还要考虑本标段与其他相邻标段协调的问题。

4. 表2-7中A、B、C、D、E、F所代表的含义如下。

A代表水泥强度等级；B代表级配；C代表水胶比；D代表水泥；E代表砂（黄砂、中粗砂）；F代表水。

本题考查的是混凝土配合比。混凝土配合比是指混凝土中水泥、水、砂及石子材料用量之间的比例关系。对A、B、C、D、E、F所代表的含义判断如下：

（1）根据表2-7，A列数值为42.5，很容易能得出是水泥强度等级，A代表水泥强度等级，B代表级配，C代表水胶比。

（2）水胶比表示水用量与水泥之间的对比关系。F/D＝C，由此可知，D代表水泥，F代表水。

（3）E即为砂。

5. 事件2中每立方米水泥砂浆M10预算单价的计算：

每立方米水泥砂浆M10的预算单价：262×0.35＋1650×0.08＋183×0.05＝232.85元/m³

本题考查的是混凝土材料单价的计算。混凝土各组成材料的用量是计算混凝土材料单价的基础，根据第4问可以得出水泥用量为262kg/m³，砂用量为1650kg/m³，水用量为183kg/m³。背景资料中已给出主要材料预算价格：水泥0.35元/kg，砂0.08元/kg，水0.05元/kg。

则每立方米水泥砂浆M10的预算单价＝水泥预算材料量×水泥预算价格＋砂预算材料量×砂预算价格＋水预算材料量×水预算价格＝262×0.35＋1650×0.08＋183×0.05＝232.85元/m³。

6. 事件3中，为了价格调整的计算，还需约定：

（1）水泥、钢筋、油料三个可调因子代表性材料选择。

（2）三个可调因子现行价格和基本价格的具体时间。

（3）价格调整时间或频次。

（4）变更、索赔项目的价格调整问题。

（5）价格调整依据的造价信息。

本题考查的是合同价格调整的约定。事件3中对可调因子进行价格调整和价格调整计算公式作出约定，还应对三个可调因子代表性材料选择、现行价格和基本价格的具体时间，价格调整时间或频次，变更、索赔项目的价格调整问题，价格调整依据的造价信息等作出约定。

实务操作和案例分析题六 [2018年真题]

【背景资料】

某承包人依据《水利水电工程标准施工招标文件》(2009年版)与发包人签订某引调水工程引水渠标段施工合同,合同约定:(1)合同工期为465d,2015年10月1日开工;(2)签约合同价为5800万元;(3)履约保证金兼具工程质量保证金功能,施工进度付款中不再预留质量保证金;(4)工程预付款为签约合同价的10%,开工前分两次支付,工程预付款的扣回与还清按下列方式计算。

$$R = A(C - F_1 S) / [(F_2 - F_1) S], \text{其中} F_1 = 20\%, F_2 = 90\%。$$

合同签订后发生如下事件:

事件1:项目部按要求编制了该工程的施工进度计划如图2-2所示,经监理人批准后,工程如期开工。

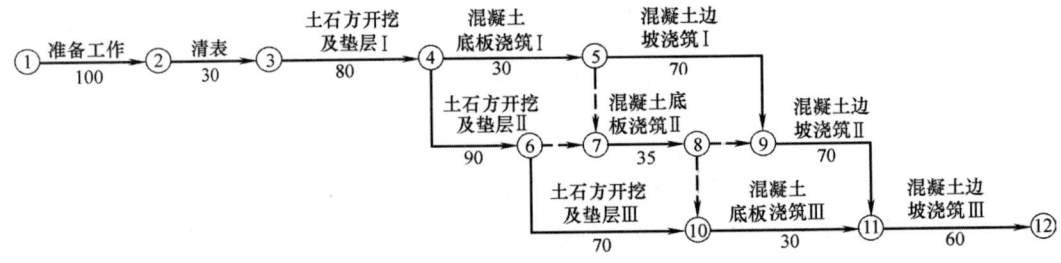

图2-2 施工进度计划图(单位:d)

事件2:承包人完成施工控制网测量后,按监理人指示开展了抽样复测:

(1)发现因发包人提供的某基准线不准确,造成与此相关的数据均超过允许误差标准,为此监理人指示承包人对发包人提供的基准点、基准线进行复核,并重新进行了施工控制网的测量,产生费用共计3万元,增加工作时间5d。

(2)由于测量人员操作不当造成施工控制网数据异常,承包人进行了测量修正,修正费用为0.5万元,增加工作时间2d。

针对上述两种情况,承包人提出了延长工期和补偿费用的索赔要求。

事件3:"土石方开挖及垫层Ⅲ"施工中遇到地质勘探未查明的软弱地层,承包人及时通知监理人。监理人会同参建各方进行现场调查后,把该事件界定为不利物质条件,要求承包人采取合理措施继续施工。承包人按要求完成地基处理工作,导致"土石方开挖及垫层Ⅲ"工作时间延长20d,增加费用8.5万元。承包人据此提出了延长工期20d和增加费用8.5万元的要求。

事件4:截至2016年10月,承包人累计完成合同金额4820万元,2016年11月监理人审核批准的合同金额为442万元。

【问题】

1. 指出事件1施工进度计划图的关键线路(用节点编号表示)、"土石方开挖及垫层Ⅲ"工作的总时差。

2. 事件2中,承包人应获得的索赔有哪些?简要说明理由。

3. 事件3中,监理人收到承包人提出延长工期和增加费用的要求后,监理人应按照什么处理程序办理? 承包人的要求是否合理? 简要说明理由。

4. 计算2016年11月份的工程预付款扣回金额、承包人实得金额。(单位:万元,保留2位小数)

【参考答案与分析思路】

1. 关键线路的确定及总时差的计算如下:

(1) 施工进度计划图的关键线路:①→②→③→④→⑥→⑦→⑧→⑨→⑪→⑫。

(2) 土石方开挖及垫层Ⅲ的总时差:5d。

本题考查的是双代号网络计划时间参数的计算及关键线路的确定。

(1) 首先来判断关键线路。总持续时间最长的线路称为关键线路。本题采用最长线路法确定关键线路。线路如下:

线路1:①→②→③→④→⑤→⑨→⑪→⑫,持续时间 = 100 + 30 + 80 + 30 + 70 + 70 + 60 = 440d。

线路2:①→②→③→④→⑤→⑦→⑧→⑨→⑪→⑫,持续时间 = 100 + 30 + 80 + 30 + 35 + 70 + 60 = 405d。

线路3:①→②→③→④→⑤→⑦→⑧→⑩→⑪→⑫,持续时间 = 100 + 30 + 80 + 30 + 35 + 30 + 60 = 365d。

线路4:①→②→③→④→⑥→⑦→⑧→⑨→⑪→⑫,持续时间 = 100 + 30 + 80 + 90 + 35 + 70 + 60 = 465d。

线路5:①→②→③→④→⑥→⑦→⑧→⑩→⑪→⑫,持续时间 = 100 + 30 + 80 + 90 + 35 + 30 + 60 = 425d。

线路6:①→②→③→④→⑥→⑩→⑪→⑫,持续时间 = 100 + 30 + 80 + 90 + 70 + 30 + 60 = 460d。

所以关键线路是线路4,注意问题要求,用节点编号表示关键线路。

(2) 计算总时差,首先掌握以下几个时间参数的计算。

工作的最早开始时间应等于其紧前工作最早完成时间的最大值。

工作最迟完成时间和最迟开始时间的计算应从网络计划的终点节点开始,逆着箭线方向依次进行。

工作的最迟完成时间应等于其紧后工作最迟开始时间的最小值。

工作的最迟开始时间等于最迟完成时间减去持续时间。

土石方开挖及垫层Ⅲ的紧前工作是土石方开挖及垫层Ⅱ,土石方开挖及垫层Ⅱ的最早完成时间 = 100 + 30 + 80 + 90 = 300d,则土石方开挖及垫层Ⅲ的最早开始时间为300d。

土石方开挖及垫层Ⅲ紧后工作为混凝土底板浇筑Ⅲ,混凝土底板浇筑Ⅲ的最迟开始时间 = 465 − 60 − 30 = 375d。土石方开挖及垫层Ⅲ的最迟完成时间为375d。

土石方开挖及垫层Ⅲ的最迟开始时间 = 375 − 70 = 305d。

(3) 工作的总时差等于该工作最迟完成时间与最早完成时间之差,或该工作最迟开始时间与最早开始时间之差。则土石方开挖及垫层Ⅲ的总时差 = 305 − 300 = 5d。

2. 事件2中,承包人应获得的索赔:费用3万元,增加工作时间5d。

理由：发包人提供基准资料错误导致承包人测量放线工作的返工或造成工程损失的，属于发包人责任，发包人应当承担由此增加的费用3万元。因为该工作属于准备工作，属于关键工作，事件导致延误5d，将造成工期延误5d，可以索赔。测量人员操作不当造成施工控制网数据异常是承包人的责任，不能索赔工期和费用。

> 本题考查的是索赔管理。索赔会与合同责任、工期延误结合考查，解答本题首先要判断是谁的责任。本题中，发包人应对其提供的测量基准点、基准线和水准点及其书面的真实性、准确性和完整性负责。发包人提供上述基准资料错误导致承包人测量放线工作的返工或造成工程损失的，发包人应当承担由此增加的费用。所以可以索赔费用3万元。因为该工作属于准备工作，属于关键工作，事件导致延误5d，将造成工期延误5d，是可以索赔的。测量人员操作不当造成施工控制网数据异常是承包人的责任，工期和费用均不能索赔。

3. 不利物质条件的处理及对承包人要求的判定如下：

（1）处理程序：按照变更约定办理。

（2）费用要求合理。

理由：不利物质条件属于发包人承担的责任，故承包人有权要求费用增加。

工期要求不合理。

理由："土石开挖及垫层Ⅲ"总时差为5d，延误20d，超过其总时差，所以索赔工期为15d。

> 本题考查的是索赔管理。本题需要特别注意"监理人应按照什么处理程序办理？"这个问题不是在考查我们索赔的处理程序，而是考查我们不利物质条件的处理方法。承包人遇到不利物质条件时，有权要求延长工期及增加费用。监理人收到此类要求后，应在分析外界障碍或自然条件是否不可预见及不可预见程度的基础上，按照变更的约定办理。
>
> 水利水电工程的不利物质条件，指在施工过程中遭遇诸如地下工程开挖中遇到发包人进行的地质勘探工作未能查明的地下溶洞或溶蚀裂隙和坝基河床深层的淤泥层或软弱带等，使施工受阻。事件3认定为不利物质条件是正确的，其属于发包人责任，所以承包人可以要求索赔增加费用8.5万元。根据第1问，土石方开挖及垫层Ⅲ总时差为5d，延长工期20d，超过总时差＝20－5＝15d，所以要求索赔工期20d是不合理的，只能索赔15d。

4. 工程预付款：5800×10%＝580.00万元

截至10月份预付款扣回：$580 \times \dfrac{(4820-20\% \times 5800)}{(90\%-20\%) \times 5800} = 522.86$ 万元

截至11月份合同累计完成金额：4820＋442＝5262万元＞5220万元（＝5800×90%），故预付款的扣回：5800×10%－522.86＝57.14万元

承包人实得金额：442－57.14＝384.86万元

> 本题考查的是工程价款的计算。工程预付款的扣回与还清公式为：
>
> $$R = \frac{A}{(F_2 - F_1)S}(C - F_1 S)$$

式中　R——每次进度付款中累计扣回的金额；

　　　A——工程预付款总金额；

　　　S——签约合同价；

　　　C——合同累计完成金额；

　　　F_1——开始扣款时合同累计完成金额达到签约合同价的比例，一般取20%；

　　　F_2——全部扣清时合同累计完成金额达到签约合同价的比例，一般取80%~90%。

预付款的计算我们直接根据合同约定计算即可，工程预付款为签约合同价的10%，即 $5800 \times 10\% = 580.00$ 万元。

10月份工程预付款的扣回我们直接代入公式计算即可。

注意预付款开工前分两次支付，所以11月份工程预付款的扣回为 $5800 \times 10\% - 522.86 = 57.14$ 万元。

11月份监理人审核批准的合同金额减去预付款的扣回即为实得金额。

实务操作和案例分析题七 [2017年真题]

【背景资料】

招标人××省水利工程建设管理局依据《水利水电工程标准施工招标文件》（2009年版），编制了新阳泵站主体工程施工招标文件，交易场所为××省公共资源交易中心，投标截止时间为2015年7月19日，在阅读招标文件后，投标人×××集团对招标文件提交了异议函。

异议函

××省公共资源交易中心：

　　新阳泵站主体工程施工招标文件对合同工期的要求前后不一致，投标人须知前附表为26个月，而技术条款为30个月。请予澄清。

×××集团

2015年7月12日

×××集团投标文件中，投标报价汇总表（分组工程量清单模式）见表2-8，其中围堰拆除工程采取1m³挖掘机配8t自卸汽车运输施工，运距为3km，相关定额见表2-9。围堰为Ⅳ类土（定额调整系数为1.09），初级工、1m³挖掘机、59kW推土机、8t自卸汽车的单价分别为2.66元/工时，190元/台时、100元/台时、120元/台时。

投标报价汇总表（分组工程量清单模式） 表2-8

组号	工程项目或费用名称	金额（元）	备注
一	建筑工程	50000000	
二	A	8000000	设备由发包人另行采购
三	金属结构设备安装工程	6000000	设备由发包人另行采购

组号	工程项目或费用名称	金额（元）	备注
四	水土保持及环境保护工程	1000000	
五	B	3700000	
1	施工围堰工程	1000000	总价承包
2	施工交通工程	500000	
3	C	1000000	
4	其他临时工程	1200000	
一～五合计		68700000	
	D＝（一～五合计）5%	3435000	发包人掌握
	总计	72135000	

1m³挖掘机配8t自卸汽车运输定额表　　　　　　　表2-9

（Ⅲ类土运距3km，单位：100m³）

序号	工程项目或费用名称	单位	数量
1	人工费		
	初级工	工时	4.69
2	材料费		
	零星材料费	元	4%
3	机械使用费		
（1）	1m³挖掘机	台时	0.70
（2）	59kW推土机		0.35
（3）	8t自卸汽车	台时	7.10

　　经过评标，×××集团中标。根据招标文件，施工围堰工程为总价承包项目，招标文件提供了初步设计施工导流方案，供投标人参考，×××集团采用了招标文件提供的施工导流方案。实施过程中，围堰在设计使用条件下发生坍塌事故，造成30万元直接经济损失。×××集团以施工导流方案由招标文件提供为由，在事件发生后依合同规定程序陆续提交相关索赔函件，向发包人提出索赔。

【问题】

　　1. ×××集团对招标文件提交的异议函有哪些不妥之处？说明理由。除背景资料的异议类型外，在招标投标过程中，投标人可提供的异议还有哪些类型？分别应在什么时段提出？

　　2. 表2-8中，A、B、C、D所代表的工程项目或费用名称是什么？指出预留D的目的和使用D时的估算原则。

　　3. 依据背景资料，×××集团提出的索赔能否成立？说明理由。指出围堰坍塌事故发生后×××集团提交的相关索赔函件名称。

　　4. 计算围堰拆除单价中的人工费、机械费、材料费。（保留小数点后2位）

【参考答案与分析思路】

1. 异议函中的不妥之处及理由如下：

（1）异议对象不妥。

理由：异议应向招标人（××省水利工程建设管理局）提出。

（2）异议内容不妥。

理由：招标文件异议只针对损害投标人利益的不合理条款提出，招标文件前后矛盾可通过招标文件澄清方式提出。

（3）异议提出时间不妥。

理由：招标文件异议应在投标截止时间前10d或在2015年7月9日前提出。

除背景资料的异议类型外，投标人可提出的异议有开标异议、评标异议。

开标异议应当在开标过程中提出，评标异议应在中标候选人公示期间提出。

> 本题考查的是施工招标及施工投标的主要管理要求。
>
> 处理招标文件异议的程序：潜在投标人或者其他利害关系人对招标文件有异议的，应当在投标截止时间10d前提出。招标人应当自收到异议之日起3d内作出答复；作出答复前，应当暂停招标投标活动。未在规定时间提出异议的，不得再对招标文件相关内容提出投诉。
>
> 投标人对开标过程有异议的，应在开标现场提出。未提出开标异议的，不得再对开标程序提出投诉。投标人或者其他利害关系人对依法必须进行招标的项目的评标结果有异议的，应当在中标候选人公示期间提出。招标人应当自收到异议之日起3d内作出答复；作出答复前，应当暂停招标投标活动。未在规定时间提出异议的，不得再针对评标提出投诉。

2. 表2-8中A、B、C、D所代表的工程项目或费用名称：A—机电设备安装工程；B—施工临时工程；C—施工单位临时房屋建筑工程；D—暂列金额。

预留D的目的是处理合同变更。

使用D时的估价原则：

（1）已标价工程量清单中有适用于变更工作的子目的，采用该子目的单价。

（2）已标价工程量清单中无适用变更工作的子目，但有类似子目的，可在合理范围内参照类似子目的单价，由监理人商定或确定变更工作的单价。

（3）已标价工程量清单中无适用或类似子目的单价，可按照成本加利润的原则，由监理人商定或确定变更工作的单价。

> 本题考查的是变更管理。本题中，A代表机电设备安装工程；B代表施工临时工程；C代表施工单位临时房屋建筑工程；D代表暂列金额。
>
> 注意区别暂列金额和暂估价。暂列金额是用于施工合同签订时尚未确定或者不可预见的所需材料、工程设备、服务的采购，施工中可能发生的工程变更、合同约定调整因素出现时的工程价款调整以及发生的索赔、现场签证确认等的费用。暂估价是指招标人在工程量清单中提供的用于支付必然发生但暂时不能确定价格的材料价款、工程设备价款以及专业工程金额。
>
> 因变更引起的价格调整按照条款约定作答即可。

3. 索赔不成立。

理由：围堰工程是总价承包项目，招标文件提供的施工导流方案仅供参考，围堰发生事故非发包人责任。

事件发生后，×××集团提交的相关索赔函件包括索赔意向通知书、索赔通知书、最终索赔通知书。

> 本题考查的是水利工程索赔管理。本题中，因为招标文件提供的初步设计施工导流方案仅供投标人参考，承包人应按合同约定的工作内容和施工进度要求，编制施工组织设计和施工措施计划，并对所有施工作业和施工方法的完备性和安全可靠性负责。所以索赔不成立。

4. 人工费：$4.69 \times 2.66 \times 1.09 = 13.60$ 元$/100m^3$

机械费：$(0.7 \times 190 + 0.35 \times 100 + 7.10 \times 120) \times 1.09 = 1111.80$ 元$/100m^3$

材料费：$(13.60 + 1111.80) \times 4\% = 45.02$ 元$/100m^3$

> 本题考查的是单价分析。解答本题时要注意人工费、机械费要乘以调整系数。
>
> 人工费＝定额人工工时数×人工预算单价＝$4.69 \times 2.66 \times 1.09 = 13.60$ 元$/100m^3$
>
> 机械费＝定额机械台时用量×机械台时费＝$(0.7 \times 190 + 0.35 \times 100 + 7.10 \times 120) \times 1.09 = 1111.80$ 元$/100m^3$
>
> 材料费＝定额材料用量×材料预算价格＝$(13.60 + 1111.80) \times 4\% = 45.02$ 元$/100m^3$

实务操作和案例分析题八 ［2016 年真题］

【背景资料】

某河道治理工程，以水下疏浚为主，两岸堤防工程级别为1级。工程建设内容包括河道疏浚、险工处理、护岸加固等。施工招标文件按照《水利水电工程标准施工招标文件》（2009年版）编制，部分条款内容如下：

（1）疏浚工程结算按照招标图纸所示断面尺寸计算工程量，计量单位为"m^3"。

（2）疏浚工程约定工程质量保修期为1年，期满后，按照合同约定时间退还工程质量保证金。

（3）施工期自然回淤量、超挖超填量均不计量。

（4）施工辅助设施中疏浚前扫床不计量，退水口及排水渠需另行计量支付。

投标人认为上述条款不公正，要求招标人修改，招标人修改了招标文件。

某专业承包资质的施工单位按照招标文件的要求准备投标文件，对照资格审查自审表列出了需准备的营业执照、税务登记证、组织机构代码证等证书。经过评标，该施工单位中标。

施工过程中，由于当地石料禁采，设计单位将抛石护岸变更为生态护岸。承包人根据发包人推荐，将生态护岸分包给专业生产厂商施工。为满足发包人要求的汛前护砌高程，该分包人在砌块未达到龄期即运至现场施工，导致汛后部分护岸损坏，发包人向承包人提出索赔，承包人认为发包人应直接向分包人提出索赔。

【问题】

1. 说明本工程施工单位资质的专业类别及相应等级。为满足投标人最低资格审查要求，除背景资料所列证书外，投标单位还应准备的单位或人员证书有哪些？

2. 指出原招标文件条款内容的不妥之处，并说明理由。

3. 针对招标文件条款不公正或内容不完善的问题，依据《水利水电工程标准施工招标文件》（2009年版），投标人应如何解决或通过哪些途径维护自身权益？

4. 施工单位在分包管理方面应履行哪些主要职责？对于发包人提出的索赔，承包人的意见是否合理？说明理由。

【参考答案与分析思路】

1. 施工单位资质的专业类别及相应等级为：河湖整治工程专业承包一级资质。

应准备的资质（资格）证书包括：企业资质证书（或河湖整治工程专业承包一级资质证书）；安全生产许可证；水利水电专业一级注册建造师证书；三类人员（单位负责人、项目负责人、专职安全生产人员）安全生产考核合格证书或A、B、C三类安全生产考核合格证书。

> 本题考查的是水利水电工程施工专业承包企业资质。在《建筑业企业资质标准》（建市〔2014〕159号）中，水利水电工程施工专业承包企业资质划分为水工金属结构制作与安装工程、水利水电机电安装工程、河湖整治工程3个专业，每个专业等级分为一级、二级、三级。背景资料中给出了两岸堤防工程级别为1级，所以河湖整治工程专业承包为一级资质。

2. 原招标文件条款内容的不妥之处及理由如下：

不妥之处：疏浚工程结算按照招标图纸所示断面尺寸计算工程量。

理由：应按照施工图纸。

不妥之处：疏浚工程约定工程质量保修期为1年。

理由：河湖疏浚工程无工程质量保修期（工程质量保修期0年）。

不妥之处：施工辅助设施中疏浚前扫床不计量。

理由：疏浚前扫床应另行计量支付。

> 本题考查的是疏浚工程的计量与保修期限。水利水电工程质量保修期通常为1年，河湖疏浚工程无工程质量保修期。疏浚工程施工过程中疏浚设计断面以外增加的超挖量、施工期自然回淤量、开工展布与收工集合、避险与防干扰措施、排泥管安拆移动以及使用辅助船只等所需的费用，包含在工程量清单相应项目有效工程量的每立方米工程单价中，发包人不另行支付。疏浚工程的辅助措施（如浚前扫床和障碍物的清除、排泥区围堰、隔埝、退水口及排水渠等项目）另行计量支付。注：工程量清单是指《水利水电工程标准施工招标文件》（2009年版）合同文件中的已标价工程量清单，下同。

3. 投标人维护自身权益的途径包括：

（1）向招标人发出招标文件修改或澄清函。

（2）向招标人提出招标文件异议。

（3）向行政监督部门投诉。

（4）提起诉讼。

> 本题考查的是投标人维护自身权益的途径。解答这类问题需要根据背景资料中存在的不公正的问题进行解答。合同争议的处理方法有：友好协商解决；提请争议评审组评审；仲裁；诉讼。

4. 施工单位在分包管理方面应履行的主要职责是：

（1）工程分包应经发包人书面认可或应在施工承包合同中约定。

（2）签订工程分包合同，并送发包人备案。

（3）对其分包项目的实施以及分包人的行为向发包人负全部责任。

（4）设立项目管理机构，组织管理所承包或分包工程的施工活动。

对于发包人提出的索赔，承包人的意见不合理。理由：发包人推荐分包人，若承包人接受，则对其分包项目的实施以及分包人的行为向发包人负全部责任。

本题考查的是承包单位分包的管理职责。该考点在考试中经常考查，考生要注意掌握。承包单位在履行分包管理职责时应注意以下几点：

（1）工程分包应在施工承包合同中约定，或经项目法人（发包人）书面认可。劳务作业分包由承包人与分包人通过劳务合同约定。

（2）承包人和分包人应当依法签订工程分包合同，并履行合同约定的义务。

（3）除发包人依法指定分包外，承包人对其分包项目的实施以及分包人的行为向发包人负全部责任。

（4）承包人和分包人应当设立项目管理机构，组织管理所承包或分包工程的施工活动。

在合同实施过程中，有下列情况之一的，项目法人可向承包人推荐分包人：

（1）由于重大设计变更导致施工方案重大变化，致使承包人不具备相应的施工能力。

（2）由于承包人原因，导致施工工期拖延，承包人无力在合同规定的期限内完成合同任务。

（3）项目有特殊技术要求、特殊工艺或涉及专利权保护的。

如承包人同意，则应由承包人与分包人签订分包合同，并对该推荐分包人的行为负全部责任；如承包人拒绝，则可由承包人自行选择分包人，但需经项目法人书面认可。

由指定分包人造成的与其分包工作有关的一切索赔、诉讼和损失赔偿由指定分包人直接对项目法人负责，承包人不对此承担责任。职责划分可由承包人与项目法人签订协议明确。

典 型 习 题

实务操作和案例分析题一

【背景资料】

某中型水闸土建工程，依据《水利水电工程标准施工招标文件》（2009年版）编制招标文件。施工单位甲中标并与发包人签订了施工合同。招标投标及合同履行过程中发生如下事件：

事件1：招标文件要求项目经理应具备的资格条件包括：具有二级及以上水利水电工程注册建造师证书，在"信用中国"及各有关部门网站中经查询没有因行贿、严重违法失信被限制投标或从业等惩戒行为。

事件2：招标文件在省公共资源交易中心平台发布后，潜在投标人乙对招标文件有异议，并在规定时限内提出异议函。异议函内容如下：

×××省公共资源交易中心：

　　我方在收到招标文件后，对以下两项内容提出异议：

　　（1）招标文件中关于工期描述前后不一致，投标人须知前附表中为10个月，而在技术条款中为12个月，请予以澄清。

　　（2）招标文件评分标准中对投标人信用等级为AAA（信用很好）的加3分，此项规定不合理。水利市场主体信用等级不应作为评标要素纳入评标办法，应取消该加分项。

　　　　　　　　　　　　　　　　　　　　　　　　投标人：×××集团公司

　　　　　　　　　　　　　　　　　　　　　　　　2020年8月8日

事件3：招标人在收到评标报告的第2天公示中标候选人，投标人丙对评标结果有异议，并及时向招标人提出。

事件4：合同工程完工后，施工单位甲在合同工程完工证书颁发后28d内，向监理人提交了包括应支付的完工付款金额在内的完工付款申请单。

【问题】

1. 除事件1所述内容外，项目经理资格条件还应包括哪些？

2. 指出事件2中异议函的不妥之处，并说明理由。根据《水利部关于印发〈水利建设市场主体信用评价管理办法〉的通知》（水建设〔2019〕307号），水利建设市场主体信用等级除AAA（信用很好）外，还包括哪些？

3. 事件3中，投标人对评标结果有异议，应当在何时提出？招标人在收到异议后，应如何处理？如对招标人的处理结果不满意，投标人应如何处理？

4. 事件4中，完工付款申请单中除应支付的完工付款金额外，还应包括哪些内容？

【参考答案】

1. 除事件1所述内容外，项目经理资格条件还应包括：注册于本单位（需提供社会保险证明），拟任项目经理不得有在建工程，有一定数量已通过合同工程完工验收的类似工程业绩，具备有效的安全生产考核合格证书（B类）。

2. 事件2中异议函的不妥之处及理由如下：

（1）异议对象不妥。

理由：不应向公共资源交易中心提出，应向招标人提出异议。

（2）异议内容中第（1）条不妥。

理由：对此种招标文件前后内容不一致的疑问，应发澄清要求招标人答复。

根据《水利部关于印发〈水利建设市场主体信用评价管理办法〉的通知》（水建设〔2019〕307号），水利建设市场主体信用等级除了AAA（信用很好）外，还包括：AA（信用良好）、A（信用较好）、B（信用一般）、C（信用较差）。

3. 投标人对评标结果有异议的相关处理如下：

（1）投标人或者其他利害关系人对依法必须进行招标的项目的评标结果有异议的，应当在中标候选人公示期间提出。

（2）招标人应当自收到异议之日起3d内作出答复。招标人作出答复前，应当暂停招标投标活动。

（3）如投标人对招标人答复不满意，可以向行政监督部门提出投诉。

4. 完工付款申请单还应包括：完工结算合同总价、发包人已支付承包人的工程价款、应扣留的质量保证金。

实务操作和案例分析题二

【背景资料】

某新建水闸工程，发包人依据《水利水电工程标准施工招标文件》（2009年版）编制施工招标文件。发包人与承包人签订的施工合同约定：合同工期为8个月，签约合同价为1280万元。

监理人向承包人发出的开工通知中载明的开工时间为第一年10月1日。闸室施工内容包括基坑开挖、闸底板垫层混凝土、闸墩混凝土、闸底板混凝土、闸门安装及调试、门槽二期混凝土、底槛及导轨等埋件安装、闸上公路桥等项工作，承包人编制经监理人批准的闸室施工进度计划见表2-10（每月按30d计，不考虑工作之间的搭接）。

闸室施工进度计划　　　　　　　　　　　　表2-10

序号	工作名称	持续时间（d）	第一年			第二年				
			10	11	12	1	2	3	4	5
1	基坑开挖	30								
2	A	20	—							
3	B	30		—						
4	C	55			—					
5	底槛及导轨等埋件安装	20								
6	D	25						—		
7	E	15							—	
8	闸上公路桥	30							—	
	计划完成工程价款（万元）		150	160	180	200	190	170	130	100

施工过程中发生如下事件：

事件1：承包人收到发包人提供的测量基准点等相关资料后，开展了施工测量，并将施工控制网资料提交监理人审批。

事件2：经监理人确认的截至第一年12月底、第二年3月底累计完成合同工程价款分别为475万元和1060万元。

事件3：水闸工程合同工程完工验收后，承包人向监理人提交了完工付款申请单，并提供相关证明材料。

【问题】

1. 指出图2-3中A、B、C、D、E分别代表的工作名称；分别指出基坑开挖和底槛及导轨等埋件安装两项工作的计划开始时间和完成时间。

2. 事件1中，除测量基准点外，发包人还应提供哪些基准资料？承包人应在收到发包人提供的基准资料后多少天内向监理人提交施工控制网资料？

3. 分别写出事件2中，截至第一年12月底、第二年3月底的施工进度进展情况。（用"实际比计划超前或拖后××万元"表述）

4. 事件3中，承包人向监理人提交的完工付款申请单的主要内容有哪些？

【参考答案】

1. 图2-3中A、B、C、D、E代表的工作名称分别为：A—闸底板垫层混凝土；B—闸底板混凝土；C—闸墩混凝土；D—门槽二期混凝土；E—闸门安装及调试。

基坑开挖工作的计划开始时间为第一年10月1日，计划完成时间为第一年10月30日；底槛及导轨等埋件安装的计划开始时间为第二年2月16日，计划完成时间为第二年3月5日。

> 开工通知中载明的开工时间为第一年10月1日，也就是基坑开挖工作的计划开始时间为第一年10月1日，持续时间为30d，那么其计划完成时间为第一年10月30日。闸底板垫层混凝土（工作A）计划开始时间为11月1日（注意每月按30d计，不考虑工作之间的搭接），持续时间为20d，那么其计划完成时间为11月20日。闸底板混凝土（工作B）计划开始时间为11月21日，持续时间为30d，那么其计划完成时间为12月20日。闸墩混凝土（工作C）计划开始时间为12月21日，持续时间为55d，那么其计划完成时间为第二年2月15日。底槛及导轨等埋件安装的计划开始时间为第二年2月16日，持续时间为20d，计划完成时间为第二年3月5日。

2. 事件1中，除测量基准点外，发包人还应提供基准线和水准点及其相关资料。承包人应在收到上述资料后的28d内，将施测的施工控制网资料提交监理人审批。

3. 截至第一年12月底，累计完成合同工程价款实际比计划拖后15万元；第二年3月底累计完成合同工程价款实际比计划超前10万元。

4. 完工付款申请单的主要内容：完工结算合同总价、发包人已支付承包人的工程价款、应扣留的质量保证金、应支付的完工付款金额。

实务操作和案例分析题三

【背景资料】

某水利枢纽工程由混凝土重力坝、水电站等建筑物构成。

施工单位与项目法人签订了其中某坝段的施工承包合同，部分合同条款如下：合同总金额为壹亿伍仟万元整；开工日期为2016年9月20日，总工期为26个月。

开工前项目法人向施工单位支付10%的工程预付款，预付款扣回按公式 $R=\dfrac{A\cdot(C-F_1S)}{(F_2-F_1)\cdot S}$

计算。式中：F_1 为10%；F_2 为90%。从第1个月起，按进度款3%的比例扣留质量保证金。

施工过程中发生了如下事件：

事件1：在导流设计前，施工单位在围堰工程位置进行了补充地质勘探，支付勘探费2万元。施工单位按程序向监理单位提交了索赔意向书和索赔申请报告。索赔金额为2.2万元（含勘探费2万元，管理费、利润各0.1万元）。

事件2：大坝坝基采用水泥灌浆，灌浆采用单排孔，分三序施工，其施工次序如图2-3所示。根据施工安排，在基岩上浇筑一层坝体混凝土后再进行钻孔灌浆。

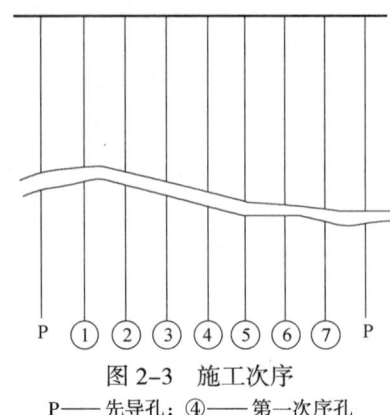

图2-3　施工次序

P——先导孔；④——第一次序孔

事件3：截至2017年3月，施工累计完成工程量2700万元。4月份的月进度付款申请单见表2-11。

4月份的月进度付款申请单　　　　　　　　　　表2-11

款项	序号	项目名称	本月前累计（元）	本月付款（元）	累计
本月应付	1	土方工程	…	45683	
	2	混凝土工程	…	3215417	
	3	灌浆工程	…	1182330	
	4	施工降水	…	36570	
合计				4480000	
扣留（回）	1	预付款	Ⅰ	Ⅱ	
	2	保留金	Ⅲ	Ⅳ	
实际支付				Ⅴ	

【问题】

1. 事件1中，施工单位可以获得索赔费用是多少？说明理由。

2. 指出事件2中的灌浆按灌浆目的分类属于哪类灌浆。先浇一层坝体混凝土再进行灌浆的目的是什么？

3. 指出事件2中第二次序孔、第三次序孔分别是哪些。

4. 指出预付款扣回公式中A、C、S分别代表的含义。

5. 指出事件3表中Ⅰ、Ⅱ、Ⅲ、Ⅳ、Ⅴ分别代表的金额。

【参考答案】

1. 事件1中，施工单位可以获得索赔的费用是零（或不可以获得）。

理由：施工单位为其临时工程所需进行的补充地质勘探，其费用由施工单位承担。

2. 事件2中的灌浆按灌浆目的分类属于帷幕灌浆（或防渗灌浆）。

先浇一层坝体混凝土再进行灌浆的目的是有利于防止地表漏浆，提高（保证）灌浆压力，保证灌浆质量。

3. 事件2中第二次序孔为②、⑥。第三次序孔为①、③、⑤、⑦。

4. 预付款扣回公式中的 A 为工程预付款总额，C 为合同累计完成金额，S 为签约合同价。

5. 事件3表中Ⅰ、Ⅱ、Ⅲ、Ⅳ、Ⅴ分别代表的金额计算如下：

（1）Ⅰ $= 15000 \times 10\% \times (2700 - 10\% \times 15000) / [(90\% - 10\%) \times 15000] = 150$ 万元

（2）Ⅱ $= 15000 \times 10\% \times (2700 + 448 - 10\% \times 15000) / [(90\% - 10\%) \times 15000] - 150 = 56$ 万元

（3）Ⅲ $= 2700 \times 3\% = 81$ 万元

（4）Ⅳ $= 448 \times 3\% = 13.44$ 万元

（5）Ⅴ $= 448 - 56 - 13.44 = 378.56$ 万元

实务操作和案例分析题四

【背景资料】

淮江湖行洪区退水闸为大（1）型工程，批复概算约3亿元，某招标代理机构组织了此次招标工作。在招标文件审查会上，专家甲、乙、丙、丁、戊分别提出了如下建议。

甲：为了防止投标人哄抬报价，建议招标文件规定投标报价超过标底5%的为废标。

乙：投标人资格应与工程规模相称，建议招标文件规定投标报价超过注册资本金5倍的为废标。

丙：开标是招标工作的重要环节，建议招标文件规定投标人的法定代表人或委托代理人不参加开标会的，招标人可宣布其弃权。

丁：招标由招标人负责，建议招标文件规定评标委员会主任由招标人代表担任，且评标委员会主任在投标人得分中所占权重为20%，其他成员合计占80%。

戊：地方政府实施的征地移民工作进度难以控制，建议招标文件专用合同条款中规定，由于地方政府的原因未能及时提供施工现场的，招标人不承担违约责任。

招标文件完善后进行发售，在规定时间内，投标人递交了投标文件。其中，投标人甲在投标文件中提出将弃渣场清理项目进行分包，并承诺严格管理分包单位，不允许分包单位再次分包，且分包单位项目管理机构人员均由本单位人员担任。经过评标、定标，该投标人中标，与发包人签订了总承包合同，并与分包单位签订了弃渣场清理项目分包合同，约定单价为12.85元/ m^3，相应的单价分析表见表2-12。

单价分析表　　　　　　　　　　　　　　　　　　　　　表2-12

序号	费用分析	单位	金额	计算方法
1	直接费	元	B	（1）+（2）
（1）	A	元	10.00	①+②+③
①	人工费	元	2.00	Σ定额人工工时数×D
②	材料费	元	5.00	ΣE×材料预算价格
③	机械使用费	元	3.00	Σ定额机械台时用量×F

序号	费用分析	单位	金额	计算方法
（2）	其他直接费	元	0.20	（1）×其他直接费费率（2%）
2	间接费	元	C	1×间接费费率（8%）
3	利润	元	0.77	（1+2）×利润率（7%）
4	税金	元	1.06	（1+2+3）×税率（9%）
5	工程单价	元	12.85	1+2+3+4

【问题】

1. 专家甲、乙、丙、丁、戊中，哪些专家的建议不可采纳？说明理由。

2. 分包单位项目管理机构设置，哪些人员必须是分包单位本单位人员？本单位人员必须满足的条件有哪些？

3. 指出弃渣场清理单价分析表中A、B、C、D、E、F分别代表的含义或数值。

4. 投标人甲与招标人签订的总承包合同应当包括哪些文件？

【参考答案】

1. 专家甲、丁、戊的建议不可采纳。

理由：（1）标底不能作为废标的直接依据。

（2）评标委员会主任与评标委员会其他成员权利相同。

（3）提供施工用地是发包人的义务和责任。

2. 分包单位项目管理机构设置中，项目负责人、技术负责人、财务负责人、质量管理人员、安全管理人员必须是分包单位本单位人员。

本单位人员必须满足以下条件：

（1）聘用合同必须是由分包单位与之签订。

（2）其与分包单位有合法的工资关系。

（3）分包单位为其办理社会保险。

3. 弃渣场清理单价分析表中A、B、C、D、E、F分别代表的含义或数值如下：

A代表基本直接费；

B代表10.20（10.00+0.20）；

C代表0.82（10.20×8%）；

D代表人工预算单价；

E代表定额材料用量；

F代表机械台时费。

4. 投标人甲与招标人签订的总承包合同应当包括的文件：协议书；中标通知书；投标报价书；专用合同条款；通用合同条款；技术条款；图纸；已标价的工程量清单；其他合同文件。

实务操作和案例分析题五

【背景资料】

某水闸施工合同，上游连接段分部工程施工计划及各项工作的合同工程量和单价（钢筋混凝土工程为综合单价）如图2-4所示。合同约定：

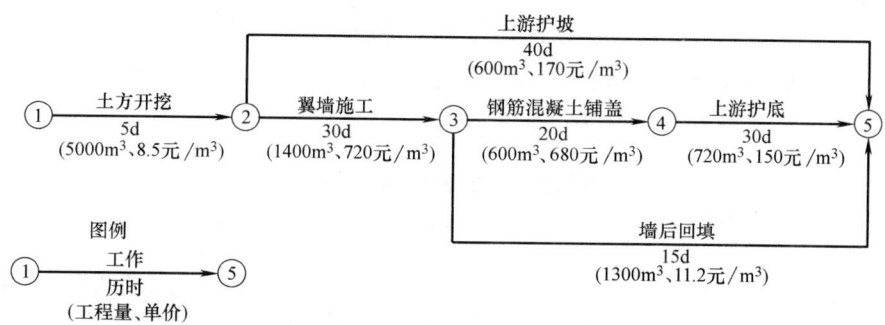

图2-4 分部工程施工计划

（1）预付款为合同价款的10%，开工前支付，从第1个月开始每月平均扣回。

（2）质量保证金自第1个月起按每月工程进度款的3%扣留。

施工中发生了以下事件：

事件1：土方开挖时发现上游护底地基为软弱土层，需进行换土处理。经协商确定，增加的"上游护底换土"是"土方开挖"的紧后、"上游护底"的紧前工作，其工作量为1000m³，单价为22.5元/m³（含开挖、回填），时间为10d。

事件2：在翼墙浇筑前，为保证安全，监理单位根据有关规定指示承包人架设安全网一道，承包人为此要求增加临时设施费用。

【问题】

1. 计算工程预付款额及新增"上游护底换土"后合同总价。（单位为元，保留2位小数，下同）

2. 若实际工程量与合同工程量一致，各项工作均以最早时间开工且均匀施工，工程第1天开工后每月以30d计，计算第2个月的工程进度款、扣还的预付款、扣留的质量保证金和实际支付款。

3. 施工单位提出的增加临时设施费的要求是否合理？为什么？

4. 指出上游翼墙墙后回填土施工应注意的主要问题有哪些。

【参考答案】

1. 合同价款＝5000×8.5＋1400×720＋600×170＋600×680＋720×150＋1300×11.2＝1683060.00元。

预付款额＝1683060.00×10%＝168306.00元。

新增"上游护底换土"后合同总价＝1683060.00＋1000×22.5＝1705560.00元。

2. 第2个月的工作及其工作时间分别为：翼墙施工5d（5＋30－30），钢筋混凝土铺盖20d，上游护底5d，上游护坡15d（5＋40－30），墙后回填15d。

第2个月的工程进度款＝1400×720÷30×5＋600×170÷40×15＋600×680＋720×150÷30×5＋1300×11.2＝646810.00元。

本工程工期＝5＋30＋20＋30＝85d，约为3个月。

第2个月扣还的预付款＝168306.00÷3＝56102.00元。

第2个月扣留的质量保证金＝646810.00×3%＝19404.30元。

第 2 个月的实际支付款 = 646810.00 - 56102.00 - 19404.30 = 571303.70 元。

3. 施工单位提出的增加临时设施费的要求不合理。

理由：保证安全的临时设施费已包括在合同价款内。

4. 上游翼墙墙后回填土施工应注意的主要问题有：采用高塑性土回填，其回填范围、回填土料的物理力学性质、含水率、压实标准应满足设计要求。

实务操作和案例分析题六

【背景资料】

某堤防工程合同结算价为 2000 万元，工期 1 年，招标人依据《水利水电工程标准施工招标文件》（2009 年版）编制招标文件，部分内容摘录如下：

1. 投标人近 5 年至少应具有 2 项合同价 1800 万元以上的类似工程业绩。

2. 临时工程为总价承包项目，总价承包项目应进行子目分解，临时房屋建筑工程中，投标人除考虑自身的生产、生活用房外，还需要考虑发包人、监理人、设计单位办公和生活用房。

3. 劳务作业分包应遵守如下条款：（1）主要建筑物的主体结构施工不允许有劳务作业分包；（2）劳务作业分包单位必须持有安全生产许可证；（3）劳务人员必须实行实名制；（4）劳务作业单位必须设立劳务人员支付专用账户，可委托施工总承包单位直接支付劳务人员工资；（5）经发包人同意，总承包单位可以将包含劳务、材料、机械的简单土方工程委托劳务作业单位施工；（6）经总承包单位同意，劳务作业单位可以将劳务作业再分包。

4. 合同双方义务条款中，部分内容包括：（1）组织单元工程质量评定；（2）组织设计交底；（3）提出变更建议书；（4）负责提供施工供电变压器高压端以上供电线路；（5）提交支付保函；（6）测设施工控制网；（7）保持项目经理稳定性。

某投标人按要求填报了"近 5 年完成的类似工程业绩情况表"，提交了相应的业绩证明材料。总价承包项目中临时房屋建筑工程子目分解见表 2-13。

总价承包项目中临时房屋建筑工程子目分解表   表 2-13

序号	工程项目或费用名称	单位	数量	单价（元/m²）	合价（元）	D
	临时房屋建筑工程				164000	
1	A	m²	100	80	8000	第 1 个月支付
2	B	m²	800	150	120000	按第 1 个月 70%、第 2 个月 30% 支付
3	C	m²	120	300	36000	第 1 个月支付

【问题】

1. 背景资料中提到的类似工程业绩，其业绩类似性包括哪几个方面？类似工程的业绩证明资料有哪些？

2. 临时房屋建筑工程子目分解表中，填报的工程数量起何作用？指出 A、B、C、D 所代表的内容。

3. 指出劳务作业分包条款中不妥的条款。

4. 合同双方义务条款中，属于承包人的义务有哪些？

【参考答案】

1. 业绩类似性包括功能、结构、规模、造价等方面。

业绩证明资料有：中标通知书和（或）合同协议书、工程接收证书（工程竣工验收证书）、合同工程完工证书的复印件。

2. 临时工程为总价承包项目，工程子目分解表中，填报的工程数量是承包人用于结算的最终工程量。

临时房屋建筑工程子目分解表中，A、B、C、D 所代表的内容如下：

A 代表施工仓库；

B 代表施工单位的办公、生活用房；

C 代表发包人、监理人、设计单位的办公和生活用房；

D 代表备注（支付时间）。

3. 劳务作业分包条款中的不妥之处：

不妥之处一：主要建筑物的主体结构施工不允许有劳务作业分包。

不妥之处二：劳务作业分包单位必须持有安全生产许可证。

不妥之处三：经发包人同意，总承包单位可以将包含劳务、材料、机械的简单土方工程委托劳务作业单位施工。

不妥之处四：经总承包单位同意，劳务作业单位可以将劳务作业再分包。

4. 合同双方义务条款中，属于承包人的义务有：组织单元工程质量评定；提出变更建议书；测设施工控制网；保持项目经理稳定性。

实务操作和案例分析题七

【背景资料】

某中型水闸工程施工招标文件按《水利水电工程标准施工招标文件》（2009 年版）编制。已标价工程量清单由分类分项工程量清单、措施项目清单、其他项目清单、零星工作项目清单组成。其中闸底板 C20 混凝土是工程量清单的一个子目，其单价（单位：100m³）根据《水利建筑工程预算定额》（2002 年版）编制，并考虑了配料、拌制、运输、浇筑等过程中的损耗和附加费用。

事件 1：A 单位在投标截止时间提前交了投标文件。评标过程中，A 单位发现工程量清单有算术性错误，遂以投标文件澄清方式提出修改，招标代理机构认为不妥。

事件 2：招标人收到评标报告后对评标结果进行公示，A 单位对评标结果提出异议。

事件 3：经过评标，B 单位中标。工程实施过程中，B 单位认为闸底板 C20 混凝土强度偏低，建议将 C20 变更为 C25。经协商后，监理人将闸底板混凝土由 C20 变更为 C25。B 单位按照变更估计原则，以现行材料价格为基础提交了新单价，监理人认为应按投标文件所附材料预算价格未计算基础提交新单价。

本工程在实施过程中，涉及工程变更的双方往来函件包括（不限于）：（1）变更意向书；（2）书面变更建议；（3）变更指示；（4）变更报价书；（5）撤销变更意向书；（6）难以实施变更的原因和依据；（7）变更实施方案等。

【问题】

1. 指出事件 1 中，A 单位做法有何不妥？说明理由。

2. 事件2中，A单位对评标结果有异议时，应在什么时间提出。招标人收到异议后，应如何处理？

3. 分别说明闸底板混凝土的单价分析中，配料、拌制、运输、浇筑等过程的损耗和附加费用应包含在哪些用量或单价中？

4. 指出事件3中B单位提交的闸底板C25混凝土单价计算基础是否合理？说明理由。该变更涉及费用应计列在背景资料所述的哪个清单中，相应费用项目名称是什么？

5. 背景资料涉及变更的双方往来函件中，属于承包人发出的文件有哪些？

【参考答案】

1. 评标过程中投标单位提出投标文件澄清修改不妥。

理由：评标过程中，评标委员会可以书面形式要求投标人对所提交的投标文件进行书面澄清或说明，投标人不得主动提出澄清、说明或补正。

2. A单位应当在中标候选人公示期间提出。招标人应当自收到异议之日起3d内作出答复，作出答复前，应当暂停招标投标活动。

3. 配料过程中的损耗和附加费用包含在配合比材料用量（或混凝土材料单价）中。

拌制过程中的损耗和附加费用包含在配合比材料用量（或混凝土材料单价）中。

运输过程中的损耗和附加费用包含在定额混凝土用量中。

浇筑过程中的损耗和附加费用包含在定额混凝土用量中。

4. 承包人提交的C25混凝土单价计算基础不合理。

理由：中标人已标价工程量清单及其材料预算价格计算表已考虑合同实施期间的价格风险，构成合同组成部分，是变更估价的依据。

该变更涉及费用应计列在其他项目清单中。

相应费用项目名称是暂列金额。

5. 属于承包人发出的文件有：书面变更建议，变更报价书，难以实施变更的原因和依据，变更实施方案。

实务操作和案例分析题八

【背景资料】

某小（1）型水利水电工程为依法必须招标的政府投资项目。工程主要建设内容为土方开挖、土方回填等，技术相对简单，该工程采用公开招标，在招标过程中发生如下事件：

事件1：招标文件包括下列内容：（1）投标邀请书。（2）投标人须知。（3）工程量清单。（4）技术条款。（5）设计图纸。（6）评标标准和方法。（7）投标辅助材料。

事件2：招标文件设置的投标人资格条件中有如下内容：

（1）需具备水利水电工程施工总承包甲级资质。

（2）获得过本省施工质量优秀奖项。

（3）变电所二次设备继电保护装置，要采用××企业生产的继电保护设备。

（4）本地企业注册资金不低于1000万元，外地企业注册资金不低于3000万元。

事件3：在招标文件中，招标人对投标时限规定如下：

（1）招标文件中明确，在提交投标文件截止时间前10d，招标人可以对招标文件进行必要的修改。

（2）招标文件规定的招标文件开始发售时间是2023年6月5日，提交投标文件截止时间是2023年6月20日上午9时整。

（3）若投标人要修改、撤回已提交的投标文件，须在投标截止时间24h前提出。

（4）招标人和中标人应当自中标通知书发出之日起15d内，订立书面合同。

【问题】

1. 根据《工程建设项目施工招标投标办法》（九部委令第23号），判断事件1中招标文件包括的内容是否正确，并说明理由。

2. 事件2中，招标文件设置的投标人资格条件是否妥当？并说明理由。

3. 事件3中，招标人对投标时限的规定是否正确？并说明理由。

【参考答案】

1. 事件1中招标文件包括的内容不正确。

理由：作为公开招标项目，不应该有投标邀请书，应该为招标公告；同时还遗漏了合同主要条款、投标文件格式等内容。

2. 事件2中，招标文件设置的投标人资格条件是否妥当的判断及理由如下：

（1）"需具备水利水电工程施工总承包甲级资质"的条件不妥。

理由：该工程为小（1）型水利水电工程，按相关规定，具有水利水电工程施工总承包乙级资质即可承揽。根据《中华人民共和国招标投标法实施条例》（中华人民共和国国务院令第709号），设置该条件，属于设定了资格与招标项目的实际需要不相适应的条件的行为。

（2）"获得过本省施工质量优秀奖项"的条件不妥。

理由：作为依法必须招标的项目，设置该条件，违反了《中华人民共和国招标投标法实施条例》（中华人民共和国国务院令第709号）明确的，招标人不得以不合理的条件限制、排斥潜在的投标人，不得对潜在投标人实施歧视待遇的规定。

（3）"变电所二次设备继电保护装置，要采用××企业生产的继电保护设备"的条件不妥。

理由：设置该条件，属于《中华人民共和国招标投标法实施条例》（中华人民共和国国务院令第709号）明确的，指定了特定的品牌或者供应商的行为。

（4）"本地企业注册资金不低于1000万元，外地企业注册资金不低于3000万元"的条件不妥。

理由：设置该条件，属于《中华人民共和国招标投标法实施条例》（中华人民共和国国务院令第709号）明确的，对潜在投标人或者投标人采取不同的资格审查标准的行为。

3. 事件3中，招标人对投标时限的规定是否正确的判断及理由如下：

（1）规定（1）不正确。

理由：根据招标投标的相关规定，招标人对已发出的招标文件进行必要的澄清或者修改的，应当在招标文件要求提交投标文件截止时间至少15d前。

（2）规定（2）不正确。

理由：根据招标投标的相关规定，自招标文件开始发出之日起至投标人提交投标文件截止之日止，最短不得少于20d。

（3）规定（3）不正确。

理由：根据招标投标的相关规定，投标人撤回已提交的投标文件，只要在投标截止时间前书面通知招标人就可以。

（4）规定（4）不正确。

理由：根据招标投标的相关规定，招标人和中标人应当自中标通知书发出之日起30d内，按照招标文件和中标人的投标文件订立书面合同。

实务操作和案例分析题九

【背景资料】

某河道整治工程包括河道开挖、堤防加固、修筑新堤、修复堤顶道路等工作。施工合同约定：

（1）工程预付款为签约合同总价的20%，开工前支付完毕，施工期逐月按当月工程款的30%扣回，扣完为止。

（2）质量保证金在施工期逐月按当月工程款的3%扣留，直到总额达到签约合同价的3%。

（3）当实际工程量超出合同工程量20%时，对超出20%的部分进行综合单价调整，调整系数为0.9。

经监理单位审核的施工网络计划如图2-5所示（单位：月），各项工作均以最早开工时间安排，其合同工程量、实际工程量和综合单价见表2-14。

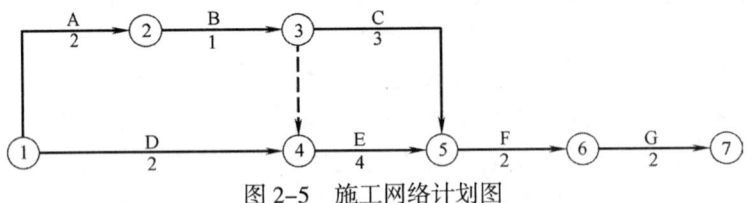

图2-5 施工网络计划图

各项工作的合同工程量、实际工程量和综合单价　　　　　　　　　表2-14

工作代号	工作内容	合同工程量	实际工程量	综合单价
A	河道开挖	20万m³	22万m³	10元/m³
B	堤基清理	1万m³	1.2万m³	3元/m³
C	堤身加高墙厚	5万m³	6.3万m³	8元/m³
D	临时交通道路	2km	1.8km	12万元/km
E	堤身填筑	8万m³	9.2万m³	8元/m³
F	干砌石护坡	1.6万m³	1.4万m³	105元/m³
G	堤顶道路修复	4km	3.8km	10万元/km

工程开工后在施工范围内新增一丁坝。丁坝施工工作面独立，对坝基清理、坝身填筑、混凝土护坡等三项工作依次进行施工，在第4个月末开始施工，堤顶道路修复开工前结束；丁坝坝基清理、坝身填筑工作的内容和施工方法与堤防施工相同；双方约定：混凝土护坡单价为300元/m³，丁坝工程量不参与工程量变更。各项工作的工程量见表2-15。

各项工作的工程量表 表2-15

工作代号	持续时间（月）	工作内容	合同工程量	实际工程量
H	1	丁坝坝基清理	0.1万m³	0.1万m³
I	1	丁坝坝身填筑	0.2万m³	0.2万m³
J	1	丁坝混凝土护坡	300m³	300m³

【问题】

1. 计算该项工程的签约合同价、工程预付款总额。

2. 绘出增加丁坝后的施工网络计划。

3. 若各项工作每月完成的工程量相等，分别计算第6、7个月两个月的月工程进度款、预付款扣回款额、质量保证金扣留额、应得付款。（计算结果保留2位小数）

【参考答案】

1. 原合同总价：$20×10＋1×3＋5×8＋2×12＋8×8＋1.6×105＋4×10＝539$ 万元

预付款总额：$539×20\%＝107.8$ 万元

新增丁坝后，合同总价应包括丁坝的价款，合同总价变为：

$539＋0.1×3＋0.2×8＋0.03×300＝549.9$ 万元

2. 增加丁坝后施工网络计划如图2-6所示。

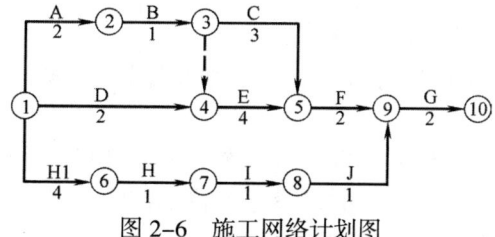

图2-6 施工网络计划图

3. 第6个月完成的工程量：C工作的1/3，E工作的1/4，I工作。

因 $[（6.3÷5）－1]×100\%＝26\%＞20\%$，故C工作需要调整单价，6月份需调整单价的工程量 $＝6.3－5×（1＋20\%）＝0.3$ 万m³，6月份不需要调整单价的工程量 $＝\dfrac{6.3}{3}－0.3＝$ 1.8 万m³。

相应工程款：$1.8×8＋0.3×8×0.9＋2.3×8＋0.2×8＝36.56$ 万元

工程款的30%：$36.56×30\%＝10.97$ 万元

前5个月累计完成的工程量：A工作，B工作，C工作的2/3，D工作，E工作的1/2，H工作。

前5个月累计工程款：$22×10＋1.2×3＋4.2×8＋1.8×12＋4.6×8＋0.1×3＝315.90$ 万元

累计扣回预付款：$315.90×30\%＝94.77$ 万元

至本月预付款余额为：$107.80－94.77＝13.03$ 万元 $＞10.97$ 万元

故第6个月预付款应扣回10.97万元。

质量保证金扣留额：$36.56×3\%＝1.10$ 万元

应得付款：$36.56－10.97－1.10＝24.49$ 万元

第7个月完成的工程量：E 工作的 1/4，J 工作。

相应工程款：$2.3 \times 8 + 0.03 \times 300 = 27.40$ 万元

工程款的 30%：$27.40 \times 30\% = 8.22$ 万元＞预付款应扣回余额 $13.03 - 10.97 = 2.06$ 万元

故第 7 个月预付款应扣回 2.06 万元。

质量保证金扣留额：$27.40 \times 3\% = 0.82$ 万元

应得付款：$27.40 - 2.06 - 0.82 = 24.52$ 万元

实务操作和案例分析题十

【背景资料】

某寒冷地区小农水重点县项目涉及 3 个乡镇、8 个行政村，惠及近 2 万人，主要工程项目包括疏浚大沟 2 条、中沟 5 条、小沟 10 条，新建（加固）桥涵 50 余座，工程竣工验收后由相应村镇接收管理。项目招标文件依据《水利水电工程标准施工招标文件》（2009 年版）编制，招标文件有关内容约定如下：

（1）投标截止时间为 2013 年 11 月 1 日上午 10：00。

（2）工期为 2013 年 11 月 20 日—2014 年 4 月 20 日。

（3）征地拆迁、施工用水、施工用电均由承包人自行解决，费用包括在投标报价中。

（4）针对本项目特点，投标人应在投标文件中分析工程实施的难点，并将相关风险考虑在投标报价中。

（5）"3.4 投标保证金"条款规定如下：

3.4.1　投标人应按投标文件须知前附表规定的时间、金额、格式向投标人提交投标保证金和低价风险保证金。

3.4.2　联合体投标时，投标人应以联合体牵头人名义提交投标保证金。

3.4.3　投标人未提交投标保证金的，投标人将不接收其投标文件，以废标处理。

3.4.4　投标人的投标保证金将在招标人与中标人签订合同后 5d 内无息退还。

3.4.5　若投标人在投标有效期内修改和撤销投标文件，或中标人未在规定时内提交履约保证金，或中标人不与招标人签订合同，其投标保证金将不予退还。

某投标人对"3.4 投标保证金"条款提出异议，招标人认为异议合理，在 2013 年 10 月 25 日向所有投标人发送了招标文件修改通知函，但投标截止时间并未延长。

【问题】

1. 招标文件有关征地拆迁、施工用水、施工用电的约定是否合理？说明理由。

2. 依据背景材料，简要分析本工程施工的难点。

3. 投标人可对"3.4 投标保证金"的哪些条款提出异议？说明理由。指出投标人提出异议的截止时间。

4. 招标人未延长投标截止时间是否合理？说明理由。

【参考答案】

1. 招标文件中有关征地拆迁的约定不合理。

理由：征地拆迁是在施工招标前发包人应完成的工作。

招标文件有关施工用水、施工用电的约定合理。

理由：投标人解决施工用水、用电，符合小农水项目点多面广、地点分散的特点，也不违反合同原则。

2. 本工程施工的难点有：（1）项目点多面广，现场管理难度大；（2）项目涉及村庄多，施工环境协调难度大；（3）项目地处于寒冷地区，且处于低温季节，对混凝土工程施工和养护造成不利影响；（4）项目点多面广，缺少专业化管理单位，已完成工程不能及时接收，验收前已完工程保护难度大；（5）设计文件与现场实际情况可能有较大变化，设计变更概率大。

3. 投标人对3.4条款提出的异议及理由如下：

（1）可对3.4.1条的"投标文件须知前附表""时间"和"低价风险保证金"提出异议。

理由：应按投标人须知前附表规定的全额、担保形式和投标文件格式规定的投标保证金格式在递交投标文件的同时递交投标保证金，且不需提交低价风险保证金。

（2）可对3.4.3条"不接收其投标文件"提出异议。

理由：投标人未提交投标保证金，其投标文件应予接收，但由评标委员会在初步评审阶段按无效投标处理。

（3）可对3.4.4条"签订合同后5d内无息退还"提出异议。

理由：退还投标保证金时，应退还相应利息，且在签订合同后的5个工作日内。

（4）可对3.4.5条"中标人不与招标人签订合同，其投标保证金将不予退还"提出异议。

理由：无正当理由拒签合同协议书，其投标保证金不予退还。

投标人提出异议的截止时间应为2013年10月21日上午10∶00。

4. 招标人未延长投标截止时间合理。

理由：修改投标保证金条款对投标文件编制未造成实质性影响。

实务操作和案例分析题十一

【背景资料】

某河道疏浚工程批复投资1500万元，项目法人按照《水利水电工程标准施工招标文件》（2009年版）编制了施工招标文件，招标文件规定不允许联合体投标。某投标人递交的投标文件部分内容如下：

1. 投标文件由投标函及附录、授权委托书（含法定代表人证明文件）、项目管理机构、施工组织设计、资格审查资料、拟分包情况表和其他两项文件组成。

2. 施工组织设计采用80m³/h挖泥船施工，排泥区排泥，设退水口门，尾水由排水渠排出。

3. 拟将排水渠清理项目分包，拟分包情况表后附了分包人的资质、业绩及项目负责人、技术负责人、财务负责人、质量管理人员、安全管理人员属于分包单位人员的证明材料。

该投标人中标，并签订了合同。施工期第1个月完成的项目和工程量（或费用）如下：

（1）完成的项目有：

①5km河道疏浚；②施工期自然回淤清除；③河道疏浚超挖；④排泥管安装拆除；⑤开工展布；⑥施工辅助工程，包括浚前扫床和障碍物清除及其他辅助工程。

（2）完成的工程量（或费用）情况如下：

河道疏浚工程量按如图2-7所示计算（假设横断面相同）；排泥管安装拆除费用为5万元；开工展布费用为2万元；施工辅助工程费用为60万元。

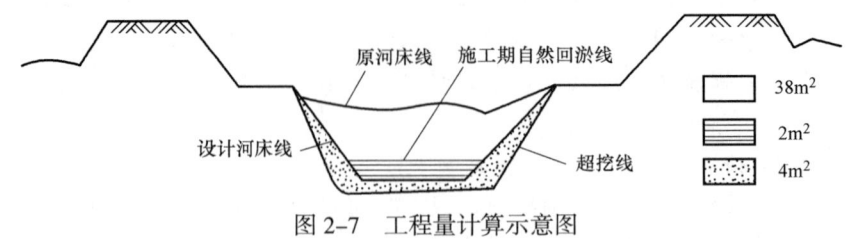

图 2-7　工程量计算示意图

【问题】

1. 根据背景资料，指出该投标文件的组成文件中其他两项文件的名称。

2. 排水渠清理分包中，分包人须提供的项目负责人等有关人员属于本单位人员的证明材料有哪些？

3. 根据背景资料，施工期第1个月可以计量和支付的项目有哪些？施工辅助工程中，其他辅助工程包括哪些内容？

4. 若80m^3/h挖泥船单价为12元/m^3，每月工程质量保证金按工程款的3%扣留，计算施工期第1个月应支付的工程款和扣留的工程质量保证金。

【参考答案】

1. 根据背景资料，该投标文件的组成文件中其他两项文件名称为投标保证金和已标价工程量清单。

2. 排水渠清理分包中，分包人须提供的项目负责人等有关人员属于本单位人员的证明材料包括：（1）聘用合同；（2）合法工资关系的证明资料；（3）承包人单位为其办理社会保险关系，或具有其他有效证明其为承包人单位人员身份的文件。

3. 施工期第1个月可以计量和支付的项目：5km河道疏浚和施工辅助工程。

施工辅助工程中，其他辅助工程包括排泥区围堰、退水口及排水渠等项目。

4. 河流疏浚工程费用：38×5000×12÷10000＝228万元

第1个月工程款：228＋60＝288万元

应扣留的工程质量保证金：288×3%＝8.64万元

应支付的工程款：288－8.64＝279.36万元

实务操作和案例分析题十二

【背景资料】

某水闸工程施工招标投标及合同管理过程中，发生了如下事件：

事件1：该工程可行性研究报告批准后立即进行施工招标。

事件2：施工单位的投标文件所载工期超过招标文件规定的工期，评标委员会向其发出了要求澄清的通知，施工单位按时递交了答复，修改了工期计划，满足了要求。评标委员会认可工期修改。

事件3：招标人在合同谈判时，要求施工单位提高混凝土强度等级，但不调整单价，否则不签合同。

事件4：合同约定，发包人的义务和责任有：（1）提供施工用地；（2）执行监理单位指示；（3）保证工程施工人员安全；（4）避免施工对公众利益的损害；（5）提供测量基准。承包人的义务和责任有：（1）垫资100万元；（2）为监理人提供工作和生活条件；（3）组织工程验收；（4）提交施工组织设计；（5）为其他人提供施工方便。

事件5：合同部分条款如下：

（1）计划施工工期3个月，自合同签订次月起算。合同工程量及单价见表2-16。

合同工程量及单价　　　　　　　　　　表2-16

项目	土方工程	混凝土工程	砌石工程	临时工程
工程量	10万 m^3	0.8万 m^3	0.2万 m^3	2项
综合单价	10元/ m^3	400元/ m^3	200元/ m^3	40万元/项
开工及完工时间	第1月	第3月	第2月	第1月

（2）合同签订当月生效，发包人向承包人一次性支付合同总价的10%，作为工程预付款，施工期最后2个月等额扣回。

（3）质量保证金为合同总价的3%，在施工期内，按每月工程进度款3%的比例扣留。保修期满后退还，保修期为1年。

【问题】

1. 根据水利水电工程招标投标有关规定，事件1、事件2、事件3的处理方式或要求是否合理？逐一说明理由。

2. 根据《水利水电工程标准施工招标文件》（2009年版），分别指出事件4中有关发包人和承包人的义务和责任中的不妥之处。

3. 按事件5所给的条件，合同金额为多少？发包人应支付的工程预付款为多少？应扣留的质量保证金总额为多少？

4. 按事件5所给条件，若施工单位按期完成各项工程，计算施工单位工期最后一个月的工程进度款、质量保证金扣留、工程预付款扣回、应付款。

【参考答案】

1. 对事件1、事件2、事件3处理方式及要求的判定如下：

（1）事件1不合理。

理由：水利工程建设项目的施工招标应当具备的条件包括：① 初步设计已经批准；② 建设资金来源已落实，年度投资计划已经安排；③ 具有能满足招标要求的设计文件，已与设计单位签订适应施工进度要求的图纸交付合同或协议；④ 有关建设项目永久征地、临时征地和移民搬迁的实施、安置工作已经落实或已有明确安排等。故本题中，施工单位应在具备以上条件后方可进行施工招标。

（2）事件2不合理。

理由：评标委员会不应向施工单位发出要求澄清的通知，也不能认可工期修改；工期超期属于重大偏差，该标书属于废标。

（3）事件3不合理。

理由：施工单位提高混凝土强度等级，但不调整单价，属于变相压低报价；如确需提高混凝土强度等级，双方应协商调整相应单价，不能强迫中标人不调整单价而签订合同。

2. 根据《水利水电工程标准施工招标文件》（2009年版），事件4中发包人和承包人的义务和责任中的不妥之处如下：

（1）发包人的义务和责任不妥之处有：

① 执行监理单位指示。

② 保证工程施工人员安全。

③ 避免施工对公众利益的损害。

（2）承包人的义务和责任不妥之处有：

① 垫资100万元。

② 为监理人提供工作和生活条件。

③ 组织工程验收。

3. 按事件5所给条件，合同金额：$10 \times 10 + 0.8 \times 400 + 0.2 \times 200 + 40 \times 2 = 540$ 万元

发包人应支付的工程预付款：$540 \times 10\% = 54$ 万元

应扣留的质量保证金总额：$540 \times 3\% = 16.2$ 万元

4. 按事件5所给条件，若施工单位按期完成各项工程，则：

最后一个月的工程进度款：$0.8 \times 400 = 320$ 万元

质量保证金扣留：$320 \times 3\% = 9.6$ 万元

工程预付款扣回：$54 \div 2 = 27$ 万元

应付款：$320 - 9.6 - 27 = 283.4$ 万元

实务操作和案例分析题十三

【背景资料】

某堤防加固工程，建设单位与施工单位签订了施工承包合同，合同约定：

（1）工程9月1日开工，工期4个月。

（2）开工前，建设单位向施工单位支付的工程预付款按合同价的10%计算，并按月在工程进度款中平均扣回。

（3）质量保证金按3%的比例在月工程进度款中预留。

（4）当实际完成工程量超过合同工程量的15%时，对超过15%以外的部分进行调价，调价系数为0.9。

工程内容、合同工程量、单价及各月实际完成工程量见表2-17。

工程内容、合同工程量、单价及各月实际完成工程量　　　　　　　　表2-17

工程内容	合同工程量（万m³）	单价（元/m³）	各月实际完成工程量			
			9月	10月	11月	12月
堤防清基	1	4	1.1			
土方填筑	12	16	3	5	6	
混凝土预制块护坡	0.5	380			0.2	0.3
碎石垫层	0.5	120			0.2	0.3

施工过程中发生了如下事件：

事件1：9月8日，在进行某段堤防清基过程中发现白蚁，施工单位按程序进行了上报。经相关单位研究确定采用灌浆处理方案，增加费用10万元。因不具备灌浆施工能力，施工单位自行确定了分包单位，但未与分包单位签订分包合同。

事件2：10月10日，因料场实际可开采深度小于设计开采深度，需开辟新的料场以满足施工需要，增加费用1万元。

事件3：12月10日，护坡施工中，监理工程师检查发现碎石垫层厚度局部不足，造成返工，损失费用0.5万元。

【问题】

1. 计算合同价和工程预付款。（有小数点的，保留2位小数）

2. 计算11月份的工程进度款、质量保证金预留和实际付款金额。（有小数点的，保留2位小数）

3. 事件1中，除建设单位、监理单位、施工单位之外，"相关单位"还应包括哪些？对于分包工作，指出施工单位的不妥之处，简要说明正确做法。

4. 指出上述哪些事件中，施工单位可以获得费用补偿。

【参考答案】

1. 合同价：$1 \times 4 + 12 \times 16 + 0.5 \times 380 + 0.5 \times 120 = 446$ 万元

工程预付款：$446 \times 10\% = 44.60$ 万元

2. 土方填筑工程量为12万 m^3，超出合同总量15%时的工程量为：$12 \times （1 + 15\%） = 13.8$ 万 m^3

11月份结束时的土方填筑工程量为：$3 + 5 + 6 = 14$ 万 $m^3 > 13.8$ 万 m^3，即超过合同工程量的15%，因此，超出部分需要调价。

则11月份工程进度款：$[13.8 - （3 + 5）] \times 16 + （14 - 13.8） \times 16 \times 0.9 + 0.2 \times 380 + 0.2 \times 120 = 195.68$ 万元

11月份质量保证金预留：$195.68 \times 3\% = 5.87$ 万元

工程预付款按月在工程进度款中平均扣回，即每月扣回：$44.60 \div 4 = 11.15$ 万元

则11月份实际付款金额：$195.68 - 5.87 - 11.15 = 178.66$ 万元

3. "相关单位"还应包括设计单位和白蚁防治研究所。

对于分包工作，施工单位的不妥之处及正确做法如下：

（1）不妥之处：施工单位自行确定分包单位。

正确做法：需将拟分包单位报监理单位及建设单位，经项目法人书面认可，同意后方可分包。

（2）不妥之处：未与分包单位签订分包合同。

正确做法：需与分包单位签订分包合同。

4. 施工单位是否可以获得费用补偿的判断：

事件1属于勘测问题，责任在业主，施工单位可获得10万元补偿。

事件2属于设计问题，责任在业主，施工单位可获得1万元补偿。

事件3属于施工问题，责任在施工单位，施工单位不能获得补偿。

实务操作和案例分析题十四

【背景资料】

某泵站加固改造工程施工内容包括：引渠块石护坡拆除重建、泵室混凝土加固、设备更换、管理设施改造等。招标文件按照《水利水电工程标准施工招标文件》编制。某公司参加了投标。为编制投标文件，公司做了以下准备工作：

工作1：搜集整理投标报价所需的主要材料和次要材料价格。其中，主要材料预算价格见表2-18。

主要材料预算价格表　　　　　　　　　　　　表2-18

序号	材料名称	单位	预算价格（元）
1	甲	丁	4800
2	乙	t	360
3	碎石	戊	70
4	丙	t	8000
5	汽油	t	9000
6	风	m^3	0.03
7	水	m^3	0.45
8	电	kWh	1.00

工作2：根据招标文件中对项目经理的职称和业绩加分要求，拟定张×为项目经理，准备了张×的身份证、工资关系、人事劳动合同证明材料、社会保险证明材料、相关证书及类似项目业绩。

工作3：根据招标文件对资格审查资料的要求，填写公司基本情况表、资格审查自审表、原件的复印件等相关表格，并准备了相关原件。

【问题】

1. 指出工作1主要材料预算价格表中，甲、乙、丙、丁、戊所代表的材料或单位名称。除表格所列材料外，为满足编制本工程投标报价的要求，该公司还需搜集哪些主要材料价格？

2. 工作2中，该公司应准备张×的相关证书有哪些？为证明张×业绩有效，需提供哪些证明材料？

3. 工作3中，公司基本情况表后附的公司相关证书有哪些？除工作3中所提到的相关表格外，该公司为满足资格审查的要求，还需填写的表格有哪些？

【参考答案】

1. 工作1主要材料预算价格表中，甲、乙、丙、丁、戊所代表的材料或单位名称如下：甲代表钢筋；乙代表水泥；丙代表柴油；丁代表t（或吨）；戊代表m^3（或立方米）。

除表格所列材料外，为满足编制本工程投标报价的要求，该公司还需搜集的主要材料价格包括：黄砂（沙）、块石、板枋（或木材）。

2. 工作2中，该公司应准备张×的相关证书有：职称聘任证书、注册建造师证书、安全生产考核合格证书。

为证明张×业绩有效，需提供的证明材料有：业绩项目的中标通知书、合同协议书、合同工程完工（验收鉴定）证书或竣工（验收鉴定）证书。

3. 工作3中，公司基本情况表后附的公司相关证书有：营业执照、资质证书、安全生产许可证。

除工作3中所提到的相关表格外，该公司为满足资格审查的要求，还需填写的表格有：近5年完成的类似项目情况表、正在施工和新承接的项目情况表、近3年发生的诉讼及仲裁情况、近3年财务状况表。

实务操作和案例分析题十五

【背景资料】

某中型水闸工程施工招标中，招标文件规定：开标时间为2015年8月21日上午9：00；工程预付款为签约合同价的10%，分2次平均支付，第1次支付前，承包人须提供同等额度的工程预付款保函，当进场施工设备价值超过第2次工程预付款额度时，支付第2次工程预付款；质量保证金按月进度款（不含工程预付款扣回和价格调整）的3%预留；施工围堰由施工单位负责设计，报监理单位批准。

本次共有甲、乙、丙、丁4家投标人参加投标。投标过程中，甲要求招标人提供初步设计文件中的施工围堰设计方案。为此招标人发出招标文件澄清通知，内容如下：

招标文件澄清通知
（第1号）
甲、乙、丙、丁：
甲单位提出的澄清要求已收悉。经研究，提供初步设计文件中的施工围堰设计方案（见附件），供参考。
招标人：盖（单位）公章
2021年8月10日
附件：×××水闸工程初步设计文件中的施工围堰设计方案

经评审，乙中标，签约合同价为投标总价，其投标报价汇总见表2-19。

投标报价汇总表   表2-19

序号	工程项目或费用名称	金额（元）	备注
一	建筑工程	2940000	单价承包
二	机电设备及安装工程	160000	单价承包
三	金属结构设备及安装工程	560000	单价承包

序号	工程项目或费用名称	金额（元）	备注
四	水土保持及环境保护工程	50000	单价承包
五	A	377916	总价承包
1	施工围堰工程	87360	围堰填筑（含防护）工程量为2800m³，综合单价为20元/m³。 围堰拆除工程量为2800m³，综合单价为11.2元/m³
2	施工交通工程	40116	以项为单位
3	临时房屋建筑工程	142600	工程量200m²（含施工仓库，建设、监理、施工单位用房），综合单价为713元/m²
4	其他临时用工	107840	以项为单位
	一～五	4087916	
	B	200000	由发包人掌握
	投标总价		一～五合计加B

实施过程中，乙直接采用初步设计文件中的施工围堰设计方案，经监理单位批准后施工，围堰运行中出现险情，需加固，乙向项目法人提出索赔。

【问题】

1. 指出招标文件澄清通知中的不妥之处。

2. 指出乙的投标报价汇总表中，A、B所代表的工程项目或费用名称。乙的投标总价为多少？

3. 本合同中乙提交的工程预付款保函额度为多少？指出开工第1个月，乙完成A项目中除施工围堰拆除之外的所有内容（其中围堰填筑工程量为3000m³，B项目工程量为180m²），计算第1个月完成工程量对应进度款及该月应扣留的工程质量保证金。

4. 乙的索赔要求是否合理，为什么？

【参考答案】

1. 招标文件澄清通知中的不妥之处包括：

（1）泄露甲、乙、丙、丁名称不妥。

（2）泄露问题来源为甲不妥。

（3）发送的时间不妥，应在提交投标文件截止日期至少15d前，发出澄清通知。

2. 乙的投标报价汇总表中A代表施工临时工程（或临时工程）。

乙的投标报价汇总表中B代表备用金（或暂列金额）。

投标人乙的投标总价等于一～五合计加B，即4087916＋200000＝4287916元

3. 工程预付款保函额度为：4287916×10%×50%＝214395.80元

第1个月完成工程量对应进度款：377916－11.2×2800＝346556元

该月应扣留的工程质量保证金：346556×3%＝10396.68元

4. 乙的索赔要求不合理。

理由：根据招标文件规定，施工围堰应由承包人负责设计，招标人提供的初步设计文件中的施工围堰设计方案仅供参考，监理人的批准不免除承包人的责任。

实务操作和案例分析题十六

【背景资料】

××省某大型水闸工程招标文件按《水利水电工程标准施工招标文件》(2009年版)编制，部分内容如下：

1. 第二章 投标人须知

(1) 投标人须将混凝土钻孔灌注桩工程分包给××省水利基础工程公司。

(2) 未按招标文件要求提交投标保证金的，其投标文件将被拒收。

(3) 投标报价应以××省水利工程设计概(估)算编制规定及其配套定额为编制依据，并不得超过投标最高限价。

(4) 距投标截止时间不足15d发出招标文件的澄清和修改通知，但不实质性影响投标文件编制的，投标截止时间可以不延长。

(5) 投标人可提交备选投标方案，备选投标方案应予开启并评审，优于投标方案的备选投标方案可确定为中标方案。

(6) 投标人拒绝延长投标有效期的，招标人有权收回其投标保证金。

2. 第四章 合同条款及格式

(1) 仅对水泥部分进行价格调整，价格调整按公式 $\Delta P = P_0 (A + B \times F_t / F_0 - 1)$ 计算(相关数据依据中标人投标函附录价格指数和权重表，其中 ΔP 代表需调整的价格差额，P_0 代表付款证书中承包人应得到的已完成工程量的金额)。

(2) 工程质量保证金总额为工程价款结算总额的3%，按3%的比例从月工程进度款中扣留。

3. 第七章 合同技术条款

混凝土钻孔灌注桩工程计量和支付应遵守以下规定：

(1) 灌注桩按招标图纸所示尺寸计算的桩体有效长度以延长米为单位计量，由发包人按工程量清单相应项目有效工程量的每延长米工程单价支付。

(2) 灌注桩成孔成桩试验、成桩承载力检验工作所需费用包含在工程量清单施工临时工程现场试验费项目中，发包人不另行支付。

(3) 校验施工参数和工艺、埋设孔口装置、造孔、清孔、护壁以及混凝土拌合、运输和灌注等工作所需的费用，包含在工程量清单相应灌注桩项目有效工程量的工程单价中，发包人不另行支付。

(4) 灌注桩钢筋按招标图纸所示的有效重量以吨为单位计量，由发包人按工程量清单相应项目有效工程量的每吨工程单价支付。搭接、套筒连接、加工及损耗等所需费用，发包人另行支付。

经过评标，某投标人中标，与发包人签订了施工合同，中标人投标函附录价格指数和权重见表2-20。

中标人投标函附录价格指数和权重表 表2-20

可调因子	权重		价格指数	
	定值权重	变值权重	基本价格指数	现行价格指数
水泥	90%	10%	100	103

工程实施中，3月份经监理审核的结算数据如下：已完成原合同工程量清单金额300万元，扣回预付款10万元，变更金额6万元（未按现行计价）。

【问题】

1. 根据《水利水电工程标准施工招标文件》（2009年版），投标人可对背景材料"第二章 投标人须知"中的哪些条款提出异议（指出条款序号），并说明理由，招标人答复异议的要求有哪些？

2. 若不考虑价格调整，计算3月份工程质量保证金扣留额。（计算结果保留2位小数）

3. 指出背景资料价格调整公式中A、B、F_t、F_0所代表的含义。

4. 分别说明工程质量保证金扣留、预付款扣回及变更费用在价格调整计算中是否应计入P_0？计算3月份需调整的水泥价格差额ΔP。（计算结果保留2位小数）

5. 根据《水利水电工程标准施工招标文件》（2009年版），指出并改正背景材料"第七章 合同技术条款"中的不妥之处。

【参考答案】

1. 投标人可对背景材料"第二章 投标人须知"中的条款提出异议及理由：

对第（1）条款可提出异议。理由：因为招标人不得指定分包商。

对第（2）条款可提出异议。理由：招标人不得以未提交投标保证金作为不接收投标文件的理由。

对第（5）条款可提出异议。理由：因为只有中标人所递交的备选投标方案方可予以考虑。评标委员会认为中标人的备选投标方案优于其按照招标文件要求编制的投标方案的，招标人可以接受该备选投标方案。

对第（6）条款可提出异议。理由：投标人拒绝延长投标有效期的，投标人有权收回其投标保证金。

招标人答复异议的要求有：潜在投标人或者其他利害关系人对招标文件有异议的，应当在投标截止时间10d前提出。招标人应当自收到异议之日起3d内作出答复；作出答复前，应当暂停招标投标活动。未在规定时间提出异议的，不得再对招标文件相关内容提出投诉。

2. 3月份工程质量保证金扣留额：（300＋6）×3%＝9.18万元

3. 背景资料价格调整公式中，A代表的含义是可调因子的定值权重；B代表的含义是可调因子的变值权重；F_t代表的含义是可调因子的现行价格指数；F_0代表的含义是可调因子的基本价格指数。

4. 工程质量保证金扣留不应计入P_0；预付款扣回不应计入P_0；变更费用应计入P_0。

3月份需调整的水泥价格差额ΔP＝（300＋6）×（0.9＋0.1×1.03/1.00－1）＝0.918万元

5. 背景资料"第七章 合同技术条款"中的不妥之处及改正：

条款（1）中不妥之处：灌注桩按招标图纸所示尺寸计算的桩体有效长度以延长米为单位计量，由发包人按工程量清单相应项目有效工程量的每延长米工程单价支付。

改正：钻孔灌注桩或者沉管灌注桩按施工图纸所示尺寸计算的桩体有效体积以立方米为单位计量，由发包人按工程量清单相应项目有效工程量的每立方米工程单价支付。

条款（2）中不妥之处：灌注桩成孔成桩试验、成桩承载力检验工作所需费用包含在工程量清单施工临时工程现场试验费项目中。

改正：灌注桩成孔成桩试验、成桩承载力检验工作所需费用包含在工程量清单相应灌注桩项目有效工程量的每立方米工程单价中。

条款（4）中不妥之处：灌注桩钢筋按招标图纸所示的有效重量以吨为单位计量。

改正：灌注桩的钢筋按施工图纸所示钢筋强度等级、直径和长度计算的有效重量以吨为单位计量。

条款（4）中不妥之处：搭接、套筒连接、加工及损耗等所需费用，发包人另行支付。

改正：搭接、套筒连接、加工及损耗等所需费用包含在工程量清单相应项目有效工程量的每吨工程单价支付，发包人不另行支付。

实务操作和案例分析题十七

【背景资料】

富民渠首枢纽工程为大（1）型水利工程，枢纽工程土建及设备安装招标文件按《水利水电工程标准施工招标文件》（2009年版）编制，其中关于投标人资格要求的部分内容如下：

（1）投标人须具备水利水电工程施工总承包一级及以上资质，年检合格，并在有效期内。

（2）投标人项目经理须由持有一级建造师执业资格证书和安全生产考核合格证书的人员担任，并具有类似项目业绩。

（3）投标人注册资本金应不低于投标报价的10%。

（4）水利建设市场主体信用等别为诚信。

招标文件规定，施工临时工程为总价承包项目，由投标人自行编制工程项目或费用名称，并填报报价。A、B、C、D四家投标人参与投标，其中投标人A填报的施工临时工程分组工程量清单见表2-20。

施工临时工程分组工程量清单 表2-21

序号	工程项目或费用名称	金额（万元）
1	围堰填筑	100
2	围堰拆除	50
3	围堰土工试验费	1
4	施工场内交通	100
5	施工临时房屋	200
6	施工降排水	100
7	施工生产用电费用	80
8	计日工费用	20
9	其他临时工程	100

经过评标，投标人B中标，发包人与投标人B签订了施工承包合同，合同条款中关于双方的义务有如下内容：

（1）负责办理工程开工报告报批手续。

（2）负责提供施工临时用地。

（3）负责编制施工现场安全生产预案。

（4）负责管理暂估价项目承包人。

（5）负责组织竣工验收技术鉴定。

（6）负责提供工程预付款担保。

（7）负责投保第三者责任险。

工程具备竣工验收条件后，竣工验收主持单位组织了工程竣工验收，项目法人随后组织了档案专项验收，并将档案专项验收意见提交竣工验收委员会。

【问题】

1. 指出并改正已列出的对投标人资格要求的不妥之处。符合投标人资格要求的水利建设市场主体信用级别有哪些？

2. 投标人A填报的施工临时工程分组工程量清单中，哪些工程项目或费用不妥？说明理由。

3. 背景资料合同条款列举的双方义务中，属于承包人义务的有哪些？

4. 指出并改正档案专项验收组织中的不妥之处。

【参考答案】

1. 对投标人资格要求的不妥之处：项目经理要求一级建造师不够具体，应是水利水电专业一级建造师；注册资本金不低于投标报价的10%不妥，一级资质等级企业注册资本金应不低于投标报价的20%。

符合投标人资格要求的水利建设市场主体信用级别有三个级别：AAA、AA、A。

2. 工程项目或费用不妥之处及理由：

（1）投标人A序号为3的内容不妥。

理由：围堰土工试验费包含在工程量清单相应项目的工程单价或总价中，发包人不另行支付。

（2）投标人A序号为7的内容不妥。

理由：施工生产用电费用应包含在分项工程的工程量清单相应项目的工程单价中，发包人不另行支付。

（3）投标人A序号为8的内容不妥。

理由：计日工属于零星工作项目，不应在施工临时工程计列。

（4）投标人A序号为9的内容不妥。

理由：其他临时工程不列入工程量清单中，承包人根据合同要求完成这些设施的建设、移置、维护管理和拆除工作所需的费用包含在相应永久工程项目的工程单价或总价中，发包人不另行支付。

3. 属于承包人义务的有：负责编制施工现场安全生产预案；负责管理暂估价项目承包人；负责提供工程预付款担保；负责投保第三者责任险。

4. 档案专项正式验收组织中的不妥之处及改正如下：

（1）不妥之处：竣工验收后才进行档案验收。

改正：大、中型水利工程建设项目在竣工前要进行档案专项验收。

（2）不妥之处：项目法人主持档案专项验收。

改正：项目档案专项验收一般由水行政主管部门主持，会同档案主管开展验收。

（3）不妥之处：将档案专项验收意见提交竣工验收委员会。

改正：档案专项验收意见应向项目法人和所有会议代表反馈。

实务操作和案例分析题十八

【背景资料】

某招标人就一河道疏浚工程进行公开招标，招标公告分别在中国采购与招标网和该省水行政主管部门指定的某网站刊登。在某网站刊登的招标公告要求投标人购买招标文件时须提交信用等级材料，而在中国采购与招标网刊登的招标公告无此条要求。

招标文件的合同条款按照《水利水电工程标准施工招标文件》（2009年版）和《堤防和疏浚工程施工合同范本》编制，并约定如下内容：

（1）本工程保修期为1年，自工程通过合同完工验收之日起计算。

（2）疏浚土方的工程量增加超过15%视为变更，超出部分相应结算单价减少10%。

共有A、B、C、D、E五家投标人参加开标会议。投标人A的委托代理人因临时有事，在递交投标文件后离开开标会场。投标人B认为投标人A的委托代理人未参加开标会议，应按无效标处理。招标人认为投标人A已递交投标文件，虽然其委托代理人未参加开标会议但具有签字确认其投标报价等关键唱标要素，应视为投标人A默认唱标要素，未按无效标处理。

评标委员会在评标过程中发现投标人C的投标文件报价清单中，某一项关键项目的单价与工程量的乘积较其相应总价多10万元。评标委员会经集体讨论后决定，为避免因修改投标人C的投标报价使得其他投标人的报价得分和顺序发生变化，向投标人C发出澄清通知，要求其确认总报价不变，修改其关键项目的单价。

评标委员会在评标过程中发现投标人D的投标文件中，投标函中投标报价与工程量清单中的投标报价不一致；而招标文件约定，投标人修改投标报价应相应修改工程量清单中的单价与相应总价，否则按废标处理。评标委员会经集体讨论决定，投标人D的投标文件按废标处理。而某一评委认为，投标人D的投标报价应按算术错误进行修正，故拒绝在评标报告上签字。最终，评标委员会推荐投标人E为第一中标候选人。招标人确定投标人E为中标人，并与之签署施工承包合同。

施工过程中，投标人E首先进行充填区围堰清基。清基完成后，投标人E未通知监理人到场验收即进行后续施工。监理人在其施工几日后，要求投标人E进行局部开挖，以检查清基工作质量。经检查，监理人确认投标人E的清基质量合格。该投标人提出如下结算单（表2-22），并要求工期顺延1d。

工程价款结算单支付明细表　　　　　　　　　　　　　　表2-22

序号	项目名称	单位	工程量	单价（元/m³）	合价	备注
1	充填区围堰清基	m³	23000	4.2		
2	清基局部开挖	m³	200	4.2		
3	土方疏浚	m³	150000	7.6		投标文件中工程量为110000m³
合计						

【问题】

1. 上述招标程序有何不妥之处？说明理由。

2. 如上述明细表有关项目的工程量经监理人确认无误，单价为投标文件中载明的有关单价，则应支付给投标人E的结算款为多少？（不计预付款扣回和工程质量保证金扣回）

3. 投标人在施工中私自覆盖隐蔽部位，监理人如在监理过程中发现局部工程需要进行修补和返工，应由谁进行修补和返工，相应费用由谁承担？

【参考答案】

1. 上述招标程序中的不妥之处及理由如下：

（1）不妥之处一：在某网站刊登的招标公告要求投标人购买招标文件时须提交信用等级材料，而在中国采购与招标网刊登的招标公告无此条要求。

理由：在各个媒介发布的招标公告内容应一致。

（2）不妥之处二：本工程保修期为1年。

理由：疏浚工程无工程质量保修期。

（3）不妥之处三：投标人A的投标文件未按无效标处理。

理由：投标人的法定代表人或委托代理人未参加开标会应由招标人按无效标处理（投标人A的投标文件应按无效标处理）。

2. 应支付给投标人E的结算款：$23000×4.2＋110000×（1＋15\%）×7.6＋[150000－110000×（1＋15\%）]×7.6×（1－10\%）＝96600＋961400＋160740＝1218740$元

3. 投标人在施工中私自覆盖隐蔽部位，监理人如在监理过程中发现局部工程需要进行修补和返工，投标人E应负责进行修补和返工，因投标人E原因引起的修补和返工由投标人E承担费用，除此之外应由招标人承担费用。

实务操作和案例分析题十九

【背景资料】

某水闸除险加固工程内容包括土建施工，更换启闭机、闸门及机电设备。施工标（不含设备采购）通过电子招标投标交易平台交易，招标文件依据《水利水电工程标准施工招标文件》（2009年版）编制，工程量清单采取《水利工程工程量清单计价规范》GB 50501—2007模式，最高投标限价为1700万元。经过招标，施工单位甲中标并与发包人签订了施工合同。招标投标及合同履行过程中发生如下事件：

事件1：代理公司编制的招标文件要求：

（1）投标人应在电子招标投标交易平台注册登记。为数据接口统一的需要，投标人应购买并使用该平台配套的投标报价专用软件编制投标报价。

（2）投标报价不得高于最高投标限价，并不得低于最高投标限价的80%。

（3）投标人的子公司不得与投标人一同参加本项目投标。

（4）投标人可以现金或银行保函方式提交投标保证金。

（5）投标人获本工程所在省颁发的省级工程奖项的，评标赋2分，否则不得分。

某投标人认为上述规定存在不合理之处，在规定时间以书面形式向行政监督部门投诉。

事件2：合同约定：在完工结算时，工程质量保证金按照《住房和城乡建设部 财政部关于印发〈建设工程质量保证金管理办法〉的通知》（建质〔2017〕138号）规定的最高比例一次性扣留。完工结算时，施工单位甲按规定节点时间提交了完工申请单。监理人审核后，形成了完工结算汇总表（表2-23），发包人予以认可，并在规定节点时间内将应支付款项支付完毕。

某水闸除险加固工程施工标完工结算汇总表　　表2-23

项目名称：某水闸除险加固工程施工标　　　　合同编号：XXX-SG-01

序号	工程项目或费用	合同金额（元）	承包人申报金额（元）	监理审核金额（元）	备注
一	A	13100000	12850000	12830000	
1	建筑工程	7200000	7100000	7080000	1. C为新增管理用房所需费用； 2. 措施项目中包含D，D取建筑安装工程费的2%，专款专用
2	机电设备安装	2100000	2050000	2050000	
3	B	3800000	3700000	3700000	
二	措施项目	2162000	2157000	2156600	
三	C		1000000	1000000	
四	索赔费用		0	0	
五	合计	15262000	16007000	15986600	

【问题】

1. 指出事件1招标文件要求中的不合理之处，说明理由。投标人采取投诉这种方式是否妥当？为什么？

2. 指出事件2表2-23中A、B、C、D分别代表的工程项目或费用名称。

3. 计算本合同应扣留的工程质量保证金金额。（单位：元，保留小数点后2位）

4. 分别指出事件2中施工单位甲提交完工付款申请单和发包人支付应支付款的节点时间要求。

【参考答案】

1. 事件1中招标文件要求的不合理之处及理由如下：

不合理之处一：强制投标人购买交易平台配套的投标报价专用软件。

理由：电子招标投标交易平台运营机构不得要求投标人购买指定的软件。

不合理之处二：投标报价不得低于最高投标限价的80%。

理由：招标人不得设置最低投标限价。

不合理之处三：投标人获本工程所在省颁发的省级工程奖项的，评标赋2分。

理由：招标文件不得以特定区域奖项作为评标加分条件。

不合理之处四：投标人在规定时间以书面形式向行政监督部门投诉。

理由：针对招标文件的不合理条款应首先通过异议途径解决。

2. 事件2表中A、B、C、D分别代表的工程项目或费用名称：

A代表分类分项工程量清单项目；

B代表金属结构安装（或闸门、启闭机安装）；

C代表变更项目；

D代表安全生产措施费。

3. 本合同应扣留的工程质量保证金金额：15986600×3%＝479598.00元

4. 事件2中施工单位甲提交完工付款申请单的节点时间：施工单位甲应在合同工程完工证书颁发后28d内提交完工付款申请单。

发包人支付应支付款的节点时间：发包人应在监理人出具的完工付款证书后14d内将应支付的款项支付完毕。

实务操作和案例分析题二十

【背景资料】

某小型水库除险加固工程的主要建设内容包括：土坝坝体加高培厚、新建坝体防渗系统、左岸和右岸输水涵进口拆除重建。依据《水利水电工程标准施工招标文件》（2009年版）编制招标文件。发包人与承包人签订的施工合同约定：（1）合同工期为210d，在一个非汛期完成；（2）签约合同价为680万元；（3）工程预付款为签约合同价的10%，开工前一次性支付，按 $R=\dfrac{A}{(F_2-F_1)S}(C-F_1S)$（其中$F_2=80\%$，$F_1=20\%$）扣回；（4）提交履约保证金，不扣留质量保证金。

当地汛期为6—9月份，左岸和右岸输水涵在非汛期互为导流；土坝土方填筑按均衡施工安排，当其完成工程量达70%时开始实施土坝护坡；防渗系统应在2021年4月10日（含）前完成，混凝土防渗墙和坝基帷幕灌浆可搭接施工。承包人编制的施工进度计划见表2-24（每月按30d计）。

水库除险加固工程施工进度计划　　　　　　表2-24

项次	工程项目		持续时间（d）	开始时间	2020年		2021年				
					11	12	1	2	3	4	5
1	土坝	坝坡清理	45	2020年11月1日							
2		土方填筑	100	2020年11月21日							
3		护坡	60								
4	防渗系统	混凝土防渗墙	110	2020年12月1日							
5		坝基帷幕灌浆	90								
6	左岸输水涵	围堰填筑	10	2020年11月1日							
7		围堰拆除	10								
8		进口拆除	20	2020年11月21日							
9		进口施工	40	2020年12月1日							
10	右岸输水涵	围堰填筑	10	2021年1月21日							
11		围堰拆除	10	2021年4月1日							
12		进口拆除	20	2021年2月1日							
13		进口施工	40								
14	收尾工作		30	2021年4月11日							

工程施工过程中发生如下事件：

事件1：工程实施到第3个月时，本工程的项目经理调动到企业任另职，此时承包人向监理人提交了更换项目经理的申请。拟新任本工程项目经理人选当时正在某河道整治工程任项目经理，因建设资金未落实导致该河道整治工程施工暂停已有135d，河道整治工程的建设单位同意项目经理调走。

事件2：由于发包人未按期提供施工图纸，导致混凝土防渗墙推迟10d开始，承包人按监理人的指示采取赶工措施保证按期完成。截至2021年2月份，累计已完成合同额442万元；3月份完成合同额87万元，混凝土防渗墙的赶工费用为5万元，且无工程变更及根据合同应增加或减少金额。承包人按合同约定向监理人提交了2021年3月份的进度付款申请单及相应的支持性证明。

【问题】

1. 根据背景资料，分别指出表2-24中土坝护坡的开始时间、坝基帷幕灌浆的最迟开始时间、左岸输水涵围堰拆除的结束时间、右岸输水涵进口施工的开始时间。

2. 指出并改正事件1中承包人更换项目经理做法的不妥之处。

3. 根据《注册建造师执业管理办法（试行）》（建市〔2008〕48号），事件1中拟新任本工程项目经理的人选是否违反建造师执业的相关规定？说明理由。

4. 计算事件2中2021年3月份的工程预付款的扣回金额。

5. 除没有产生费用的内容外，承包人提交的2021年3月份进度付款申请单内容还有哪些？相应的金额分别为多少万元？（计算结果保留小数点后1位）

【参考答案】

1. 对各工程项目开始时间、结束时间的判断如下：

（1）土坝护坡的开始时间：2021年2月1日。

（2）坝基帷幕灌浆的最迟开始时间：2021年1月11日。

（3）左岸输水涵围堰拆除的结束时间：2021年1月20日。

（4）右岸输水涵进口施工的开始时间：2021年2月21日。

对土坝护坡、坝基帷幕灌浆、左岸输水涵围堰拆除、右岸输水涵进水口施工开始时间与结束时间的判断如下：

（1）土方填筑按均衡施工安排，持续时间为100d，当其完成工作量达到70%时开始实施土坝护坡，也就是第71天开始进行土坝护坡，所以护坡的开始时间是2021年2月1日开始，2021年3月30日结束。

（2）防渗系统应在2021年4月10日（含）前完成，坝基帷幕灌浆最迟结束时间是2021年4月10日，其持续时间为90d，所以其最迟开始时间为2021年1月11日。

（3）通过表2-24可知，左岸输水涵进口施工结束时间是2021年1月10日，所以围堰拆除开始时间应是2021年1月11日，持续时间为10d，那么其结束时间是2021年1月20日。

（4）通过表2-24可知，右岸输水涵围堰拆除开始时间是2021年4月1日，所以进口施工结束时间是2021年3月30日，其持续时间为40d，所以进口施工开始时间应是2021年2月21日。

---

2. 承包人更换项目经理做法的不妥之处：本工程的项目经理调动到企业任另职，此时承包人仅向监理人提交了更换项目经理的申请。

改正：承包人更换项目经理应事先征得发包人同意，并应在更换项目经理14d前通知发包人和监理人。

3. 事件1中拟新任本工程项目经理的人选不违反建造师执业的相关规定。

理由：根据《注册建造师执业管理办法（试行）》（建市〔2008〕48号），注册建造师不得同时担任两个及以上建设工程施工项目负责人。因非承包方原因致使工程项目停工超过120d（含），经建设单位同意的除外。

本题是由于建设资金未落实导致的暂停，属于建设单位的原因导致的暂停施工，已有135d，超过了120d，并且已经征得了该工程建设单位的同意，故满足规定要求。

4. 关于预付款的计算如下：

（1）预付款总额：$A = 680 \times 10\% = 68.0$ 万元

（2）根据预付款扣回公式可知截至2021年2月底累计已扣回的合同金额：$R_2 = 68.0 \times (442 - 20\% \times 680) / (80\% \times 680 - 20\% \times 680) = 51.0$ 万元

（3）截至2021年3月底累计应扣回的合同金额：$R_3 = 68.0 \times (442 + 87 - 20\% \times 680) / (80\% \times 680 - 20\% \times 680) = 65.5$ 万元；因为65.5万元＜68.0万元，所以3月份的工程预付款扣回金额为：$65.5 - 51.0 = 14.5$ 万元

5. 承包人提交的2021年3月份进度付款申请单内容还包括：截至本次付款周期末已实施工程的价款、索赔金额、扣减的返还预付款。

截至本次付款周期末已实施工程的价款为 $442 + 87 = 529$ 万元；索赔金额为5.0万元；扣减的返还预付款为14.5万元。

第三章 水利水电工程施工质量管理案例分析专项突破

2014—2023 年度实务操作和案例分析题考点分布

考点	年份									
	2014年	2015年	2016年	2017年	2018年	2019年	2020年	2021年	2022年	2023年
水利工程质量事故分类与事故报告内容	●									
水利工程质量事故调查的程序与处理的要求			●		●					
水利水电工程项目划分的原则	●		●							●
水利水电工程施工质量检验的要求				●						
水利水电工程施工质量评定的要求		●	●	●		●	●		●	●
水利水电工程单元工程质量等级评定标准	●		●					●		
水利工程项目法人验收的要求	●	●		●				●		●
水利工程阶段验收的要求			●		●				●	
水利工程竣工验收的要求				●			●			●
水利工程建设专项验收的要求					●					
水力发电工程阶段验收的要求						●				

【专家指导】

施工质量管理内容中，单元工程质量等级评定标准属于高频考点，是案例真题中经久不衰的考点。工程验收在历年考试中，主要集中在竣工验收、单位工程验收、分部工程验收这几部分内容，建议考生着重复习。在这里需要提醒考生注意，对基本概念要理解，基础知识要掌握，要反复多次看考试用书。

"质量管理"章节和"安全管理"章节中，事故的处理有很多相似点，要学会总结，要善于掌握章节之间的不同点和相同点，这样就有了知识的连贯性，并列出自己容易混淆的地方，重点攻关，下次做题的时候就可以避免。

历 年 真 题

实务操作和案例分析题一 [2023 年真题]

【背景资料】

某灌溉输水项目，施工过程中发生如下事件：

事件1：项目法人组织监理、设计、施工等单位将施工项目划分为渠道、渡槽、隧洞等5个单位工程，确定主要单位工程、关键部位单元工程。监理单位在主体工程开挖前将工程项目划分表及说明书报质量监督机构确认。

事件2：渡槽采用定型钢模板预制，施工内容包括：① 场地平整压实；② 混凝土基础平台制作；③ 钢筋笼吊装；④ 外模安装；⑤ 底模安装及平整度调整；⑥ 内模安装；⑦ 模板支撑加固；⑧ 槽身预制拉杆（横梁）安装；⑨ 槽身混凝土浇筑；⑩ 槽身吊运存放；⑪ 内模拆除（混凝土养护）；⑫ 外模拆除。

槽身预制工艺如下：①→②→A→B→③→C→D→E→⑨→⑪→F→G→拆除底模。

事件3：隧洞为平洞，断面跨度为4.2m，Ⅳ级围岩，局部Ⅴ级围岩。施工单位编制施工方案，采用全断面钻爆法开挖，用自钻式注浆锚杆进行随机支护，并明确了Ⅳ、Ⅴ级围岩开挖循环进尺控制参数。

事件4：该工程未发生质量事故，施工单位自评合格，主要项目全部优良，具体内容见表3-1。项目法人组建合同工程完工验收工作组，监理单位组织合同工程完工验收，通过了"合同工程完工验收鉴定书"，并按照规定，进行分发备案。

质量等级评定表　　　　　　　　　　　　　　　　　　　　表3-1

单位工程名称	分部工程质量			外观质量检查得分率（%）	质量评定
	数量（个）	优良（个）	优良率（%）		
渠道工程	10	8	80.0	90	优良
▲渡槽工程	12	8	66.7	85	a
▲隧洞工程	10	8	80.0	88	b
水闸、渠下工程	8	6	75.0	86	优良
暗涵工程	10	7	70.0	87	c
自评结果	e			优良率	d

注：加▲为主要单位工程。

【问题】

1. 改正事件1中工程项目划分表及说明书申报程序的不妥之处，除主要单位工程、关键部位单元工程外，项目划分还需确定哪些项目？本工程渠道单位工程项目划分的原则是什么？

2. 写出事件2中A、B、C、D、E、F、G分别代表什么，用序号表示。

3. 根据事件3中的跨度，确定隧洞的规模。按照作用原理划分，锚杆还有哪些形式？写出Ⅳ类围岩开挖循环进尺参数控制标准。

4. 写出a、b、c的质量评定等级，列式计算优良率d，并判定自评结果e。

5. 指出并改正事件4中合同工程完工验收组织的不妥之处，并写出"合同工程完工验收鉴定书"分发及备案的具体规定。

【参考答案与分析思路】

1. 工程项目划分表及说明书申报程序的不妥之处：监理单位在主体工程开挖前将项目划分表及说明书报工程质量监督机构确认。

正确做法：项目法人（或建设单位）在主体工程开挖前将项目划分表及说明书报工程质量监督机构确认。

项目划分除确定主要单位工程、关键部位单元工程外，还应确定主要分部工程和重要隐蔽单元工程。

本工程渠道单位工程项目划分原则是：按照工程结构划分。

> 本题考查的是水利水电工程项目划分。《水利水电工程施工质量检验与评定规程》SL 176—2007规定，由项目法人组织监理、设计及施工等单位进行工程项目划分，并确定主要单位工程、主要分部工程、重要隐蔽单元工程和关键部位单元工程。项目法人在主体工程开工前将项目划分表及说明书报相应工程质量监督机构确认。
>
> 对于引水（渠道）工程，按招标标段或工程结构划分单位工程。可将大、中型（渠道）建筑物以每座独立的建筑物划分为一个单位工程。

2. A：⑤；B：④；C：⑥；D：⑧；E：⑦；F：⑫；G：⑩。

> 本题考查的是渡槽工程施工技术要求。渡槽工程槽身的施工工艺：预制槽身的底模制作、预制槽身外模安装、预制槽身钢筋安装、预制槽身内模安装、预制槽身保护层垫块的设置、预制槽身混凝土浇筑、预制槽身的内外模板拆除、预制槽身混凝土养护。
>
> 根据《水工混凝土施工规范》SL 677—2014规定，拆模的顺序及方法应按相关规定进行。当无规定时，模板拆除可采取先支的后拆、后支的先拆，先拆非承重模板、后拆承重模板的顺序，并应从上而下进行拆除。

3. 隧洞规模为小断面。

按照作用原理划分，锚杆还有全长粘结性锚杆、端头锚固形锚杆、摩擦型锚杆、预应力锚杆。

Ⅳ类围岩中，开挖循环进尺控制在2m以内。

> 本题考查的是地下工程施工。地下工程按其规模大小可分为特小断面、小断面、中断面、大断面和特大断面五类，具体尺寸见表3-2。

按断面规模的洞室分类　　　　　　　　　　　　　　　　　　表3-2

规模分类	洞室断面积 $A(m^2)$	跨度 $B(m)$
特小断面	≤ 10	≤ 3
小断面	$10 < A \leq 25$	$3 < B \leq 5$
中断面	$25 < A \leq 100$	$5 < B \leq 10$
大断面	$100 < A \leq 225$	$10 < B \leq 15$
特大断面	> 225	> 15

目前，在工程中采用的锚杆形式很多，按作用原理划分，主要有下列类型的锚杆：全长粘结性锚杆、端头锚固形锚杆、摩擦型锚杆、预应力锚杆和自钻式注浆锚杆。

平洞开挖循环进尺应根据围岩情况、断面大小和支护能力、监测结果等条件进行控制，在Ⅳ类围岩中一般控制在2m以内，在Ⅴ类围岩中一般控制在1m以内。

4. a、b、c的质量评定等级：a：合格；b：优良；c：优良。

单位工程优良率d＝4/5×100%＝80.0%

自评结果e为合格。

本题考查的是水利水电工程单元工程质量等级评定。

（1）优良率66.7%＜70%，外观质量检查85%，符合质量合格标准，不满足质量优良标准。

（2）优良率80%＞70%，外观质量检查88%＞85%，符合质量优良标准。

（3）优良率70%，外观质量检查87%＞85%，符合质量优良标准。

5个单位工程中有4个优良，所以单位工程优良率d＝4/5×100%＝80.0%。

工程项目施工质量优良标准：（1）单位工程质量全部合格，其中70%以上单位工程质量达到优良等级，且主要单位工程质量全部优良。（2）工程施工期及试运行期，各单位工程观测资料分析结果均符合国家和行业技术标准以及合同约定的标准要求。

该项目不符合优良标准，符合合格标准。

5. 合同工程完工验收组织的不妥之处：监理单位主持了合同工程完工验收。

正确做法：项目法人（或建设单位）主持合同工程完工验收。

"合同工程完工验收鉴定书"分发及备案的具体规定："合同工程完工验收鉴定书"正本数量可按参加验收单位、质量和安全监督机构以及归档所需的份数确定。自验收鉴定书通过之日起30个工作日内，应由项目法人发送有关单位，并报送法人验收监督管理机关备案。

本题考查的是完工验收的要求。

合同工程完工验收应由项目法人主持。验收工作组应由项目法人以及与合同工程有关的勘测、设计、监理、施工、主要设备制造（供应）商等单位的代表组成。

合同工程完工验收的成果性文件是"合同工程完工验收鉴定书"。正本数量可按参加验收单位、质量和安全监督机构以及归档所需要的份数确定。自验收鉴定书通过之日起30个工作日内，应由项目法人发送有关单位，并报送法人验收监督管理机关备案。

实务操作和案例分析题二［2022年真题］

【背景资料】

某施工单位承担行蓄洪区治理工程中的排涝泵站、堤防加固、河道土方开挖（含疏浚）施工。排涝泵站设计流量为180m³/s，安装6台立式轴流泵，泵站布置清污机桥、进水池、主泵房及出水池等。主泵房基础采用C35预制钢筋混凝土方桩、高压旋喷桩防渗墙处理。泵站纵剖面示意图如图3-1所示。

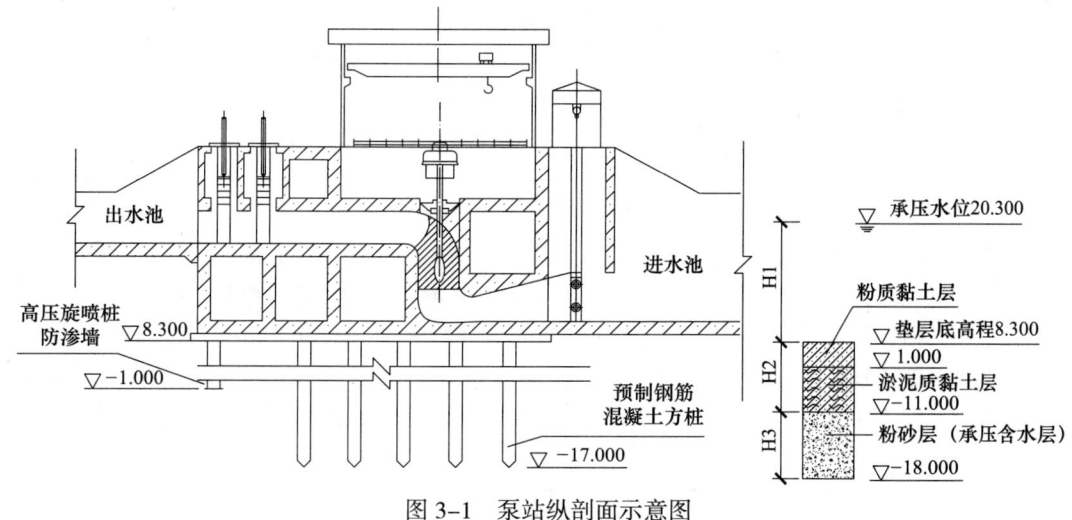

图 3-1　泵站纵剖面示意图

工程施工过程中发生了如下事件：

事件1：工程施工过程中完成了如下工作：① 老堤加高培厚；② 进水流道层；③ 高压旋喷桩防渗墙；④ 出水池底板；⑤ 清污机桥；⑥ 电机层；⑦ 水泵层；⑧ 清污机安装；⑨ 联轴层；⑩ 钢筋混凝土方桩；⑪ 进水池；⑫ 厂房。

事件2：施工单位对承压水突涌的稳定性进行计算分析，判断是否需要对承压水采取降压措施。计算中不考虑桩基施工对土体的影响，安全系数取1.10，土体的天然重度γ_s为18kN/m³，水的天然重度$\gamma_水$为10kN/m³。

事件3：河道土方开挖施工过程中，因疏浚区内存在水上开挖土方，疏浚工程采用分层施工。

事件4：进水池施工完成后，监理工程师对进水池底板混凝土的强度及抗渗性能有异议，建设单位委托具有相应资质等级的第三方质量检测机构进行了检测，检测费用为20万元，检测结果为合格。

事件5：堤防加固主要工程内容为堤防加高培厚，预制混凝土块护坡。堤防加固分部工程验收结论为：本分部工程共划分为40个单元工程，单元工程全部合格，其中28个单元工程达到优良等级，主要单元工程以及重要隐蔽单元工程（关键部位单元工程）质量优良率为90%。

【问题】

1. 根据事件1，指出属于主泵房相关工作的施工顺序。（用工作编号和箭头表示如②→）

2. 根据事件2，计算并判断本工程是否需要采取降低承压水措施。（计算结果保留到小数点后2位）

3. 根据《堤防工程施工规范》SL 260—2014，指出老堤加高培厚土方施工的主要施工工序。

4. 疏浚工程中，除事件3中所列情形外，还有哪些情形采取分层施工？分层施工应遵循的原则是什么？

5. 事件4中，检测费用应由谁支付？根据《水利水电工程单元工程施工质量验收评定标准——混凝土工程》SL 632—2012，一般采用哪些方法进行检测？

6. 根据事件5，按照该分部工程的质量等级为优良，完善该验收结论。

【参考答案与分析思路】

1. 主泵房相关工作的施工顺序：⑩→③→②→⑦→⑨→⑥→⑫。

> 本题考查的是泵房相关工作的施工顺序。泵站工程主要由泵房、进出水建筑物组成，进水建筑物一般有前池、进水池等，出水建筑物一般为出水池、压力水箱或出水管路等。为保证泵站的正常运行，进水侧设置拦污栅、清污机和检修闸门，出水侧设置拍门、快速闸门、蝴蝶阀或真空破坏阀等断流设备。工程施工过程中完成的工作中找出跟主泵房部分相关的工作包括：② 进水流道层；③ 高压旋喷桩防渗墙；⑥ 电机层；⑦ 水泵层；⑨ 联轴层；⑩ 钢筋混凝土方桩；⑫ 厂房。对此排序为：⑩→③→②→⑦→⑨→⑥→⑫。

2. 对工程是否需要采取降低承压水措施的计算及判断如下：

$$K = \frac{H_2 \times \gamma_s}{(H_1 + H_2) \times \gamma_水} = \frac{19.3 \times 18}{(12 + 19.3) \times 10} = 1.11$$

大于安全系数1.10，不需要降低承压水。

> 本题考查的是承压水突涌的稳定性验算。本题要根据泵站纵剖面示意图作答，公式
>
> $K = \dfrac{H_2 \times \gamma_s}{(H_1 + H_2) \times \gamma_水}$ 中字母及数据如下：
>
> H_1——垫层底高程8.300到承压水20.300的距离，即：$20.300 - 8.300 = 12$
>
> H_2——淤泥质黏土层到粉质黏土层的距离，即：$8.300 + 11.000 = 19.3$
>
> γ_s——土体的天然重度为18kN/m³。
>
> $\gamma_水$——水的天然重度为10kN/m³。

3. 老堤加高培厚土方施工的主要施工工序：

（1）清除接触面杂物（或清理建基面）。

（2）老堤坡处挖成台阶状。

（3）分层铺土（或分层填筑）。

（4）分层压实。

> 本题考查的是堤身填筑要求。根据《堤防工程施工规范》SL 260—2014规定，对老堤进行加高培厚处理时，应清除结合部位的各种杂物，将老堤坡铲成台阶状，再分层填筑、碾压。

4. 除事件3所列情形外，疏浚工程应分层施工的情形还有：

（1）疏浚区泥层厚度大于挖泥船一次可能疏挖的厚度。

（2）工程对边坡质量要求较高或为复式边坡。

（3）疏浚区垂直方向土质变化较大，需更换挖泥机具或对不同土质存放有不同要求。

（4）合同要求分期达到设计深度。

分层施工应遵循的原则：上层厚、下层薄。

本题考查的是疏浚工程施工方法。区分疏浚工程分段施工、分条施工、分层施工的情况及原则见表3-3。

疏浚工程分段施工、分条施工、分层施工的情况及原则　　　　　表3-3

	分段施工	分条施工	分层施工
情况	（1）疏浚区长度大于绞吸挖泥船水下管线的有效伸展长度或大于链斗、抓斗挖泥船抛一次主锚缆可能挖泥的长度。 （2）挖槽尺度规格不一或工期要求不同。 （3）挖槽转向曲线段需分成若干直线段进行施工。 （4）纵断面上土层厚薄悬殊或土质出现较大变化。 （5）受航行或水工建筑物等干扰因素制约。	（1）疏浚区宽度大于挖泥船一次最大挖宽。 （2）疏浚区横断面土层厚薄悬殊。 （3）挖槽横断面为复合式。 （4）应急排洪、通水、通航工程。	（1）疏浚区泥层厚度大于挖泥船一次可能疏挖的厚度。 （2）疏浚区内存在水上开挖土方。 （3）工程对边坡质量要求较高或为复式边坡。 （4）疏浚区垂直方向土质变化较大，需更换挖泥机具或对不同土质存放有不同要求。 （5）合同要求分期达到设计深度。 （6）紧急的疏洪、引水工程
原则	—	按照"远土近调、近土远调"的原则，依次由远到近或由近到远分条开挖	应遵循"上层厚、下层薄"的原则

5. 对进水池底板混凝土的强度及抗渗性能的检测费用由建设单位（或甲方或项目法人）支付。

检测方法包括：无损检查法、钻孔取芯、压水试验。

> 本题考查的是混凝土施工质量控制。监理工程师提出异议，具有相应资质等级的第三方质量检测机构检测结果为合格，检测费用应由建设单位支付。
>
> 一般可以采用的检测方法有：无损检查法（或回弹法或超声波回弹法）、钻孔取芯、压水试验。

6. 对分部工程验收结论的完善：原材料质量合格，中间产品质量全部合格，混凝土（砂浆）试件质量达到优良等级（当试件组数小于30时，试件质量合格），未发生质量事故。

> 本题考查的是分部工程施工质量优良标准。分部工程施工质量优良标准：（1）所含单元工程质量全部合格，其中70%以上达到优良等级，主要单元工程以及重要隐蔽单元工程（关键部位单元工程）质量优良率达90%以上，且未发生过质量事故。（2）中间产品质量全部合格，混凝土（砂浆）试件质量达到优良等级（当试件组数小于30时，试件质量合格）。原材料质量、金属结构及启闭机制造质量合格，机电产品质量合格。

实务操作和案例分析题三 [2021年真题]

【背景资料】：

某泵站工程主要由泵房、进出水建筑物及拦污栅闸等组成，泵房底板底高程为13.50m，泵房底板靠近出水池侧设高压喷射灌浆防渗墙，启闭机房悬臂梁跨度为1.5m，交通桥连续梁跨度为8m。

该工程地面高程为31.000m，基坑采用放坡开挖，施工单位采取了设置合理坡度等防止边坡失稳的措施，泵房基坑开挖示意图如图3-2所示。粉砂层渗透系数约为2.0m/d。

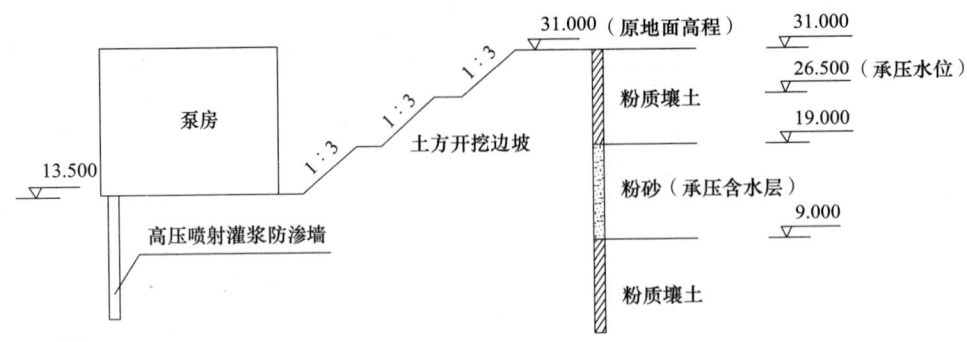

图3-2　泵房基坑开挖示意图（单位：m）

高压喷射灌浆防渗墙施工完成后，施工单位根据《水利水电工程单元工程施工质量验收评定标准——地基处理与基础工程》SL 633—2012对高压喷射灌浆防渗墙单孔的施工质量逐孔进行了施工质量等级评定，并经过监理单位审核签字，其单元工程施工质量验收评定表（部分）见表3-4。

高压喷射灌浆防渗墙单元工程施工质量验收评定表（部分）　　　　　表3-4

单位工程名称	××				单元工程量		××			
分部工程名称	××				施工单位		××			
单元工程名称、部位	××				施工日期		×年×月×日—×年×月×日			
孔号	1	2	3	4	5	6	7	8	9	10	…
单孔（桩、墙）质量验收评定等级	优良	合格	优良	优良	优良	合格	优良	优良	合格	优良	…
本单元工程内共有40孔，全部合格，其中优良28孔，优良率A%											
B	1	设计要求28d无侧限抗压强度大于1.0MPa，实际检测1.2MPa									
	2	设计要求渗透系数小于5×10⁻⁶cm/s，实际检测3.5×10⁻⁶cm/s									
施工单位自评意见	B符合C要求，40孔（桩、槽）100%合格，其中优良孔占A% 单元工程质量等级评定为D （签字、加盖公章）×年×月×日										

注：表中 5×10^{-6} cm/s，实际检测 3.5×10^{-6} cm/s

2019年5月30日，进行了泵站单位工程验收，验收依据为《水利水电建设工程验收规程》SL 223—2008。在验收过程中发生了如下事件：

（1）项目法人委托监理单位主持泵站的单位工程验收。

（2）验收工作组由项目法人、勘测、设计、监理、施工、主要设备制造（供应）商、运行管理等单位的代表组成，还邀请了上述单位以外的专家参加。

（3）项目法人提前13d向质量和安全监督机构送达了泵站单位工程验收的通知，验收时现场未见质量和安全监督机构工作人员。

（4）泵站单位工程验收后，项目法人在规定的时间内将验收质量结论和相关资料报质量和安全监督机构进行了核备。

【问题】

1. 在基坑施工中为防止边坡失稳，保证施工安全，除设置合理坡度外，还可采取的措施有哪些？

2. 水利工程基坑土方开挖中，人工降低地下水位常用的方式有哪些？本工程泵房基坑人工降低地下水位采用哪种方式较合理？说明理由。

3. 高压喷射灌浆防渗墙的防渗性能检查通常采用哪些方法？分别说明其适用条件。

4. 指出表3-4中A、B、C、D分别代表的内容或数字。

5. 根据《水工混凝土施工规范》SL 677—2014，分别写出拦污栅闸墩侧面模板、启闭机房悬臂梁底模板、交通桥连续梁底模板拆除的期限。

6. 指出泵站单位工程验收中的错误之处，并提出正确做法。

【参考答案与分析思路】

1. 在基坑施工中为防止边坡失稳，保证施工安全，除设置合理坡度外，还可采取的措施有：设置边坡护面、基坑支护、降低地下水位。

> 本题考查的是防止基坑边坡失稳的措施。土质基坑工程地质问题主要包括两个方面：边坡稳定和基坑降排水。在基坑施工中，为防止边坡失稳、保证施工安全，采取的措施有：设置合理坡度、设置边坡护面、基坑支护、降低地下水位等。本题中补充合理坡度之外的其他三项措施即可。
>
> 基坑降排水的目的主要有：增加边坡的稳定性；对于细砂和粉砂土层的边坡，防止流沙和管涌的发生；对下卧承压含水层的黏性土基坑，防止基坑底部隆起；保持基坑土体干燥，方便施工。

2. 基坑开挖的人工降低地下水位经常采用的方式：轻型井点、管井井点（或深井降水）。

本工程泵房基坑人工降低地下水位宜采用的方式：管井井点（或深井降水）。

理由：

（1）承压含水层已揭穿（或第四系含水层厚度大于5.0m）。

（2）粉砂渗透系数较大（含水层渗透系数大于1.0m/d）。

> 本题考查的是基坑开挖降排水的途径。基坑开挖的降排水一般有两种途径：明排法和人工降水。其中，人工降水经常采用轻型井点或管井井点降水方式。
>
> （1）轻型井点降水的适用条件：
>
> ① 黏土、粉质黏土、粉土的地层。
>
> ② 基坑边坡不稳，易产生流土、流沙、管涌等现象。
>
> ③ 地下水位埋藏小于6.0m，宜用单级真空点井。当大于6.0m时，场地条件有限，宜用喷射点井、接力点井；场地条件允许，宜用多级点井。
>
> （2）管井井点降水的适用条件：
>
> ① 第四系含水层厚度大于5.0m。
>
> ② 含水层渗透系数K宜大于1.0m/d。
>
> 本题中，粉砂层渗透系数约为2.0m/d，所以采用方式宜为：管井井点（或深井降水）。

3. 高压喷射灌浆防渗墙的防渗性能通常采用的检查方法有：围井、钻孔。

围井检查法适用于所有结构形式的高喷墙；钻孔检查法适用于厚度较大和深度较小的高喷墙。

> 本题考查的是高压喷射灌浆的质量检验。高压喷射灌浆防渗墙（高喷墙）的防渗性能应根据墙体结构形式和深度选用围井、钻孔或其他方法进行检查。
>
> 高喷墙质量检查宜在以下重点部位进行：地层复杂的部位；漏浆严重的部位；可能存在质量缺陷的部位。
>
> 围井检查法适用于所有结构形式的高喷墙；厚度较大的和深度较小的高喷墙可选用钻孔检查法。

4. 表中 A、B、C、D 分别代表的内容或数字分别为：

A 代表 70.0。

B 代表单元工程效果（或实体质量）检查。

C 代表设计。

D 代表优良。

> 本题考查的是单元工程施工质量验收评定。
>
> A 表示优良率，其计算为：$28/40 \times 100\% = 70.0\%$
>
> B 对应内容是检查要求，所以 B 表示单元工程效果（或实体质量）检查。
>
> 设计要求抗压强度大于 1.0MPa，实际检测 1.2MPa；设计要求渗透系数小于 5×10^{-6} cm/s，实际检测为 3.5×10^{-6} cm/s，所以 B 符合设计要求，那么 C 就表示设计。
>
> 根据《水利水电工程单元工程施工质量验收评定标准——混凝土工程》SL 632—2012 规定，划分工序单元工程施工质量评定分为合格和优良两个等级，其标准如下：
>
> （1）合格等级标准
>
> ① 各工序施工质量验收评定应全部合格。
>
> ② 各项报验资料应符合本标准要求。
>
> （2）优良等级标准
>
> ① 各工序施工质量验收评定应全部合格，其中优良工序应达到 50% 及以上，且主要工序应达到优良等级。
>
> ② 各项报验资料应符合本标准要求。
>
> 本题中，单元工程质量等级符合优良标准，D 代表优良。

5. 拦污栅闸墩侧面模板、启闭机房悬臂梁底模板、交通桥连续梁底模板拆除的期限分别为：

拦污栅闸墩侧面模板拆除的期限：混凝土强度达到 2.5MPa 以上，保证其表面及棱角不因拆模而损坏。

启闭机房悬臂梁底模板拆除的期限：混凝土强度达到设计强度标准值的 75%。

交通桥连续梁底模板拆除的期限：混凝土强度达到设计强度标准值的 75%。

> 本题考查的是模板拆除的规定。根据《水工混凝土施工规范》SL 677—2014 规定，拆除模板的期限，应遵守下列规定：

（1）不承重的侧面模板，混凝土强度达到2.5MPa以上，保证其表面及棱角不因拆模而损坏时，方可拆除。

（2）钢筋混凝土结构的承重模板，混凝土达到下列强度后（按混凝土设计强度标准值的百分率计），方可拆除。

①悬臂板、梁：跨度$l \leqslant 2m$，75%；跨度$l > 2m$，100%。

②其他梁、板、拱：跨度$l \leqslant 2m$，50%；$2m < $跨度$l \leqslant 8m$，75%；跨度$l > 8m$，100%。

本题中，拦污栅闸墩侧面模板为不承重模板，强度达到2.5MPa以上，保证其表面及棱角不因拆模而损坏时，方可拆除。

启闭机房悬臂梁跨度为1.5m，小于2m，所以强度达到设计强度标准值的75%时方可拆除。

交通桥连续梁跨度为8m，在"$2m < $跨度$l \leqslant 8m$"范围内，所以强度达到设计强度标准值的75%时方可拆除。

6. 泵站单位工程验收中的错误之处及其正确做法如下：

（1）错误之处1：监理单位主持泵站的单位工程验收。

正确做法：泵站的单位工程验收应由项目法人主持。

（2）错误之处2：验收时现场未见质量和安全监督机构工作人员。

正确做法：单位工程验收时质量和安全监督机构应派员列席验收会议。

（3）错误之处3：将验收质量结论和相关资料报质量和安全监督机构进行核备。

正确做法：应将验收质量结论和相关资料报质量和安全监督机构进行核定。

本题考查的是单位工程验收的基本要求。泵站单位工程验收过程中发生了4个事件，分别进行分析如下：

（1）验收应由项目法人主持，所以事件（1）错误。

（2）验收工作组应由项目法人、勘测、设计、监理、施工、主要设备制造（供应）商、运行管理等单位的代表组成。必要时，可邀请上述单位以外的专家参加。所以事件（2）正确。

（3）项目法人组织单位工程验收时，应提前10个工作日通知质量和安全监督机构，主要建筑物单位工程验收应通知法人验收监督管理机关，法人验收监督管理机关可视情况决定是否列席验收会议，质量和安全监督机构应派员列席验收会议。所以事件（3）错误。

（4）单位工程验收的质量结论由项目法人认定后，报质量和安全监督机构核定。所以事件（4）错误。

实务操作和案例分析题四 ［2018年真题］

【背景资料】

某大（2）型水库枢纽工程由混凝土面板堆石坝、电站、溢流坝和节制闸等建筑物组成。节制闸共2孔，采用平板直升钢闸门，闸门尺寸为净宽15m，净高12m，闸门结构如图3-3所示。

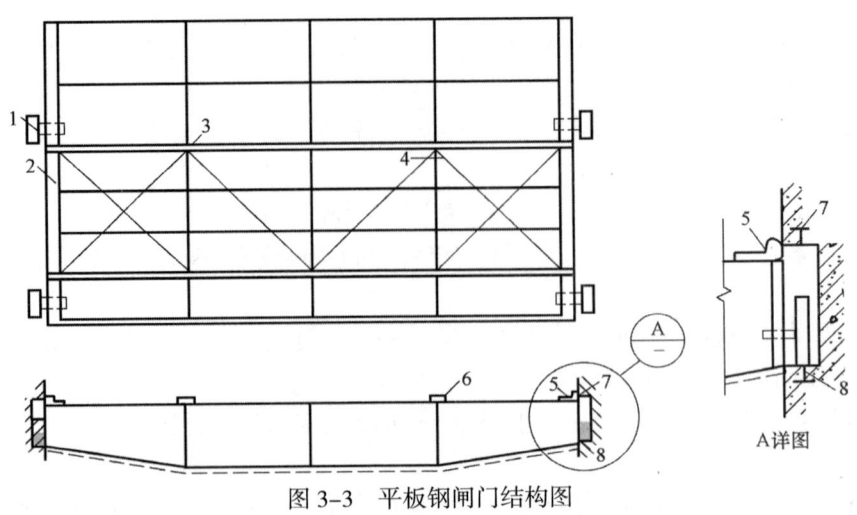

图 3-3 平板钢闸门结构图

某水利施工单位承担工程土建施工及金属结构、机电设备安装任务。闸门门槽采用留槽后浇二期混凝土的方法施工；闸门安装完毕后，施工单位及时进行了检查、验收和质量评定工作，其中平板钢闸门单元工程安装质量验收评定表见表3-5。

平板钢闸门单元工程安装质量验收评定表 表3-5

单位工程名称	×××		单元工程量		×××	
A	×××		安装单位		×××	
单元工程名称、部位	×××		评定日期		×年×月×日	
项次	项目		主控项目（个）		一般项目（个）	
			合格数	其中优良数	合格数	其中优良数
1	反向滑块		12	9	—	—
2	焊缝对口错边		17	14	—	—
3	表面清除和凹坑焊补		—	—	24	18
4	橡胶止水		20	16	28	22
B			质量标准合格			
安装单位自评意见	各项试验和单元工程试运行符合要求，各项报验资料符合规定。检验项目全部合格。检验项目优良率为C，其中主控项目优良率为79.6%，单元工程安装质量验收评定等级为合格。					

【问题】

1. 分别写出图3-3中代表主轨、橡胶止水和主轮的数字序号。

2. 结合背景材料说明门槽二期混凝土应采用具有什么性能特点的混凝土；指出门槽二期混凝土在入仓、振捣时的注意事项。

3. 根据《水闸施工规范》SL 27—2014的规定，闸门安装完毕后水库蓄水前需做什么启闭试验？指出该试验目的和注意事项。

4. 根据《水利水电工程单元工程施工质量验收评定标准——水工金属结构安装工程》SL 635—2012的要求，写出表3-5中所示A、B、C字母所代表的内容。（计算结果以百分数表示，并保留1位小数）

5. 根据《水利水电建设工程验收规程》SL 223—2008的规定，该水库在蓄水前应进行哪些阶段验收？该验收应由哪个单位主持？施工单位应以何种身份参与该验收？

【参考答案与分析思路】

1. 图3-3中代表主轨、橡胶止水和主轮的数字序号分别是：主轨—8、橡胶止水—5、主轮—1。

本题考查的是平板闸门的结构布置。平板闸门的结构布置如图3-4所示。

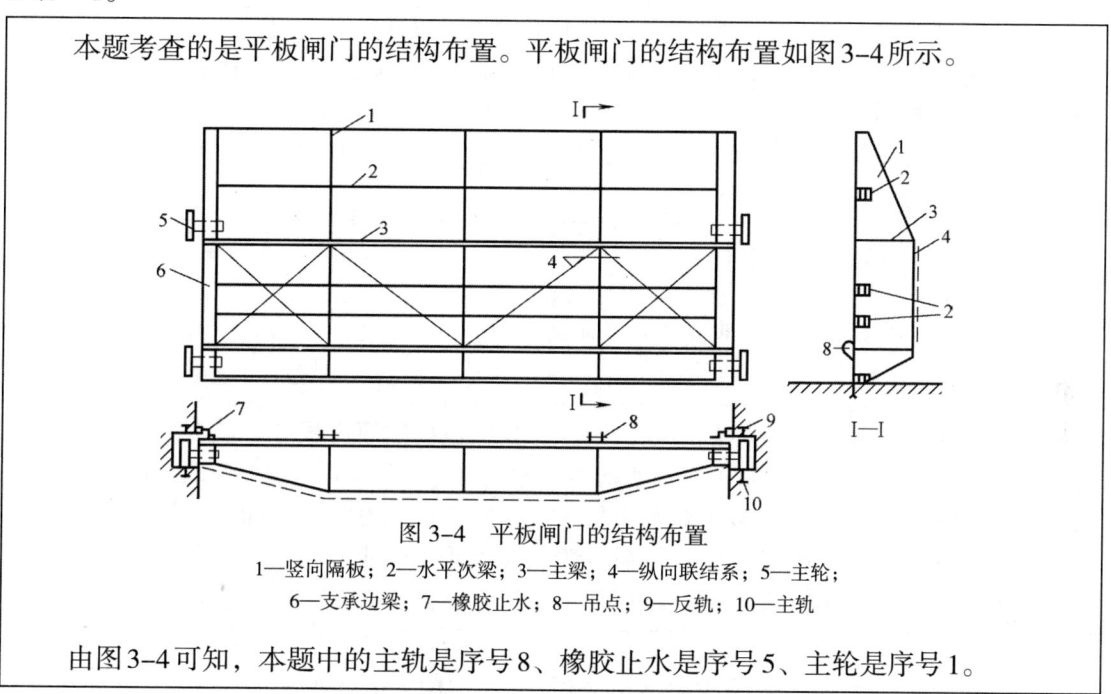

图 3-4 平板闸门的结构布置
1—竖向隔板；2—水平次梁；3—主梁；4—纵向联系梁；5—主轮；
6—支承边梁；7—橡胶止水；8—吊点；9—反轨；10—主轨

由图3-4可知，本题中的主轨是序号8、橡胶止水是序号5、主轮是序号1。

2. 门槽二期采用混凝土的性能特点及混凝土入仓、振捣时的注意事项：

（1）门槽二期混凝土应采用补偿收缩细石混凝土。

（2）门槽二期混凝土在入仓时的注意事项：本工程门槽较高，不得直接从高处下料，应分段安装模板和浇筑混凝土。

（3）门槽二期混凝土在振捣时的注意事项：振捣时不得振动已安装好的金属构件，可在模板中部开孔振捣。

本题考查的是平面闸门门槽施工。

闸门底槛设在闸底板上，在施工初期浇筑底板时，若铁件不能完成，亦可在闸底板上留槽以后浇二期混凝土。浇筑二期混凝土时，应采用补偿收缩细石混凝土，并细心捣固，不要振动已装好的金属构件。门槽较高时，不得直接从高处下料，应分段安装模拟和浇筑混凝土。二期混凝土拆模后，应对埋件进行复测，并做好记录，同时检查混凝土表面尺寸，清除遗留的杂物、钢筋头，以免影响闸门启闭。

3. 根据《水闸施工规范》SL 27—2014的规定，闸门安装完毕后水库蓄水前，需做无水状态下的全行程启闭试验。

本次试验的目的：检验门叶启闭是否灵活无卡阻现象，闸门关闭是否严密，漏水量不超过允许值。

本次试验的注意事项：试验过程中需对橡胶止水浇水润滑。

本题考查的是闸门安装。闸门安装完毕后，需做全行程启闭试验，要求门叶启闭灵活无卡阻现象，闸门关闭严密，漏水量不超过允许值。

4. 表3-5中A、B、C字母所代表的内容：

A：分部工程名称；B：试运行效果；C：78.2%。

本题考查的是水利水电工程单元工程施工质量验收评定。通过表3-5，我们可以分析出，A代表分部工程名称；对于金属结构机电设备安装后要进行试运行，所以B代表试运行效果；检验项目优良率在计算时应将主控项目和一般项目的优良数相加再除以总的合格数，即（9＋14＋16＋18＋22）/（12＋17＋20＋24＋28）×100％＝78.2％，所以C代表78.2%。

5. 根据《水利水电建设工程验收规程》SL 223—2008的规定，该水库在蓄水前应进行下闸蓄水验收。

主持单位：竣工验收主持单位或其委托的单位。

施工单位应派代表参加阶段验收，并作为被验单位在验收鉴定书上签字。

本题考查的是水利工程阶段验收。阶段验收应包括枢纽工程导（截）流验收、水库下闸蓄水验收、引（调）排水工程通水验收、水电站（泵站）首（末）台机组启动验收、部分工程投入使用验收以及竣工验收主持单位根据工程建设需要增加的其他验收。水库下闸蓄水前，应进行下闸蓄水验收。阶段验收应由竣工验收主持单位或其委托的单位主持。工程参建单位应派代表参加阶段验收，并作为被验收单位在验收鉴定书上签字。

实务操作和案例分析题五［2017年真题］

【背景资料】

某大（2）型水库枢纽工程由混凝土面板堆石坝、泄洪洞、电站等建筑物组成。工程在实施过程中发生如下事件：

事件1：根据合同约定，本工程的所有原材料由承包人负责提供。在施工过程中，承包人严格按合同要求完成原材料的采购与验收工作。

事件2：大坝基础工程完工后，验收主持单位组织制定了分部工程验收工作方案，部分内容如下：

（1）由监理单位向项目法人提交验收申请报告。

（2）验收工作由质量监督机构主持。

（3）验收工作组由项目法人、设计、监理、施工单位代表组成。

（4）分部工程验收通过后，由项目法人将验收质量结论和相关资料报质量监督结构核定。

事件3：堆石坝施工前，施工单位编制了施工方案，部分内容如下：

（1）堆石坝主堆石区堆石料最大粒径控制在350mm以下。根据碾压试验结果确定的有关碾压施工参数有：15t振动平碾，行车速度控制在3km/h以内，铺料厚度0.8m等。

（2）坝料压实质量检查采用干密度和碾压参数控制。其中干密度检测采用环刀法，试坑深度为0.6m。

事件4：在混凝土面板施工过程中，面板出现裂缝。现场认定该裂缝属表面裂缝，按质量缺陷处理。裂缝处理工作程序如下：

（1）承包人拟定处理方案并自行组织实施。

（2）裂缝处理完毕，经现场检查验收合格后，由承包人填写"施工质量缺陷备案表"，备案表由监理人签字确认。

（3）"施工质量缺陷备案表"报项目法人备案。

【问题】

1. 事件1中，承包人在原材料采购与验收工作上应履行哪些职责和程序？

2. 指出并改正事件2中分部工程验收工作方案的不妥之处。

3. 事件3中，堆石料碾压施工参数还有哪些？改正坝料压实质量检查工作的错误之处。

4. 改正事件4中裂缝处理工作程序上的不妥之处。

【参考答案与分析思路】

1. 承包人在原材料采购与验收工作上应履行的职责和程序如下：

（1）承包人应按专用合同条款的约定，将各项材料的供货人及品种、规格、数量和供货时间等报送监理人审批。同时，承包人应向监理人提交其负责提供的材料的质量证明文件，并满足合同约定的质量标准。

（2）承包人应按合同约定和监理人的指示，进行材料的抽样检验，检验结果应提交监理人。

（3）对承包人提供的材料，承包人应会同监理人进行检验和交货验收，查验材料合格证明和产品合格证书。

> 本题考查的是承包人提供的材料和工程设备的采购要求及验收程序。承包人采购要求：承包人应按专用合同条款的约定，将各项材料和工程设备的供货人及品种、规格、数量和供货时间等报送监理人审批。承包人应向监理人提交其负责提供的材料和工程设备的质量证明文件，并满足合同约定的质量标准。验收程序：对承包人提供的材料和工程设备，承包人应会同监理人进行检验和交货验收，查验材料合格证明和产品合格证书，并按合同约定和监理人指示，进行材料的抽样检验和工程设备的检验测试，检验和测试结果应提交监理人，所需费用由承包人承担。

2. 事件2中分部工程验收工作方案的不妥之处及改正如下：

（1）不妥之处：由监理单位向项目法人提交验收申请报告。

改正：应由施工单位提交验收申请报告。

（2）不妥之处：验收工作由质量监督机构主持。

改正：验收工作应由项目法人（或委托监理单位）主持。

（3）不妥之处：验收工作组代表组成。

改正：验收工作组成员应由项目法人、勘测、设计、监理、施工主要设备制造（供应）商等单位代表组成。

> 本题考查的是水利工程分部工程验收的要求。分部工程验收应由项目法人（或委托监理单位）主持。验收工作组成员应由项目法人、勘测、设计、监理、施工、主要设备制造（供应）商等单位的代表组成。运行管理单位可根据具体情况决定是否参加。分部

工程具备验收条件时，施工单位应向项目法人提交验收申请报告。项目法人应在收到验收申请报告之日起10个工作日内决定是否同意进行验收。项目法人应在分部工程验收通过之日后10个工作日内，将验收质量结论和相关资料报质量监督机构核备。

3. 堆石料碾压施工参数还有：加水量和碾压遍数。

干密度检测采用灌水（砂）法，试坑深度为碾压层厚（或0.8m）。

本题考查的是堆石坝的压实参数及堆石坝施工质量控制。

堆石坝的压实参数包括碾重、行车速度、铺料厚度、加水量、碾压遍数。注意问题是让我们写出背景资料中除外的参数。

堆石坝施工质量控制：

（1）坝料压实质量检查，应采用碾压参数和干密度（孔隙率）等参数控制，以控制碾压参数为主。

（2）铺料厚度、碾压遍数、加水量等碾压参数应符合设计要求，铺料厚度应每层测量，其误差不宜超过层厚的10%。

（3）坝料压实检查方法：

垫层料、过渡料和堆石料压实干密度检测方法，宜采用挖坑灌水（砂）法，或辅以其他成熟的方法。垫层料也可用核子密度仪法。

垫层料试坑直径不小于最大料径的4倍，试坑深度为碾压层厚。

过渡料试坑直径为最大料径的3～4倍，试坑深度为碾压层厚。

堆石料试坑直径为坝料最大料径的2～3倍，试坑直径最大不超过2m。试坑深度为碾压层厚。

4. 事件4中裂缝处理工作程序上不妥之处的改正如下：

（1）承包人拟定处理方案报送监理单位审批。

（2）现场检查验收合格后，由监理单位填写"施工质量缺陷备案表"，设计、监理及施工等参建单位签字确认。

（3）"施工质量缺陷备案表"报工程质量监督机构备案。

本题考查的是质量缺陷的处理。质量缺陷的处理：（1）对因特殊原因，使得工程个别部位或局部达不到规范和设计要求（不影响使用），且未能及时进行处理的工程质量缺陷问题（质量评定仍为合格），必须以工程质量缺陷备案形式进行记录备案。（2）质量缺陷备案的内容包括：质量缺陷产生的部位、原因，对质量缺陷是否处理和如何处理以及对建筑物使用的影响等。内容必须真实、全面、完整，参建单位（人员）必须在质量缺陷备案表上签字，有不同意见应明确记载。（3）质量缺陷备案资料必须按竣工验收的标准制备，作为工程竣工验收备查资料存档。质量缺陷备案表由监理单位组织填写。（4）工程项目竣工验收时，项目法人必须向验收委员会汇报并提交历次质量缺陷的备案资料。

实务操作和案例分析题六［2017年真题］

【背景资料】

某水库除险加固工程加固内容主要包括：均质土坝坝体灌浆、护坡修整、溢洪道拆除重建等。工程建设过程中发生下列事件：

事件1：在施工质量检验中，钢筋、护坡单元工程以及溢洪道底板混凝土试件三个项目抽样检验均有不合格情况。针对上述情况，监理单位要求施工单位按照《水利水电工程施工质量检验与评定规程》SL 176—2007分别进行处理并责成其进行整改。

事件2：溢洪道单位工程完工后，项目法人主持单位工程验收，并成立了由项目法人、设计、施工、监理等单位组成的验收工作组。经评定，该单位工程施工质量等级为合格，其中工程外观质量得分率为75%。

事件3：2015年汛前，该合同工程基本完工。由于当年汛期水库防汛形势险峻，为确保水库安全度汛，根据度汛方案，建设单位组织参建单位对土坝和溢洪道进行险情巡查，并制定了土坝和溢洪道工程险情巡查及应对措施预案，部分内容见表3-6。

土坝和溢洪道工程险情巡查及应对措施预案 　　　　　表3-6

序号	巡查部位	可能发生的险情种类	应对措施预案
1	上游坝坡	A	前截后导，临重于背
2	下游坝坡	B	反滤导渗，控制涌水
3	坝顶	C	转移人员、设备，加高抢护
4	坝体	D	快速转移居民，堵口抢筑
5	溢洪道闸门	E	保障电源，抢修启闭设备
6	溢洪道上下游翼墙	墙体前倾或滑移	墙后减载，加强观测

事件4：合同工程完工验收后，施工单位及时向项目法人递交了工程质量保修书，保修书中明确了合同工程完工验收情况等有关内容。

【问题】

1. 根据《碾压式土石坝施工规范》DL/T 5129—2013，简要说明土坝坝体与溢洪道岸翼墙混凝土面结合部位填筑的技术要求。

2. 针对事件1中提到的钢筋、护坡单元工程以及混凝土试件抽样检验不合格的情况，分别说明具体处理措施。

3. 根据事件2中溢洪道单位工程施工质量评定结果，请写出验收鉴定书中验收结论的主要内容。

4. 溢洪道单位工程验收工作组中，除事件2所列单位外，还应包括哪些单位的代表？单位工程验收时，有哪些单位可以列席验收会议？

5. 根据本工程具体情况，指出表3-6中A、B、C、D、E分别代表的险情种类。

6. 除合同工程完工验收情况外，工程质量保修书还应包括哪些方面的内容？

【参考答案与分析思路】

1. 土坝坝体与溢洪道岸翼墙混凝土面结合部位填筑的技术要求：

（1）填土前，混凝土表面乳皮、粉尘及其上附着杂物必须清除干净。

（2）填土与混凝土表面脱开时必须予以清除。

> 本题考查的是碾压式土石坝施工中结合部位处理的要求。防渗体与混凝土面或岩石面结合部位填筑：

（1）填土前，混凝土表面乳皮、粉尘及其上附着杂物必须清除干净。

（2）填土与混凝土表面、岸坡岩面脱开时必须予以清除。

（3）混凝土防渗墙顶部局部范围用高塑性土回填，其回填范围、回填土料的物理力学性质、含水率、压实标准应满足设计要求。

2. 对钢筋、护坡单元工程及混凝土试件抽样检验不合格情况的处理措施如下：

（1）钢筋一次抽样检验不合格时，应及时对同一取样批次另取两倍数量进行检验，如仍不合格，则该批次钢筋应当定为不合格，不得使用。

（2）单元工程质量不合格时，应按合同要求进行处理或返工重做，并经重新检验且合格后方可进行后续工程施工。

（3）混凝土试件抽样检验不合格时，应委托具有相应资质等级的质量检测机构对溢洪道底板混凝土进行检验。如仍不合格，由项目法人组织有关单位进行研究，并提出处理意见。

本题考查的是工程中出现检验不合格项目时的处理。工程中出现检验不合格的项目时，按以下规定进行处理：

（1）原材料、中间产品一次抽样检验不合格时，应及时对同一取样批次另取两倍数量进行检验，如仍不合格，则该批次原材料或中间产品应当定为不合格，不得使用。

（2）单元（工序）工程质量不合格时，应按合同要求进行处理或返工重做，并经重新检验且合格后方可进行后续工程施工。

（3）混凝土（砂浆）试件抽样检验不合格时，应委托具有相应资质等级的质量检测机构对相应工程部位进行检验。如仍不合格，由项目法人组织有关单位进行研究，并提出处理意见。

（4）工程完工后的质量抽检不合格，或其他检验不合格的工程，应按有关规定进行处理，合格后才能进行验收或后续工程施工。

3. 验收鉴定书中验收结论的主要内容：所含分部工程质量全部合格；质量事故已按要求进行处理；工程外观质量得分率为75%；单位工程施工质量检验与评定资料基本齐全；工程施工期及试运行期，单位工程观测资料分析结果符合国家和行业技术标准以及合同约定的标准要求。

本题考查的是单位工程施工质量评定标准。注意区分单位工程施工质量合格标准与优良标准的区别。

单位工程施工质量合格标准：

（1）所含分部工程质量全部合格。

（2）质量事故已按要求进行处理。

（3）工程外观质量得分率达到70%以上。

（4）单位工程施工质量检验与评定资料基本齐全。

（5）工程施工期及试运行期，单位工程观测资料分析结果符合国家和行业技术标准以及合同约定的标准要求。

单位工程施工质量优良标准：

（1）所含分部工程质量全部合格，其中70%以上达到优良等级，主要分部工程质量全部优良，且施工中未发生过较大质量事故。

（2）质量事故已按要求进行处理。

（3）外观质量得分率达到85%以上。

（4）单位工程施工质量检验与评定资料齐全。

（5）工程施工期及试运行期，单位工程观测资料分析结果符合国家和行业技术标准以及合同约定的标准要求。

4. 溢洪道单位工程验收工作组还应包括勘测、主要设备制造商和运行管理单位的代表。

质量和安全监督机构应派员列席验收会议。法人验收监督管理机关可视情况决定是否列席验收会议。

本题考查的是单位工程验收的基本要求。单位工程验收应由项目法人主持。验收工作组应由项目法人、勘测、设计、监理、施工、主要设备制造（供应）商、运行管理等单位的代表组成。法人验收监督管理机关可视情况决定是否列席验收会议，质量和安全监督机构应派员列席验收会议。

5. 表3-6中A、B、C、D、E分别代表的险情种类：A——漏洞；B——管涌；C——漫溢；D——坝体决口；E——启闭失灵。

本题考查的是堤防工程险情种类。堤防工程险情种类：漏洞险情，管涌险情，超标准洪水或有可能超过堤坝顶、崩岸险情，堤防决口等。

6. 除合同工程完工验收情况外，工程质量保修书的内容还应包括：质量保修的范围；质量保修的内容；质量保修期；质量保修责任；质量保修费用；其他。

本题考查的是工程质量保修书的内容。工程办理具体交接手续的同时，施工单位应向项目法人递交单位法定代表人签字的工程质量保修书，保修书的内容应符合合同约定的条件。保修书的主要内容有：（1）合同工程完工验收情况；（2）质量保修的范围和内容；（3）质量保修期；（4）质量保修责任；（5）质量保修费用；（6）其他。

实务操作和案例分析题七［2016年真题］

【背景资料】

某引调水枢纽工程，工程规模为中型，建设内容主要有泵站、节制闸、新筑堤防、上下游河道疏浚等，泵站地基设高压旋喷桩防渗墙，工程布置如图3-5所示。

施工中发生了如下事件：

事件1：为做好泵站和节制闸基坑土方开挖工程量计量工作，施工单位编制了土方开挖工程测量方案，明确了开挖工程测量的内容和开挖工程量计算中面积计算的方法。

事件2：高压旋喷桩防渗墙施工方案中，高压旋喷桩的主要施工内容包括：（1）钻孔；（2）试喷；（3）喷射、提升；（4）下喷射管；（5）成桩。为检验防渗墙的防渗效果，旋喷桩桩体水泥土凝固28d后，在防渗墙体中部选取一点进行钻孔注水试验。

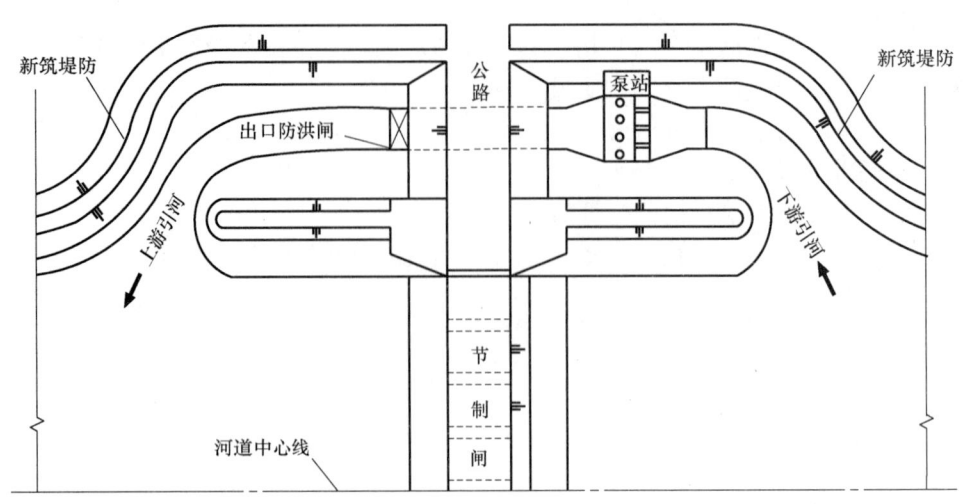

图 3-5　工程布置示意图

事件 3：关于施工质量评定工作的组织要求如下：分部工程质量由施工单位自评，监理单位复核，项目法人认定。分部工程验收质量结论由项目法人报工程质量监督机构核备，其中主要建筑物节制闸和泵站的分部工程验收质量结论由项目法人报工程质量监督机构核定。单位工程质量在施工单位自评合格后，由监理单位抽检，项目法人核定。单位工程验收质量结论报工程质量监督机构核备。

事件 4：监理单位对部分单元（工序）工程质量的复核情况见表 3-7。

部分单元（工序）工程质量的复核情况　　　　　　　　　　　　　　　表 3-7

单元工程代码	单元工程类别	单元（工序）工程质量复核情况
A	堤防填筑	土料摊铺工序符合优良质量标准。土料压实工序中主控项目检验点 100% 合格，一般项目逐项合格率为 87%~89%，且不合格点不集中
B	河道疏浚	主控项目检验点 100% 合格，一般项目逐项合格率为 70%~80%，且不合格点不集中

事件 5：闸门制造过程中，监理工程师对闸门制造使用的钢材、防腐涂料、止水材料等的质量保修书进行了查验。启闭机出厂前，监理工程师组织有关单位进行了启闭机整体组装检查和厂内有关试验。当闸门和启闭机现场安装完成后，进行联合试运行和相关试验。

【问题】

1. 事件 1 中，基坑土方开挖工程测量包括哪些工作内容？开挖工程量计算中面积计算的方法有哪些？

2. 指出事件 2 中高压旋喷桩施工程序（以编号和箭头表示）；指出并改正该事件中防渗墙注水试验做法的不妥之处。

3. 指出事件 3 中分部工程质量评定的不妥之处，并说明理由。改正单位工程质量评定的错误之处。

4. 根据事件 4，指出单元工程 A 中土料压实工序的质量等级，并说明理由；分别指出单元工程A、B的质量等级，并说明理由。

5. 事件5中，闸门制造使用的材料中还有哪些需要提供质量保修书？启闭机出厂前应进行什么试验？闸门和启闭机联合试运行应进行哪些试验？

【参考答案与分析思路】

1. 基坑土方开挖工程测量的工作内容包括：

（1）开挖区原始地形图和原始断面图测量。

（2）开挖轮廓点放样。

（3）开挖过程中，测量收方断面图或地形图。

（4）开挖竣工地形、断面测量和工程量测量。

面积计算的方法可采用解析法或图解法（求积仪）。

> 本题考查的是开挖工程测量的内容及开挖工程量面积计算方法。该考点重复考查的概率不大，主要考查考生对考试用书中细节知识点的掌握。
>
> 开挖工程测量的内容包括：开挖区原始地形图和原始断面图测量；开挖轮廓点放样；开挖竣工地形、断面测量和工程量测算。
>
> 开挖工程量的结算应以测量收方的成果为依据。开挖工程量的计算中面积计算方法可采用解析法或图解法（求积仪）。

2. 高压旋喷桩的施工程序为：（1）→（2）→（4）→（3）→（5）。

事件2中防渗墙注水试验做法不妥之处：在防渗墙体中部选取一点钻孔进行注水试验。

改正：应在旋喷桩防渗墙水泥凝固前，在指定的防渗墙位置贴接加厚单元墙，待凝固28d后，在防渗墙和加厚单元墙中间钻孔，进行现场注水试验。试验点数不少于3点。

> 本题考查的是高压旋喷桩施工程序及注水试验的内容。
>
> 高压喷射灌浆的施工程序如图3-6所示。
>
> 注水试验是在水泥土凝固前，在指定的防渗墙位置贴接加厚单元墙，待凝固28d后，在两墙中间钻孔，进行现场注水试验。试验点数不少于3点。本试验可直观地测得设计防渗墙厚度处的渗透系数。本例中在防渗墙体中部选取一点钻孔进行注水试验不妥，应在两墙中间钻孔，进行现场注水试验。

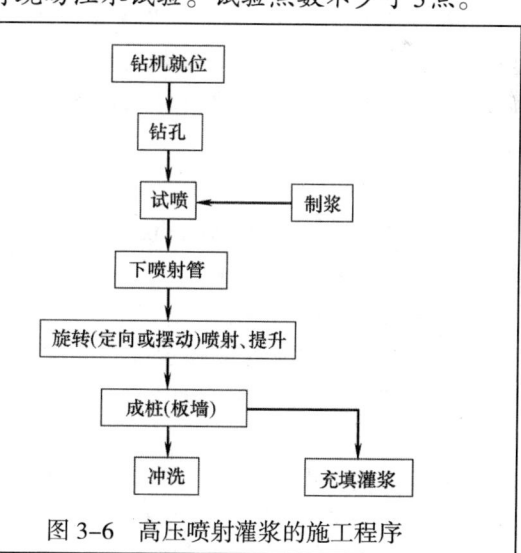

图3-6 高压喷射灌浆的施工程序

3. 事件3中分部工程质量评定的不妥之处、理由及改正如下：

不妥之处：主要建筑物节制闸和泵站的分部工程验收质量结论由项目法人报工程质量监督机构核定。

理由：本枢纽工程为中型枢纽工程，应报工程质量监督机构核备。大型枢纽工程的主要建筑物的分部工程验收质量结论由项目法人报工程质量监督机构核定。

改正：单位工程质量，在施工单位自评合格后，由监理单位复核，项目法人认定。单位工程验收的质量结论由工程质量监督机构核定。

> 本题考查的是分部工程和单位工程质量评定工作的组织要求。
>
> 分部工程质量，在施工单位自评合格后，报监理单位复核，项目法人认定。分部工程验收的质量结论由项目法人报质量监督机构核备。大型枢纽工程主要建筑物的分部工程验收的质量结论由项目法人报工程质量监督机构核定。
>
> 单位工程质量，在施工单位自评合格后，由监理单位复核，项目法人认定。单位工程验收的质量结论由项目法人报质量监督机构核定。

4. 土料压实工序质量等级为合格，因为一般项目合格率＜90%。

A单元工程质量等级为合格，因为该单元工程一般项目逐项合格率为87%～89%（大于70%，而小于90%）、主要工序（或土料压实工序）合格，未达到优良等级标准。

B单元工程质量等级为不合格，因为该单元工程为河道疏浚工程，逐项应有90%及以上的检验点合格。

> 本题考查的是单元（工序）工程质量评定标准。分部工程、单位工程、单元工程、工序施工质量评定标准是重要考核内容，要牢记。
>
> 不划分工序单元工程施工质量评定分为合格和优良两个等级，其标准如下：
>
> （1）合格等级标准
>
> ① 主控项目，检验结果应全部符合《水利水电工程单元工程施工质量验收评定标准》系列规范的要求。
>
> ② 一般项目，逐项应有70%及以上的检验点合格，且不合格点不应集中；对于河道疏浚工程，逐项应有90%及以上的检验点合格，且不合格点不应集中。
>
> ③ 各项报验资料应符合《水利水电工程单元工程施工质量验收评定标准》系列规范的要求。
>
> （2）优良等级标准
>
> ① 主控项目，检验结果应全部符合《水利水电工程单元工程施工质量验收评定标准》系列规范的要求。
>
> ② 一般项目，逐项应有90%及以上的检验点合格，且不合格点不应集中；对于河道疏浚工程，逐项应有95%及以上的检验点合格，且不合格点不应集中。
>
> ③ 各项报验资料应符合《水利水电工程单元工程施工质量验收评定标准》系列规范的要求。
>
> 土料压实工序质量等级为合格，因为一般项目合格率小于90%。A单元工程质量等级合格，因为单元工程工序优良率为50%，主要工序（或土料压实工序）合格。
>
> 因为B单元工程的为河道疏浚工程，逐项应有90%及以上的检验点合格。所以B单元工程质量等级为不合格。

5. 闸门制造使用的材料中还需要提供质量保修书的有闸门制造使用的焊材、标准件和非标准件。

启闭机出厂前应进行空载模拟试验（或额定荷载试验）。

闸门和启闭机联合试运行应进行电气设备试验、无载荷试验（或无水启闭试验）和载荷试验（或动水启闭试验）。

> 本题考查的是闸门、启闭机的相关内容。
>
> 闸门的制造包括闸门的门叶和埋件两部分。闸门及埋件制造前：应具备闸门及埋件总图、装配图及零件图，制造使用的钢材、焊材、防腐材料有出厂质量证书并复试合格，标准件和非标准件质量符合国家标准。
>
> 启闭机应在工厂进行整体组装，出厂前应做空载模拟试验，有条件的应做额定荷载试验，经检查合格后，方能出厂。
>
> 闸门和启闭机联合试运行应进行电气设备试验、无载荷试验（或无水启闭试验）和载荷试验（或动水启闭试验）。

实务操作和案例分析题八［2016年真题］

【背景资料】

某水电站枢纽工程由碾压式混凝土重力坝、坝后式电站、溢洪道等建筑物组成；其中重力坝最大坝高46m，坝顶全长290m；电站装机容量为20万kW，采用地下升压变电站。某施工单位承担该枢纽工程施工，工程施工过程中发生如下事件：

事件1：地下升压变电站项目划分为一个单位工程，其中包含开关站（土建）、其他电气设备安装、操作控制室等分部工程。

事件2：施工单位根据本工程特点进行了施工总布置，确定施工分区规划布置应遵守的部分原则如下：

（1）金属结构、机电设备安装场地宜靠近主要安装地点。

（2）施工管理及生活营区的布置应考虑风向、日照等因素，与生产设施有明显界限。

（3）主要物资仓库、站场等储运系统宜布置在场内外交通衔接处。

事件3：开工前，施工单位在现场设置了混凝土制冷（热）系统等主要施工工厂设施。

事件4：施工单位根据《水利水电工程施工组织设计规范》SL 303—2004计算本工程混凝土生产系统单位小时生产能力P，相关参数为：高峰月混凝土浇筑强度为15万m^3，每月工作日数取25d，每日工作时数取20h，小时不均匀系数取1.5。

事件5：本枢纽工程导（截）流验收前，经检查，验收条件全部具备，其中包括：

（1）截流后壅高水位以下的移民搬迁及库底清理已完成并通过验收。

（2）碍航问题已得到解决。

（3）满足截流要求的水下隐蔽工程已完成等。

项目法人主持进行了该枢纽工程导（截）流验收，验收委员会由竣工验收主持单位、设计单位、监理单位、质量和安全监督机构、地方人民政府有关部门、运行管理单位的代表及相关专家等组成。

【问题】

1. 根据《水利水电工程施工质量检验与评定规程》SL 176—2007，指出事件1中该单位工程应包括的其他分部工程名称；该单位工程的主要分部工程是什么？

2. 指出事件2中施工分区规划布置还应遵守的其他原则。

3. 结合本工程具体情况，事件3中主要施工工厂设施还应包括哪些？

4. 计算事件4中混凝土生产系统单位小时生产能力 P。

5. 根据《水利水电建设工程验收规程》SL 223—2008，补充说明事件5中导（截）流验收具备的其他条件。

6. 根据《水利水电建设工程验收规程》SL 223—2008，指出并改正事件5中导（截）流验收组织的不妥之处。

【参考答案与分析思路】

1. 事件1中其他分部工程包括：变电站（土建）、主变压器安装、交通洞。

事件1中单位工程的主要分部工程是：主变压器安装。

> 本题考查的是主要分部工程的概念。分部工程指在一个建筑物内能组合发挥一种功能的建筑安装工程，是组成单位工程的部分。对单位工程安全性、使用功能或效益起决定性作用的分部工程称为主要分部工程。本例中，主要分部工程是主变压器安装。其他分部工程包括：变电站（土建）、主变压器安装、交通洞。

2. 施工分区规划布置还应遵守以下原则：

（1）因本工程是以混凝土建筑物为主的枢纽工程，故施工分区布置应以砂石料加工和混凝土生产系统为主。

（2）还应考虑施工对周围环境的影响，避免噪声、粉尘等污染对敏感区的危害。

> 本题考查的是施工分区规划布置原则。解答这类问题的时候要注意，看清背景资料中所给的原则，只需要回答未包括在内的原则即可。施工分区规划布置原则包括：
>
> （1）以混凝土建筑物为主的枢纽工程，施工区布置宜以砂、石料的开采、加工和混凝土的拌合、浇筑系统为主；以当地材料坝为主的枢纽工程，施工区布置宜以土石料采挖和加工、堆料场和上坝运输线路为主。
>
> （2）机电设备、金属结构安装场地宜靠近主要安装地点。
>
> （3）施工管理及生活营区的布置考虑风向、日照、噪声、绿化、水源水质等因素，与生产设施应有明显界限。
>
> （4）主要物资仓库、站场等储运系统宜布置在场内外交通衔接处。
>
> （5）施工分区规划布置考虑施工活动对周围环境的影响，避免噪声、粉尘等污染对敏感区（如学校、住宅区等）的危害。

3. 事件3中主要施工工厂设施还应有：

（1）混凝土生产系统。

（2）砂石料加工系统。

（3）风、水、电、通信及照明系统。

（4）综合加工厂（钢筋加工厂、木材加工厂、混凝土预制构件厂）。

（5）机械修配厂。

> 本题考查的是施工工厂设施。结合本工程具体情况，主要施工工厂设施包括：砂石料加工系统；混凝土生产系统；混凝土制冷（热）系统；风、水、电、通信及照明系统；综合加工厂（钢筋加工厂、木材加工厂、混凝土预制构件厂）；机械修配厂。各系统设

施的具体内容应熟悉，也是常考点。

4. 混凝土生产系统单位小时生产能力 $P = \dfrac{1.5 \times 150000}{25 \times 20} = 450\text{m}^3/\text{h}$

本题考查的是混凝土生产系统单位小时生产能力的计算。《水利水电工程施工组织设计规范》SL 303—2004现已被《水利水电工程施工组织设计规范》SL 303—2017替代。混凝土浇筑系统单位小时生产能力的计算公式为：

$$P = K_h Q_m / MN$$

式中：P——混凝土系统所需单位小时生产能力（m^3/h）；

$\quad\quad K_h$——小时不均匀系数，一般取1.5；

$\quad\quad Q_m$——高峰月混凝土浇筑强度（$\text{m}^3/$月）；

$\quad\quad M$——月工作日数（d），一般取25d；

$\quad\quad N$——日工作时数（h），一般取20h。

直接将事件4中所给条件数值带入公式，$P = \dfrac{1.5 \times 150000}{25 \times 20} = 450\text{m}^3/\text{h}$。

5. 导（截）流验收还应具备的条件有：

（1）导流工程已基本完成并具备过流条件。

（2）截流设计已获批准，截流方案已编制完成。

（3）度汛方案已经有管辖权的防汛指挥部门批准。

（4）验收文件、资料已齐全、完整。

本题考查的是枢纽工程导（截）流验收。导（截）流验收应具备以下条件：

（1）导流工程已基本完成，具备过流条件，投入使用（包括采取措施后）不影响其他未完工程继续施工。

（2）满足截流要求的水下隐蔽工程已完成。

（3）截流设计已获批准，截流方案已编制完成，并做好各项准备工作。

（4）工程度汛方案已经有管辖权的防汛指挥部门批准，相关措施已落实。

（5）截流后壅高水位以下的移民搬迁安置和库底清理已完成并通过验收。

（6）有航运功能的河道，碍航问题已得到解决。

（7）验收文件、资料已齐全、完整。

6. 事件5中导（截）流验收组织的不妥之处及改正如下：

（1）不妥之处：项目法人主持进行了该枢纽工程导（截）流验收。

改正：应由竣工验收主持单位或其委托的单位主持。

（2）不妥之处：设计、监理单位的代表为验收委员会成员。

改正：应是被验收单位。

本题考查的是导（截）流验收组织。导（截）流验收属于阶段验收。阶段验收应由竣工验收主持单位或其委托的单位主持。阶段验收委员会应由验收主持单位、质量和安全监督机构、运行管理单位的代表以及有关专家组成；必要时，可邀请地方人民政府以及有关部门参加。工程参建单位应派代表参加阶段验收，并作为被验收单位在验收鉴定书上签字。

实务操作和案例分析题九［2015年真题］

【背景资料】

某水库枢纽工程由大坝、溢洪道、电站等组成。大坝为均质土坝，最大坝高35m，土方填筑设计工程量为200万m^3，设计压实度为97%。建设过程中发生如下事件：

事件1：溢洪道消力池结构如图3-7所示，反滤层由小石（5～20mm）、中粗砂和中石（20～40mm）构成。施工单位依据《水闸施工规范》SL 27—2014的有关规定，制定了反滤层施工方案和质量检查要点。

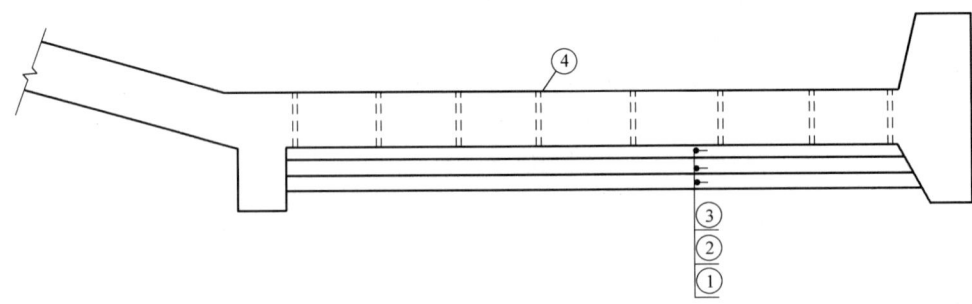

图3-7　溢洪道消力池结构示意图

事件2：大坝工程施工前，施工单位对大坝料场进行复查，复查结果为：土料的天然密度为1.86g/cm^3，含水率为24%，最大干密度为1.67g/cm^3，最优含水率为21.2%。

事件3：溢洪道施工前，施工单位对进场的钢筋、水泥和止水橡皮等原材料进行了复检。

事件4：根据《水利水电工程施工质量检验与评定规程》SL 176—2007中关于施工质量评定工作的组织要求，相关单位对重要隐蔽单元工程进行了质量评定。

事件5：建设过程中，项目法人按照《水利水电建设工程验收规程》SL 223—2008的规定，组织了水电站工程单位工程验收，施工单位、监理单位和设计单位作为被验收单位参加了验收会议。

【问题】

1. 根据事件1，指出消力池结构示意图中①、②、③、④代表的填筑材料（或构造）名称；说明反滤层施工质量检查的要点。

2. 根据事件2，计算土坝填筑需要的自然土方量是多少万m^3（不考虑富余、损耗及沉降预留，计算结果保留1位小数）。

3. 根据《碾压式土石坝施工规范》DL/T 5129—2013，除事件2中给出的内容外，料场复查还应包括哪些主要内容？

4. 根据《水闸施工规范》SL 27—2014及相关规定，指出事件3中钢筋复检的内容。

5. 指出事件4中关于重要隐蔽单元工程质量评定工作的组织要求。

6. 指出事件5中的不妥之处，并说明理由。

【参考答案与分析思路】

1. 消力池结构示意图中，①为中粗砂，②为小石，③为中石，④为排水孔（或冒水孔）。

反滤层施工质量检查要点包括：反滤料的厚度、粒径、级配、含泥量；相邻层面铺筑时避免混杂。

本题考查的是消力池结构及反滤层施工质量检查要点。反滤层压盖应选用透水性好的砂石、土工织物、梢料等材料，切忌使用不透水材料。反滤层 ① 为中粗砂，② 为小石，③ 为中石，④ 为排水孔。

对于反滤层铺填的厚度、是否混有杂物、填料的质量及颗粒级配等应全面检查。通过颗粒分析，查明反滤层的层间系数（D_{50}/d_{50}）和每层的颗粒不均匀系数（d_{60}/d_{10}）是否符合设计要求。

2. 大坝料场土的天然干密度＝1.86÷（1＋24%）＝1.50g/cm³ 或1.50t/m³；设计干密度＝1.67×97%＝1.62g/cm³ 或1.62t/m³。根据干土质量相等，设土坝填筑需要的自然土方量为 x 万 m³，则1.50×x＝1.62×200万 m³，解得 x＝216.0万 m³。

本题考查的是土坝填筑自然土方量的计算。土料的天然密度为1.86g/cm³，含水率为24%，则天然干密度＝1.86÷（1＋24%）＝1.50g/cm³，设计最大干密度应以击实最大干密度乘以压实度求得，则设计最大干密度＝1.67×97%＝1.62g/cm³。设土坝填筑需要的自然土方量为 x 万 m³，则：

$$天然干密度 \times 自然土方量＝设计最大干密度 \times 设计工程量$$
$$1.50 \times x＝1.62 \times 200$$
$$x＝216.0 万 m^3$$

3. 料场复查还应包括以下几方面内容：
（1）覆盖层或剥离层厚度。
（2）料场的分布、开采及运输条件。
（3）料场的水文地质条件。
（4）料场的可用料层厚度、分布情况和有效储量。

本题考查的是料场复查的内容。根据《碾压式土石坝施工规范》DL/T 5129—2013，料场复查包括以下内容：
（1）覆盖层或玻璃层厚度、料层的地质变化及夹层的分布情况。
（2）坝料分布、开采、加工及运输条件。
（3）料场的水文地质条件与汛期水位的关系。
（4）料场的开采范围、占地面积、弃料数量以及可用料层厚度和有效储量。
（5）坝料的物理力学性质及压实特性。
（6）料场地质灾害和环境问题的调查和分析。

4. 钢筋复检的内容包括：拉力（或强度）、延伸率、冷弯、重量偏差、直径偏差。

本题考查的是钢筋复检的内容。屈服强度、极限强度、伸长率和冷弯性能是有物理屈服点钢筋进行质量检验的四项主要指标，而对无物理屈服点的钢筋则只测定后三项。到货钢筋应分批检查每批钢筋的外观质量，查看锈蚀程度及有无裂缝、结疤、麻坑、气泡、砸碰伤痕等，并应测量钢筋的直径。在拉力检验项目中，包括屈服点、抗拉强度和伸长率三个指标，如有一个指标不符合规定，即认为拉力检验项目不合格。

5. 重要隐蔽单元工程及关键部位单元工程质量经施工单位自评合格、监理单位抽检后，由项目法人（或委托监理）、监理、设计、施工、工程运行管理（施工阶段已经有时）等单位组成联合小组，共同检查核定其质量等级并填写签证表，报工程质量监督机构核备。

本题考查的是重要隐蔽单元工程质量评定工作的组织要求。根据《水利水电工程施工质量检验与评定规程》SL 176—2007规定，重要隐蔽单元工程及关键部位单元工程质量经施工单位自评合格、监理单位抽检后，由项目法人（或委托监理）、监理、设计、施工、工程运行管理（施工阶段已经有时）等单位组成联合小组，共同检查核定其质量等级并填写签证表，报工程质量监督机构核备。

6. 事件5中的不妥之处及理由如下：

不妥之处：施工单位、监理单位和设计单位作为被验收单位参加了验收会议。

理由：施工单位、监理单位和设计单位是验收单位，而不是被验收单位。

本题考查的是《水利水电建设工程验收规程》SL 223—2008关于单位工程验收的规定。单位工程验收应由项目法人主持。验收工作组应由项目法人、勘测、设计、监理、施工、主要设备制造（供应）商、运行管理等单位的代表组成。所以施工单位、监理单位和设计单位是验收组成员单位，而不是被验收单位。

实务操作和案例分析题十［2014年真题］

【背景资料】

某堤防除险加固工程，堤防级别为1级。该工程为地方项目，项目法人由某省某市水行政主管部门组建，质量监督机构为该市水利工程质量监督站。该项目中一段堤防退建工程为一个施工合同段，全长2.0km，为黏性土料均质堤，由某施工单位承建。该合同签约合同价为1460万元，主要工程内容、工程量及工程价款见表3-8。

主要工程内容、工程量及工程价款   表3-8

序号	工程内容	工程量	工程价款（万元）	备注
1	土方填筑	44.8万 m^3	672.0	
2	混凝土护坡	5600 m^3	260.0	
3	堤顶道路	16000 m^2	178.0	
4	草皮护坡（满铺马尼拉草皮）	36000 m^2	108.0	

施工过程中发生了如下事件：

事件1：施工单位根据现场具体情况，将土方填筑、混凝土护坡、堤顶道路、草皮护坡工程施工分别划分为4个、2个、2个、2个作业组，具体情况见表3-9。

主体工程开工前，项目法人组织监理、设计、施工等单位对本合同段工程进行了项目划分。分部工程项目划分时，要求同种类分部工程的工程量差值不超过50%，不同种类分部工程的投资差额不超过1倍。

序号	作业组编号		桩号（内容）	工程量	工程价款（万元）	备注
1	土方填筑	T-A	36＋000～36＋560	12.6万m³	189.0	
2		T-B	36＋560～36＋980	10.2万m³	153.0	
3		T-C	36＋980～37＋540	12.2万m³	183.0	
4		T-D	37＋540～38＋000	9.8万m³	147.0	
5	混凝土护坡	H-A	36＋000～36＋950	2900m³	134.6	
6		H-B	36＋950～38＋000	2700m³	125.4	
7	堤顶道路	L-A	基层、底基层组	16000m²	58.0	
8		L-B	路面组	16000m²	120.0	
9	草皮护坡	P-A	36＋000～37＋000	18500m²	55.5	
10		P-B	37＋000～38＋000	17500m²	52.5	

事件2：因现有水利水电工程单元工程质量评定标准中无草皮护坡质量标准，施工单位在开工前组织编制了草皮护坡工程质量标准，由本工程质量监督机构批准后实施。

事件3：工程开工后，施工单位按规范规定对土质堤基进行了清理。

事件4：土方填筑开工前，对料场土样进行了击实试验，得出土料最大干密度为1.60g/cm³，设计压实度为95%。某土方填筑单元工程的土方填筑碾压工序干密度检测结果见表3-10，表中不合格点分布不集中；该工序一般项目检测点合格率为92%，且不合格点不集中；各项报验资料均符合要求。

序号	1	2	3	4	5	6	7	8	9	10
ρ_d（g/cm³）	1.60	1.59	1.55	1.53	1.51	1.57	1.60	1.58	1.49	1.52
序号	11	12	13	14	15	16	17	18	19	20
ρ_d（g/cm³）	1.56	1.57	1.54	1.59	1.58	1.48	1.59	1.56	1.55	1.53

事件5：施工至2013年5月底，本合同段范围内容的工程项目已全部完成，所包括的分部工程已通过了验收，设计要求的变形观测点已测得初始值并在施工期进行了观测，施工中未发生质量缺陷。据此，施工单位向项目法人申请合同工程完工验收。

【问题】

1. 根据背景资料，请指出本合同段单位工程、分部工程项目划分的具体结果，并简要说明堤防工程中单位工程、分部工程项目划分原则。

2. 根据《水利水电工程施工质量评定表填表说明与示例（试行）》（办建管〔2002〕182号），指出并改正事件2的不妥之处。

3. 根据《堤防工程施工规范》SL 260—2014，说明事件3堤防清基的主要技术要求。

4. 根据《水利水电工程单元工程施工质量验收评定标准——堤防工程》SL 634—2012，评定事件4中碾压工序的质量等级并说明理由。

5. 根据《水利水电建设工程验收规程》SL 223—2008，除事件5所述内容外，合同工程完工验收还应具备哪些条件？

【参考答案与分析思路】

1. 本合同段单位工程、分部工程项目划分的具体结果及堤防工程中单位工程、分部工程项目划分原则如下：

（1）本工程项目划分为1个单位工程、8个分部工程，分部工程分别为：

土方填筑、混凝土护坡按作业组、桩号分别划分为4个、2个分部工程，堤顶道路、草皮护坡划分为1个、1个分部工程。

（2）堤防工程中单位工程按招标标段或工程结构进行项目划分；堤防工程中分部工程按长度或组合功能进行项目划分；每个单位工程中的分部工程数目不宜少于5个。

> 本题考查的是单位工程、分部工程项目的划分。
>
> （1）本工程项目划分为1个单位工程、8个分部工程。分部工程分别为：土方填筑、混凝土护坡按作业组、桩号分别划分为4个、2个分部工程，堤顶道路划分为1个分部工程，草皮护坡划分为1个分部工程。
>
> （2）堤防工程中单位工程按招标标段或工程结构进行项目划分；堤防工程中分部工程按长度或组合功能进行项目划分；每个单位工程中的分部工程数目不宜少于5个。

2. 事件2的不妥之处及改正如下：

（1）不妥之处：施工单位组织编制本工程草皮护坡的质量标准。

改正：应由项目法人组织监理、设计和施工单位编制本工程草皮护坡的质量标准。

（2）不妥之处：本工程质量监督机构批准该工程草皮护坡的质量标准。

改正：应经省级水行政主管部门或其委托的质量监督机构批准。

> 本题考查的是有关施工质量评定工作的组织要求。单元（工序）工程质量在施工单位自评合格后，报监理单位复核，由监理工程师核定质量等级并签证认可。

3. 事件3中堤防清基的主要技术要求：

（1）堤基基面清理范围边界应在设计基面边线外50cm。

（2）堤基表层不合格土、杂物等应予以清除。

（3）堤基范围内的坑、槽、沟等应按设计要求处理。

（4）堤基开挖、清除的弃土、杂物、废渣等均应运到指定的场地堆放。

（5）基面清理平整后应及时报验。

（6）基面验收后应及时施工。

> 本题考查的是堤防清基的技术要求。根据《堤防工程施工规范》SL 260—2014规定，堤防清基应满足下列要求：
>
> （1）堤基基面清理范围包括堤身、铺盖、压载的基面，其边界应在设计基面边线外50cm。
>
> （2）堤基表层不合格土、杂物等应予清除；堤基范围内的坑、槽、沟以及水井、地道、墓穴等地下建筑物，应按设计要求处理。
>
> （3）堤基开挖、清除的弃土、杂物、废渣等均应运到指定场地堆放。

（4）基面清理平整后应及时报验；基面验收后应及时施工，若不能立即施工，应做好基面保护，复工前应再检验，必要时必须重新清理。

4. 事件4中碾压工序的质量等级为：合格。

理由：设计干密度为 $1.60 \times 95\% = 1.52 \mathrm{g/cm^3}$。

碾压工序主控项目即为压实度（干密度），该工序的干密度合格率为 $17/20 = 85\%$，不合格的3个（$1.48 \mathrm{g/cm^3}$、$1.49 \mathrm{g/cm^3}$、$1.51 \mathrm{g/cm^3}$）均大于设计干密度（$1.52 \mathrm{g/cm^3}$）的96%，且不集中，故符合《水利水电工程单元工程施工质量验收评定标准——堤防工程》SL 634—2012合格标准的规定（黏性土料、1级堤防压实度合格率大于等于85%且小于90%为合格）。

一般检测项目检测合格率虽然为92%，大于90%，但因主控项目仅符合合格标准要求，故该工序质量等级为合格。

> 本题考查的是工序的质量等级评定要求。该考点为易考点。设计干密度为 $1.60 \times 95\% = 1.52 \mathrm{g/cm^3}$。碾压工序主控项目即为压实度（干密度），该工序的干密度合格率为 $17 \div 20 = 85\%$，不合格的3个（$1.49 \mathrm{g/cm^3}$、$1.48 \mathrm{g/cm^3}$、$1.51 \mathrm{g/cm^3}$）均大于设计干密度（$1.52 \mathrm{g/cm^3}$）的96%（$1.52 \times 96\% = 1.46 \mathrm{g/cm^3}$），且不集中，故符合《水利水电工程单元工程施工质量验收评定标准——堤防工程》SL 634—2012合格标准的规定（黏性土料、1级堤防压实度合格率大于等于85%且小于90%为合格）。一般检测项目检测合格率虽然为92%＞90%，但因主控项目仅符合合格标准要求，故该工序质量等级为合格。

5. 合同工程完工验收还应具备条件有：

（1）工程完工结算已完成。

（2）施工现场已经进行清理。

（3）需移交项目法人的档案资料已按要求整理完毕。

> 本题考查的是合同工程完工验收应具备的条件。合同工程完工验收应具备以下条件：（1）合同范围内的工程项目已按合同约定完成；（2）工程已按规定进行了有关验收；（3）观测仪器和设备已测得初始值及施工期各项观测值；（4）工程质量缺陷已按要求进行处理；（5）工程完工结算已完成；（6）施工现场已经进行清理；（7）需移交项目法人的档案资料已按要求整理完毕；（8）合同约定的其他条件。

典 型 习 题

实务操作和案例分析题一

【背景资料】

某堤防工程，堤顶为4m宽混凝土路面。项目划分时工程项目作为一个单位工程，100m划分为一个分部工程，共划分为12个分部工程。工程施工过程中发生如下事件：

事件1：某混凝土路面单元工程由于混凝土强度不满足要求，质量评定为不合格，经加固补强后造成永久性质量缺陷，但不影响使用，质量评定为优良。

事件2：某分部工程包含40个单元工程，其中30个单元工程质量评定为优良；10个关键单元工程中，8个质量评定为优良。施工中未发生过质量事故。混凝土试件质量优良。

事件3：该堤防工程，12个分部工程全部合格，其中10个分部工程质量评定为优良。2个重要分部工程全部为优良。施工过程中，土方工程发生过一次质量事故，造成直接经济损失50万元。工程所有质量与检验质量齐全；堤防沉降监测资料等监测资料齐全。

事件4：单位工程外观质量评定见表3-11。

单位工程外观质量评定表 表3-11

单位工程名称	×××堤防		施工单位		第×工程局		
主要工程量	18750m³		评定日期		×年×月×日		
项次	项目	标准分（分）	评定得分（分）				备注
			一级 100%	二级 90%	三级 70%	四级 0	
1	外部尺寸	30		26.0			
2	轮廓线	10		8.0			
3	表面平整度	10		8.0			
4	曲面与平面联结	5			3.5		
5	排水	5			3.5		
6	上堤马道	3		2.7			
7	堤顶附属设施	5		4.0			
8	防汛备料堆放	5	5.0				
9	草皮	8		6.4			
10	植树	8		—			
11	砌体排列	5		—			
12	砌缝	10		—			

事件5：工程项目质量评定由施工单位自评为合格，监理单位复核，报质量监督机构核定。

【问题】

1. 指出事件1的不妥之处，并说明理由。

2. 阐述质量缺陷的处理程序。

3. 根据事件2确定该分部工程的质量等级，并说明理由。

4. 请根据事件3和事件4，计算该工程外观质量得分率，并确定该工程质量等级，并说明理由。

5. 指出事件5的不妥之处，并说明理由。

【参考答案】

1. 事件1的不妥之处：将具有永久性质量缺陷的混凝土单元工程评定为优良等级。

理由：经加固补强造成永久性质量缺陷的，经项目法人、监理及设计单位确认能基本满足设计要求，其质量可定为合格，但应按规定进行质量缺陷备案。

2. 质量缺陷备案表由监理单位组织填写，内容应真实、准确、完整。各工程参建单位代表应在质量缺陷备案表上签字，若有不同意见应明确记载。质量缺陷备案表应及时报工程质量监督机构备案。

3. 该分部工程的质量等级为：合格。

理由：关键单元工程质量优良率为80%，达不到90%的要求，故只能评为合格。

4. 该工程外观质量得分率＝∑评定得分／∑标准分＝（26.0＋8.0＋8.0＋3.5＋3.5＋2.7＋4.0＋5.0＋6.4）／（30＋10＋10＋5＋5＋3＋5＋5＋8）＝82.8%

确定该工程质量等级为：合格。

理由：根据《水利工程质量事故处理暂行规定》（中华人民共和国水利部令第9号），土方工程事故为较大质量事故，不符合单位工程质量优良标准中"未发生过较大质量事故的要求"。

5. 事件5的不妥之处：工程项目质量等级评定程序不妥。

理由：工程项目质量，在单位工程质量评定合格后，由监理单位进行统计并评定工程项目质量等级，经项目法人认定后，报工程质量监督机构核定。

实务操作和案例分析题二

【背景资料】

某中型进水闸工程，共9孔，每孔净宽10m。闸底板前趾底部布置一道混凝土防渗墙；下游防冲槽处自然地面高程为16.800m，地下水水位为16.000m，建基面高程为11.000m。工程施工过程中发生如下事件：

事件1：工程工期22个月，全年施工，上游采用黏土围堰，围堰的设计洪水标准为5年一遇，上游水位为20.400m，波浪爬高1.1m，安全超高0.5m。

事件2：项目法人质量安全检查中发现施工现场存在以下问题：

（1）施工现场专用的电源中性点直接接地的低压配电系统未采用TN-S接零保护系统。

（2）围堰位移及渗流量超过设计要求，且无有效管控措施。

（3）项目部安全管理制度不健全。

事件3：翼墙混凝土浇筑过程中，因固定模板的对拉螺杆断裂造成模板"炸模"倾倒，施工单位及时清理后重新施工，事故造成直接经济损失22万元，延误工期14d。事故调查分析处理程序如图3-8所示，图中"原因分析""事故调查""制定处理方案"三个工作环节未标注。

【问题】

1. 根据《水利水电工程等级划分及洪水标准》SL 252—2017，确定该水闸工程主要建筑

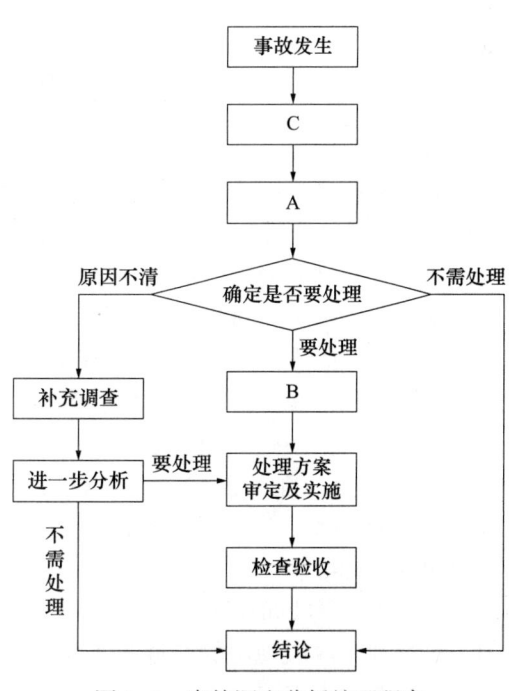

图3-8 事故调查分析处理程序

物及上游围堰的建筑物级别。确定事件1中上游围堰顶高程。

2. 简述闸基混凝土防渗墙质量检查的主要内容。

3. 根据《水利水电工程施工安全管理导则》SL 721—2015，本工程需要编制专项施工方案的危险性较大的单项工程有哪些？其中需要组织专家进行审查论证的单项工程有哪些？

4. 根据《水利工程生产安全重大事故隐患清单指南（2023年版）》（办监督〔2023〕273号），事件2检查发现的安全问题中，可直接判定为重大事故隐患的有哪些？

5. 根据《水利工程质量事故处理暂行规定》（中华人民共和国水利部令第9号），判定事件3发生的质量事故类别，指出图3-8中A、B、C分别代表的工作环节内容。

【参考答案】

1. 水闸工程主要建筑物的级别是3级，上游围堰的建筑物级别是5级。

上游围堰顶高程：$20.400 + 1.1 + 0.5 = 22.000$m

2. 闸基混凝土防渗墙质量检查的主要内容：墙体物理力学性能指标，墙段接缝和可能存在的缺陷。

3. 需要编制专项施工方案的危险性较大的单项工程有：土方开挖工程，基坑降水工程，围堰工程，临时用电工程。

需要组织专家进行审查论证的单项工程有：土方开挖工程，基坑降水工程。

4. 可直接判定为重大事故隐患的有：（1）施工现场专用的电源中性点直接接地的低压配电系统未采用TN-S接零保护系统；（2）围堰位移及渗流量超过设计要求，且无有效管控措施。

5. 事件3发生的质量事故类别是一般质量事故。

图中A、B、C分别代表的工作环节内容：A：原因分析；B：制定处理方案；C：事故调查。

实务操作和案例分析题三

【背景资料】

某水利枢纽工程包括节制闸和船闸工程，工程所在地区每年5—9月为汛期。项目于2014年9月开工，计划2017年1月底完工。项目划分为节制闸和船闸两个单位工程。根据设计要求，节制闸闸墩、船闸侧墙和底板采用C25、F100、W4混凝土。

本枢纽工程施工过程中发生如下事件：

事件1：根据合同要求，进场钢筋应具有出厂质量证明书或试验报告单，每捆钢筋均应挂上标牌，标牌上应标明厂标等内容。

事件2：船闸单位工程共有20个分部工程，分部工程质量全部合格，其中优良分部工程16个；主要分部工程10个，工程质量全部优良。施工过程中未发生质量事故。外观质量得分率为86.5%，质量检验评定资料齐全，工程观测分析结果符合国家和行业标准以及合同约定的标准。

事件3：项目如期完工，计划于2017年汛前进行竣工验收。施工单位在竣工图编制中，对由预制改成现浇的交通桥工程，直接在原施工图上注明变更的依据，加盖并签署竣工图章后作为竣工图。

【问题】

1. 背景资料中C25、F100、W4分别表示混凝土的哪些指标？其中数值25、100、4的含义分别是什么？

2. 除厂标外，指出事件1中钢筋标牌上应标注的其他内容。

3. 依据《水利水电工程施工质量检验与评定规程》SL 176—2007，单位工程施工质量优良标准中，对分部工程质量、主要分部工程质量及外观质量方面的要求分别是什么？根据事件2提供的资料，说明船闸单位工程的质量等级。

4. 依据《水利水电建设工程验收规程》SL 223—2008和《水利工程建设项目档案管理规定》（水办〔2021〕200号）的规定，指出并改正事件3中的不妥之处。

【参考答案】

1. C25表示混凝土强度等级的指标，25表示混凝土立方体抗压强度标准值为25MPa。

F100表示混凝土抗冻性的指标，100表示混凝土抗冻性试验能经受100次的冻融循环。

W4表示混凝土抗渗性的指标，4表示混凝土抗渗试验时一组6个试件中4个试件未出现渗水时的最大水压力分别为0.4MPa。

2. 钢筋标牌上还应标注钢号、产品批号、规格、尺寸等项目。

3. 单位工程施工质量优良标准中，所含分部工程质量全部合格，其中70%以上达到优良等级，主要分部工程质量全部优良，且施工中未发生过较大质量事故，外观质量得分率达到85%以上。

事件2中，船闸单位工程质量等级为优良。

4. 不妥之处一：计划于2017年汛前进行竣工验收。

理由：竣工验收应在工程建设项目全部完成并满足一定运行条件后1年内进行。

不妥之处二：施工单位在竣工图编制中，对由预制改成现浇的交通桥工程，直接在原施工图上注明变更的依据，加盖并签署竣工图章后作为竣工图。

理由：应重新绘制交通桥竣工图，监理单位应在图标上方加盖并签署竣工图确认章。

实务操作和案例分析题四

【背景资料】

某堤防加固工程划分为一个单位工程，工程建设内容包括堤防培厚、穿堤涵洞拆除重建等。堤防培厚采用在迎水侧、背水侧均加培的方式，如图3-9所示。根据设计文件，A区的土方填筑量为12万m³，B区的土方填筑量为13万m³。

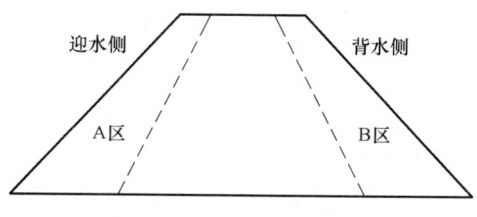

图3-9　堤防加固断面图

施工过程中发生如下事件：

事件1：建设单位提供的料场共2个。1号料场位于堤防迎水侧的河道滩地，2号料场位于河道背水侧，两料场到堤防运距大致相等。施工单位对料场进行了复核，料场土料情况见表3-12。施工单位拟将1号料场用于A区，2号料场用于B区，监理单位认为不妥。

料场土料情况　表3-12

料场名称	土料颗粒组成（%）			渗透系数（cm/s）	可利用储量（万m³）
	砂粒	粉粒	黏粒		
1号料场	28	60	12	4.2×10^{-4}	22
2号料场	15	60	25	3.4×10^{-6}	22

事件2：穿堤涵洞拆除后，基坑开挖到新涵洞的设计建基面高程。施工单位对开挖单元工程质量进行自评合格后，报监理单位复核。监理工程师核定该单元工程施工质量等级并签证认可。质量监督部门认为上述基坑开挖单元工程施工质量评定工作的组织不妥。

事件3：某混凝土分部工程共有50个单元工程，单元工程质量全部经监理单位复核认可。50个单元工程质量全部合格，其中优良单元工程38个；主要单元工程以及重要隐蔽单元工程共20个，优良19个。施工过程中检验水泥共10批、钢筋共20批、砂共15批、石子共15批，质量均合格。混凝土试件：C25共19组、C20共10组、C10共5组，质量全部合格。施工中未发生过质量事故。

事件4：单位工程完工后，施工单位向项目法人申请进行单位工程验收，项目法人拟委托监理单位主持单位工程验收工作。监理单位提出，单位工程质量评定工作待单位工程验收后，将依据单位工程验收的结论进行评定。

【问题】

1. 事件1中施工单位对两个土料场应如何进行安排？说明理由。
2. 说明事件2中基坑开挖单元工程质量评定工作的正确做法。
3. 依据《水利水电工程施工质量检验与评定规程》SL 176—2007，根据事件3提供的资料，评定此分部工程的质量等级，并说明理由。
4. 指出并改正事件4中的不妥之处。

【参考答案】

1. 事件1中施工单位对两个土料场安排：A区采用2号料场，B区采用1号料场。

理由：堤防加固工程的原则是上截下排，1号料场土料渗透系数大（或渗透性强）用于B区（背水侧），2号料场土料渗透系数小（或渗透性弱），用于A区（迎水侧）。

2. 基坑开挖单元工程为重要隐蔽单元工程，应由施工单位自评合格，监理单位抽检，由项目法人、监理单位、设计单位、施工单位组成联合小组，共同检查核定其质量等级并填写签证表，报工程质量监督机构核备。

3. 此分部工程质量等级为优良。因为此分部工程所含单元工程质量全部合格；单元工程优良率大于70%；主要单元工程以及重要隐蔽单元工程优良率大于90%；未发生过质量事故；原材料质量合格；混凝土试件质量全部合格，所以此分部工程质量等级为优良。

4. 事件4中监理单位主持单位工程验收工作不妥，应由项目法人主持。

单位工程质量评定待单位工程验收后进行不妥，应先进行单位工程质量评定。

实务操作和案例分析题五

【背景资料】

某水库溢洪道加固工程，控制段共3孔，每孔净宽8.0m。加固方案为：底板顶面增浇20cm厚混凝土，闸墩外包15cm厚混凝土，拆除重建排架、启闭机房、公路桥及下游消能防冲设施。

溢洪道加固施工时，在铺盖上游填筑土围堰断流施工，围堰断面如图3-10所示。随着汛期临近，堰前水位不断上升，某天突然发现堰后有大面积管涌群，施工单位为防止事故发生，及时就近挖取黏性土进行封堵，随后上游水位继续上涨，封堵失败，围堰决口，导致刚浇筑的溢洪道底板、下游消能防冲设施被冲毁，造成直接经济损失100万元。事故发生后，施工单位按"三不放过原则"，组织有关单位制定处理方案，报监理机构批准后，对事故进行了处理，处理后不影响工程正常使用，对工程使用寿命影响不大。

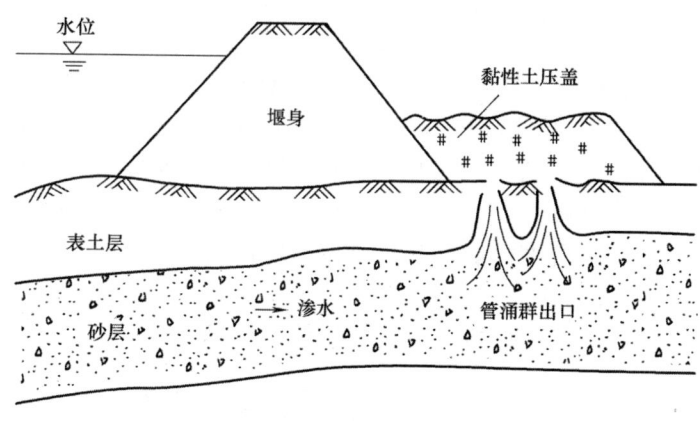

图3-10 围堰断面

【问题】

1. 本工程事故发生前施工单位对管涌群采取的处理措施有何不妥？并简要说明本工程管涌的抢护原则和正确抢护措施。

2. 根据《水利工程质量事故处理暂行规定》（中华人民共和国水利部令第9号），水利工程质量事故一般分为哪几类？并指出本工程质量事故类别。

3. 根据质量事故类别，指出本工程质量事故处理在方案制定的组织和报批程序方面的不妥之处，并说明正确做法。

4. 根据《水利工程质量事故处理暂行规定》（中华人民共和国水利部令第9号），说明背景材料中"三不放过原则"的具体内容。

【参考答案】

1. 本工程事故发生前施工单位对管涌群采取的处理措施的不妥之处：施工单位采用黏性土对管涌群进行封堵。

本工程管涌的抢护原则：制止涌水带砂，而留有渗水出路。

本工程的正确抢护措施：用透水性较好的砂、石、土工织物、梢料等反滤材料在管涌群出口处进行压盖。

2. 根据《水利工程质量事故处理暂行规定》（中华人民共和国水利部令第9号），水利工程质量事故一般分为一般质量事故、较大质量事故、重大质量事故、特大质量事故。

本工程质量事故类别为较大质量事故。

3. 根据质量事故类别，本工程质量事故处理在方案制定的组织和报批程序方面的不妥之处：施工单位组织有关单位制定处理方案，报监理机构批准后实施。

正确做法：应由项目法人组织有关单位制定处理方案，经上级主管部门审定后实施，报省级水行政主管部门（或流域机构）备案。

4. 根据《水利工程质量事故处理暂行规定》（中华人民共和国水利部令第9号），"三不放过原则"的具体内容包括：事故原因不查清楚不放过、主要事故责任者和职工未受教育不放过、补救和防范措施不落实不放过。

实务操作和案例分析题六

【背景资料】

某寒冷地区大型水闸工程共18孔，每孔净宽10.0m，其中闸室为两孔一联，每联底板顺水流方向长与垂直水流方向宽均为22.7m，底板厚1.8m。交通桥采用预制"T"形梁板结构；检修桥为现浇板式结构，板厚0.35m。各部位混凝土设计强度等级分别为：闸底板、闸墩、检修桥为C25，交通桥为C30；混凝土设计抗冻等级除闸墩为F150外，其余均为F100。施工中发生以下事件：

事件1：为提高混凝土抗冻性能，施工单位严格控制施工质量，采取对混凝土加强振捣与养护等措施。

事件2：为有效防止混凝土底板出现温度裂缝，施工单位采取减少混凝土发热量等温度控制措施。

事件3：施工中，施工单位组织有关人员对11号闸墩出现的蜂窝、麻面等质量缺陷在工程质量缺陷备案表上进行填写，并报监理单位备案，作为工程竣工验收备查资料。工程质量缺陷备案表填写内容包括质量缺陷产生的部位、原因等。

事件4：为做好分部工程验收评定工作，施工单位对闸室段分部混凝土试件抗压强度进行了统计分析，其中C25混凝土取样55组，最小强度为23.5MPa，强度保证率为96%，离差系数为0.16。分部工程完成后，施工单位向项目法人提交了分部工程验收申请报告，项目法人根据工程完成情况同意进行验收。

【问题】

1. 检修桥模板设计强度计算时，除模板和支架自重外还应考虑哪些基本荷载？该部位模板安装时起拱值的控制标准是多少，拆除时对混凝土强度有什么要求？

2. 除事件1中给出的措施外，提高混凝土抗冻性还有哪些主要措施？除事件2中给出的措施外，底板混凝土浇筑还有哪些主要温度控制措施？

3. 指出事件3中质量缺陷备案做法的不妥之处，并写出正确做法；工程质量缺陷备案表除给出的填写内容外，还应填写哪些内容？

4. 根据事件4中混凝土强度统计结果，确定闸室段分部C25混凝土试件抗压强度质量等级，并说明理由。该分部工程验收应具备的条件有哪些？

【参考答案】

1. 检修桥模板设计强度计算时，除模板和支架自重外还应考虑的基本荷载：新浇筑混凝土重量；钢筋重量；工作人员及浇筑设备、工具荷载等基本荷载。

检修桥承重模板跨度大于4m，模板安装时起拱值按跨度的0.3%左右确定；检修桥承重模板跨度大于8m，在混凝土强度达到设计强度的100%时才能拆除。

2. 除事件1中给出的措施外，提高混凝土抗冻性的主要措施还有：提高混凝土密实度、减小水灰比、掺和外加剂、严格控制施工质量等。

除事件2中给出的措施外，底板混凝土浇筑的主要温度控制措施还有：降低混凝土的入仓温度、加速混凝土散热等。

3. 事件3中质量缺陷备案做法的不妥之处及正确做法如下：

（1）不妥之处：施工单位组织有关人员在工程质量缺陷备案表上进行填写。

正确做法：工程质量缺陷备案表由监理单位组织填写。

（2）不妥之处：施工单位组织将工程质量缺陷备案表报监理单位备案。

正确做法：报工程质量监督机构备案。

工程质量缺陷备案表除给出的填写内容外，还应填写的内容：对质量缺陷是否处理和如何处理以及对建筑物使用的影响等。

4. 根据事件4中混凝土强度统计结果，闸室段分部C25混凝土试件抗压强度质量等级为合格。

理由：根据《水利水电工程施工质量检验与评定规程》SL 176—2007，C25混凝土最小强度为23.5MPa，大于0.9倍设计强度标准值，符合优良标准；强度保证率为96%，大于95%，符合优良标准；离差系数为0.16，大于0.14、小于0.18，符合合格标准。所有C25混凝土试件抗压强度质量符合合格等级。

该分部工程验收应具备的条件：（1）所有单元工程已完成；（2）已完单元工程施工质量经评定全部合格，有关质量缺陷已处理完毕或有监理机构批准的处理意见；（3）合同约定的其他条件。

实务操作和案例分析题七

【背景材料】

某水利枢纽工程由电站、溢洪道和土坝组成。土坝的结构形式为均质土坝，上游设干砌石护坡，下游设草皮护坡和堆石排水体，坝顶设碎石路，工程实施过程中发生下述事件：

事件1：项目法人要求该工程质量监督机构对于大坝填筑按《水利水电工程单元工程施工质量验收评定标准——土石方工程》SL 631—2012规定的检验数量进行质量检查。工程质量监督机构受项目法人委托，承担了该工程质量检测任务。

事件2：土坝承包人将坝体碾压分包给具有良好碾压设备和经验的乙公司承担。为明确质量责任，单元工程的划分标准是：以50m坝长、30cm铺料厚度为单元工程的计算单位，铺料为一个单元工程，碾压为另一个单元工程。

事件3：该工程监理人给承包人"监理通知"如下：经你单位申请并提出设计变更，我单位复核同意将坝下游排水棱体改为浆砌石，边坡由1∶3改为1∶2。

事件4：土坝单位工程完工验收结论为：本单位工程划分为20个分部工程，其中质量合格6个，质量优良14个，优良率为70%，主要分部工程（坝顶碎石路）质量优良，且施工中未发生较大质量事故；中间产品质量全部合格，其中混凝土拌合物质量达到优良；原材料质量、金属结构及启闭机制造质量合格；外观质量得分率为82%。所以，本单位工程质量评定为优良。

事件5：该工程项目单元工程质量评定表由监理人填写，土坝单位工程完工验收由承包人主持。工程截流验收由项目法人主持。

【问题】

1. 指出事件1中的不合理之处，并说明理由。

2. 指出事件2中的不妥之处，并说明理由。

3. 指出事件3中存在的问题，并说明理由。

4. 根据水利工程验收和质量评定的有关规定，修正事件4中的验收结论。

5. 根据水利工程验收和质量评定的有关规定，指出事件5中存在的不妥之处，并写出正确做法。

【参考答案】

1. 事件1中存在的不合理之处及理由如下：

不合理之处一：项目法人要求该工程质量监督机构对于大坝填筑按《水利水电工程单元工程施工质量验收评定标准——土石方工程》SL 631—2012规定的检验数量进行质量检查。

理由：项目法人不应要求工程质量监督机构对大坝填筑进行质量检查，应是通过施工合同由监理人要求承包人按《水利水电工程单元工程施工质量验收评定标准——土石方工程》SL 631—2012规定的检验数量进行质量检查，工程质量监督机构的检查手段主要是抽查。

不合理之处二：工程质量监督机构受项目法人委托，承担了该工程质量检测任务。

理由：质量监督机构与项目法人是监督与被监督的关系，质量监督机构不应接受项目法人委托承担工程质量检测任务。

2. 事件2中存在的不妥之处及理由如下：

不妥之处一：土坝承包人将坝体碾压分包给乙公司承担。

理由：坝体（碾压）是主体工程，不能分包。

不妥之处二：单元工程划分。

理由：铺料和整平工作是一个单元工程的两个工序。

3. 事件3中存在的问题及理由如下：

问题一：监理人同意承包人提出的设计变更。

理由：监理人无权同意由承包人提出的设计变更，监理人只能根据设计单位的变更方案向承包人发出设计变更通知。

问题二：将坝下游排水棱体改为浆砌石。

理由：浆砌石不满足坝基排水要求，不能将排水棱体改为浆砌石。

4. 事件4中验收结论存在的问题有：（1）分部工程应为全部合格；（2）坝顶碎石路不是主体工程；（3）土坝无金属结构及启闭机；（4）分部工程优良率低于70%，外观质量得分率低于85%，因此该单位工程质量不得评定为优良；（5）验收结论中还应包括质量检验与评定资料是否齐全以及质量事故处理情况等；（6）优良率及外观质量得分率数字表达不准确，小数点后应保留1位数字。

5. 事件5中存在的不妥之处及正确做法如下：

不妥之处一：工程项目单元工程质量评定表由监理人填写。

正确做法：单元工程质量评定表应该由承包人填写。

不妥之处二：土坝单位工程完工验收由承包人主持。

正确做法：土坝单位工程完工验收应该由项目法人主持。

不妥之处三：工程截流验收由项目法人主持。

正确做法：应由竣工验收主持单位或其委托单位主持。

实务操作和案例分析题八

【背景资料】

临南段河道疏浚工程，疏浚河道总长约5km，设计河道底宽150m，边坡1:4，底高程为7.900～8.070m。该河道疏浚工程划分为一个单位工程，包含7个分部工程（河道疏浚水下方为5个分部工程，排泥场围堰和退水口各1个分部工程）。其中排泥场围堰按3级堤防标准进行设计和施工。该工程于2019年10月1日开工，2020年12月底完工。工程施工过程中发生了以下事件：

事件1：工程具备开工条件后，项目法人向主管部门提交本工程开工申请报告。

事件2：排泥场围堰某部位围堰存在坑塘，施工单位进行了排水、清基、削坡后，再分层填筑施工，如图3-11所示。

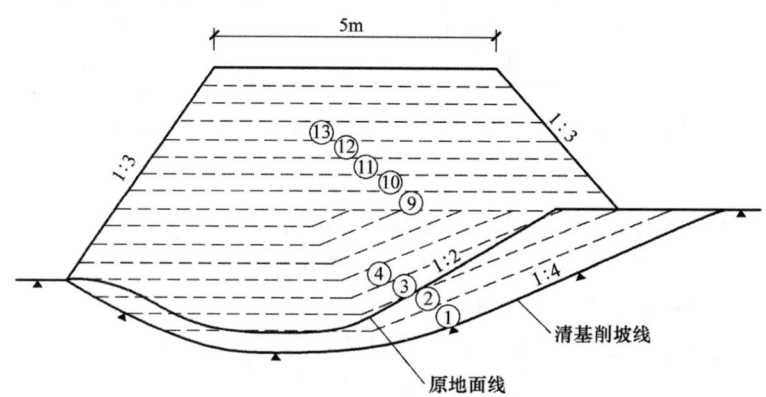

注：①～④为坑塘顺坡填筑分层

⑨～⑬为堰身水平填筑分层

图3-11 围堰横断面分层填筑示意图

事件3：河道疏浚工程施工中，施工单位对某单元工程进行了质量评定，见表3-13。

事件4：排泥场围堰分部工程施工完成后，其质量经施工单位自评，监理单位复核后，施工单位报本工程质量监督机构进行了备案。

事件5：本工程建设项目于2020年12月底按期完工。2022年5月，竣工验收主持单位对本工程进行了竣工验收。竣工验收前，质量监督机构按规定提交了工程质量监督报告，该报告确定本工程项目质量等级为优良。

河道疏浚单元工程施工质量验收评定表 表 3-13

单位工程名称		临南段河道疏浚工程	单元工程量	—
分部工程名称		河道疏浚 （30＋100～31＋100）	施工单位	×××
单元工程名称、编号		（30＋100～31＋100）－012	施工日期	2019年12月3日—2019年12月11日

项次		检验项目	质量标准（允许偏差）	检查记录及结论或检测合格率（检测记录或备查资料名称、编号）
A	1	河道过水断面面积	不小于设计断面面积（1456m²）	检测20个断面，断面面积为1466～1509m²，合格率100%
	2	宽阔水域平均底高程	不高于设计高程8.05m	检测点数200点，检测点高程7.90～8.03m，合格率100%
B	1	局部欠挖	深度小于0.3m，面积小于5.0m²	无欠挖
	2	开挖横断面每边最大允许超宽值、最大允许超深值	超宽≤150cm、超深≤60cm 不应危及堤防、护坡及岸边建筑物的安全	检测点数50点，超宽30～55cm，超深25～75cm，合格率94.0%，不合格点不集中分布，且不影响堤防、护坡及岸边建筑物的安全
	3	开挖轴线位置	偏离±100cm	开挖轴线偏离-105～+110cm，共检测点数50点，合格率92.0%，不合格点不集中分布
	4	弃土位置	弃土排入排泥场	弃土排入排泥场

施工单位自评意见	A逐项检测点合格率100%，B逐项检测点的合格率C，且不合格点不集中分布，单元工程质量等级评定为：D
监理单位复核意见	—

【问题】

1. 指出事件1中的不妥之处；说明主体工程开工的报告程序和时间要求。

2. 根据《堤防工程施工规范》SL 260—2014，指出并改正事件2中图3-11中坑塘部位在清基、削坡、分层填筑方面的不妥之处。

3. 根据《水利水电工程单元工程施工质量验收评定标准——堤防工程》SL 634—2012，指出事件3中表3-13中A、B、C、D所代表的名称或数据。

4. 根据《水利水电工程施工质量检验与评定规程》SL 176—2007，指出事件4中的不妥之处。

5. 根据《水利水电建设工程验收规程》SL 223—2008，事件5中竣工验收时间是否符合规定？说明理由。根据《水利水电工程施工质量检验与评定规程》SL 176—2007，指出并改正事件5中质量监督机构工作的不妥之处。

【参考答案】

1. 向主管部门提交开工申请报告不妥。

水利工程具备开工条件后，主体工程方可开工建设。项目法人或者建设单位应当自工程开工之日起15个工作日内，将开工情况的书面报告报项目主管单位和上一级主管单位备案。

2. 清基、削坡坡度不正确，填筑顺序不正确。

堤防工程填筑作业应符合的要求：

（1）地面起伏不平时，应按水平分层由低处开始逐层填筑，不得顺坡铺填，堤防横断面上的地面坡度陡于1∶5时，应将地面坡度削至缓于1∶5。

（2）作业面应分层统一铺土，统一碾压，并配备人员或平土机具参与整平作业，严禁出现界沟。

3. 河道疏浚单元工程施工质量验收评定表中，A为主控项目，B为一般项目，C为92.0%，D为合格。

4. 施工单位自评，监理单位复核后，施工单位报本工程质量监督机构进行备案不妥。分部工程质量，在施工单位自评合格后，报监理单位复核，项目法人认定。分部工程验收的质量结论由项目法人报质量监督机构核备。大型枢纽工程主要建筑物的分部工程验收的质量结论由项目法人报工程质量监督机构核定。

5. 事件5中竣工验收时间不符合规定。

理由：根据《水利水电建设工程验收规程》SL 223—2008，河道疏浚工程竣工验收应在该工程建设项目全部完成后1年内进行，即在2021年12月底前进行。

事件5中质量监督机构工作的不妥之处：质量监督机构提交的工程质量监督报告确定本工程项目质量等级为优良。

正确做法：工程质量监督机构提交的工程施工质量监督报告确定工程施工质量等级为合格。

实务操作和案例分析题九

【背景资料】

某水闸为14孔开敞式水闸，设计流量为2400m³/s。每个闸墩划分为一个单元工程，其中第4号闸墩高10.5m，厚1.5m，顺水流方向长24.0m，其混凝土量为365.8m³，模板面积为509.6m²，钢筋量为30.5t。

闸墩混凝土采用钢模施工。承包人进行闸墩模板及支架设计时，考虑的基本荷载有：模板及支架自重、新浇筑混凝土重量、钢筋重量以及振捣混凝土时产生的荷载。监理单位发现承包人考虑的基本荷载有漏项并及时进行了纠正。

施工过程中，承包人和监理单位对第4号闸墩的混凝土模板进行了检查验收，填写的"水利水电工程混凝土模板工序质量评定表"见表3-14。

水利水电工程混凝土模板工序质量评定表　　　　　表3-14

单位工程名称		×××水闸工程	单元工程量	混凝土365.8m³
分部工程名称		闸室段	施工单位	×××
单元工程名称		第4闸墩	评定日期	×年×月×日
项次		检查项目	质量标准	检验记录
A	1	△ 稳定性、刚度和强度	符合设计要求	采用钢模板，钢管支撑和方木，稳定性、刚度、强度符合设计要求
	2	模板表面	光洁、无污物、接缝严密	模板表面光洁、无污物、接缝严密

项次		允许偏差项目	设计值	允许偏差（mm）			实测值	合格点数	合格率（%）
				外露表面		隐蔽内面			
				钢模	水膜				
B	1	模板平整度；相邻面高差		2	3	5	0.3, 1.2, 2.8, 0.7, 2.4, 0.7, 0.9, 1.5, 1.1, 0.8		
	2	局部不平（用2m直尺检查）		2	5	10	1.7, 2.3, 0.2, 0.4, 1.0, 1.2, 0.7, 2.4		
	3	板面缝隙		1	2	2	1.2, 0.5, 0.7, 0.2, 1.0, 0.4, 0.5, 0.9, 0.3, 0.7		
	4	结构物边线与设计边线		10		15	1.503, 1.500, 1.494, 1.502, 1.503, 1.498, 24.003, 24.000, 23.997, 24.000, 23.998, 24.002		
	5	结构物水平段面内部尺寸		±20			—		
	6	承重模板标高		±5			—		
	7	预留孔洞尺寸及位置		±10			—		
检测结果				共检测　点，其中合格　点，合格率　%					
评定意见						工序质量等级			
施工单位		××× 2015年10月5日				监理单位			××× 2015年10月5日

【问题】

1. 指出承包人在闸墩模板及支架设计时，漏列了哪些基本荷载。

2. 根据水利水电工程施工质量评定有关规定，指出"水利水电工程混凝土模板工序质量评定表"中"质量标准"以及"实测值"栏内有哪些基本资料未填写或未标注，"单元工程量"栏内缺少哪一项工程量。

3. 统计"水利水电工程混凝土模板工序质量评定表"中各"项次"实测值合格点数，计算各"项次"实测值合格率，写出评定表中"检测结果"栏内相应数据。

4. 写出评定意见及工序质量等级。

【参考答案】

1. 承包人在闸墩模板及支架设计时，漏列的基本荷载：

（1）工作人员及浇筑设备、工具等荷载。

（2）新浇筑混凝土的侧压力。

2. 根据水利水电工程施工质量评定有关规定，"水利水电工程混凝土模板工序质量评定表"中"质量标准"以及"实测值"栏内，"单元工程量"栏内具体缺少的内容如下：

（1）单元工程量：应补填写"模板面积509.6m²"。

（2）钢模应加标注，例如变成"√钢模"。

（3）实测值应标注数量单位，其中：项次1～3实测值应标注"mm"；项次4实测值应标注"m"。

（4）结构物边线与设计边线对应的"设计值"应补填1.5m×24.0m。

3. 评定表中"检测结果"栏内相应数据见表3-15。

评定表中"检测结果"栏内相应数据   表3-15

项次	允许偏差项目	实测点数	合格点数	合格率（%）
（1）	模板平整度；相邻两板面高差	10	8	80
（2）	局部不平	8	6	75
（3）	缝隙面板	10	8	80
（4）	结构物边线与设计边线	12	12	100

检测结果：共检测40点，其中合格34点，合格率85.0%。

4. 评定意见：

主要检查项目全部符合质量标准。

一般检查项目符合质量标准。检测项目实测点合格率85.0%，大于合格标准70%，小于优良标准90%，故评为合格。

工序质量等级：合格。

实务操作和案例分析题十

【背景资料】

某水闸工程由于长期受水流冲刷和冻融的影响，闸墩混凝土碳化深度最大达5.5cm，交通桥损毁严重。工程加固处理内容包括：闸墩采用渗透型结晶材料进行表层加固；拆除原交通桥桥面板，全部更换为浇"T"形梁板等。

在工程加固工程中，监理单位在质量检查中发现"T"形梁板所使用的Φ32钢筋焊接件不合格，无法保证工程安全，施工单位对已经浇筑完成的"T"形梁板全部报废处理并重新浇筑，造成质量事故，直接经济损失15万元。

质量评定项目划分时，将该水闸加固工程作为一个单位工程，交通桥作为一个分部工程，每孔"T"形梁板作为一个单元工程，每个混凝土闸墩碳化处理作为一个单元工程。在单元工程评定标准中未涉及混凝土闸墩碳化处理单元工程质量评定标准。

工程完工后，项目法人主持进行单位工程验收，验收主要工作包括对验收中发现的问题提出处理意见等内容。

【问题】

1. 写出混凝土闸墩碳化处理单元工程质量评定标准的确定程序。

2. "T"形梁板浇筑质量事故等级属于哪一类？请说明理由。

3. 分别指出"T"形梁板质量事故对①"T"形梁板单元工程、②交通桥分部工程、③水闸单位工程的质量等级评定结果（合格与优良）有无影响，并说明理由。

4. 本工程进行单位验收，验收工作除背景材料中给出的内容外，还应该进行哪些主要工作？

【参考答案】

1. 混凝土闸墩碳化处理单元工程质量评定标准的确定程序：由项目法人组织监理、设计及施工单位按水利部有关规定进行编制，报省级以上水行政主管部门（其委托的水利工程质量监督机构）批准执行。

2. "T" 形梁板浇筑质量事故等级属于一般质量事故。

理由：根据《水利工程质量事故处理暂定规定》（中华人民共和国水利部令第9号），对于混凝土薄壁工程，事故造成直接经济损失在10万～30万元之间的为一般质量事故。

3. "T" 形梁板质量事故对① "T" 形梁板单元工程、② 交通桥分部工程、③ 水闸单位工程的质量等级评定结果（合格与优良）的影响及理由如下：

（1）对 "T" 形梁板单元工程合格与优良质量等级评定结果均无影响。

理由：单元工程质量达不到合格标准时，施工单位及时进行了全部返工，可以重新评定质量等级。

（2）对交通桥分部工程的合格质量等级评定结果无影响，对优良质量等级评定结果有影响。

理由：质量事故按要求处理的分部工程可评为质量合格等级，分部工程优良要求未发生质量事故。

（3）对水闸单位工程合格与优良质量等级评定结果均无影响。

理由：质量事故按要求处理的单位工程可评为质量合格等级，单位工程优良要求未发生较大质量事故。

4. 本工程进行单位工程验收，验收工作除背景资料中给出的内容外，还应该进行的主要工作：检查工程是否按批准的设计内容完成；评定工程施工质量等级；检查分部工程验收遗留问题处理情况及相关记录。

实务操作和案例分析题十一

【背景资料】

某水闸共3孔，闸室每孔净宽8.0m，主要工程内容包括：① 闸底板和闸墩；② 消力池；③ 消力池段翼墙；④ 斜坡段翼墙；⑤ 斜坡段护底；⑥ 翼墙后填土等。闸室底板与斜坡段底板混凝土分缝之间设金属止水片。其工程平面布置示意图如图3-12所示。

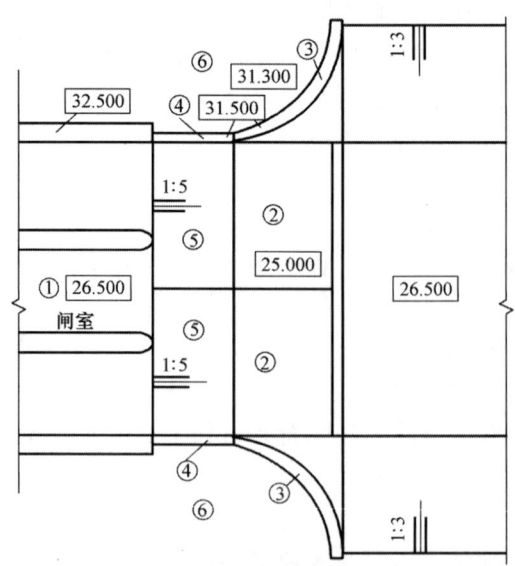

图3-12 工程平面布置示意图（单位：m）

施工单位为检验工程质量，在工地建立了试验室。施工过程中，施工单位有关人员在施工技术负责人的监督下，对闸底板和闸墩等部位的混凝土进行了见证取样，所取试样在工地试验室进行了试验，同时施工单位有关人员在监理单位的监督下，另取一份试件作为平行检测试样，并在工地试验室进行了试验。

分部工程完成后，项目法人主持进行了分部工程验收，并形成了"分部工程验收鉴定书"，鉴定书主要内容包括开工完工日期、质量事故及缺陷处理、保留意见等。

【问题】

1. 请给出背景资料中主要工程内容的合理施工顺序。（工程内容用序号表示）

2. 施工单位在进行闸室底板与斜坡段底板分缝部位的混凝土施工时，应注意哪些事项？

3. 分别指出本工程见证取样和平行检测做法的不妥之处，并说明正确做法。

4. 根据《水利水电建设工程验收规程》SL 223—2008，鉴定书除背景资料中给出的主要内容外，还有哪些内容需要填写？

【参考答案】

1. 主要工程内容的合理施工顺序为：①→③→④→⑥→②→⑤。

2. 施工单位在进行闸室底板与斜坡段底板分缝部位的混凝土施工时，应注意的事项包括：

（1）在止水片高程处不得设置施工缝。

（2）浇筑混凝土时不得冲撞止水片。

（3）振捣器不得触及止水片。

（4）嵌固止水片的模板应适当推迟拆模时间。

3. 本工程见证取样和平行检测做法的不妥之处及正确做法如下：

不妥之处：在施工技术负责人的监督下见证取样，试样送工地试验室试验。

正确做法：见证取样应在监理单位或项目法人监督下取样，试样送到具有相应资质等级的工程质量检测机构进行试验。

不妥之处：平行检测由施工单位有关人员取样，试样送工地试验室试验。

正确做法：平行检测应由监理单位在承包人自行检测的同时独立取样，试样送到具有国家规定的资质条件的检测机构进行试验。

4. 根据《水利水电建设工程验收规程》SL 223—2008，鉴定书除背景材料中给出的主要内容外，还需要填写的内容有：拟验工程质量评定意见；存在问题及处理意见；验收结论。

实务操作和案例分析题十二

【背景资料】

某立交地涵工程主要由进口控制段、涵身、出口段等部分组成。涵身共有23节，每节长15m，涵身剖面示意图如图3-13所示。

涵身地基采用换填水泥土处理，水泥土的水泥掺量为6%。地基承压含水层承压水位为23.000m，基坑采用深井降水。施工采用一次性拦断河床围堰导流，在河道上下游各填筑一道均质土围堰，并安排在一个非汛期（2013年9月—2014年5月）内完成地涵施工。

施工布置示意图如图3-14所示。

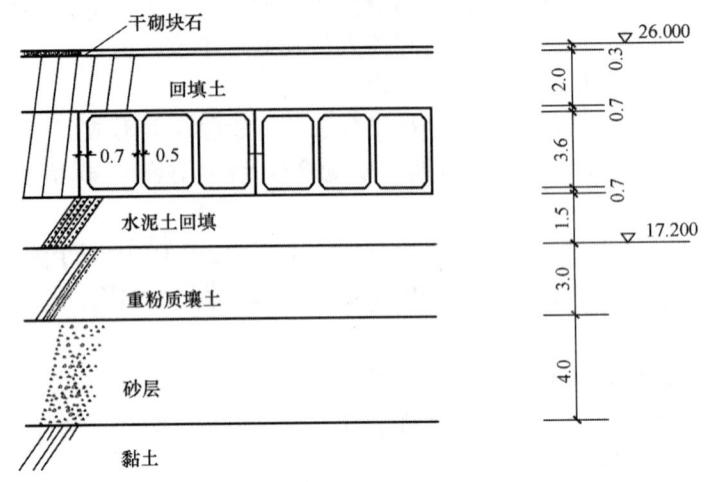

图3-13　涵身剖面示意图（单位：m）

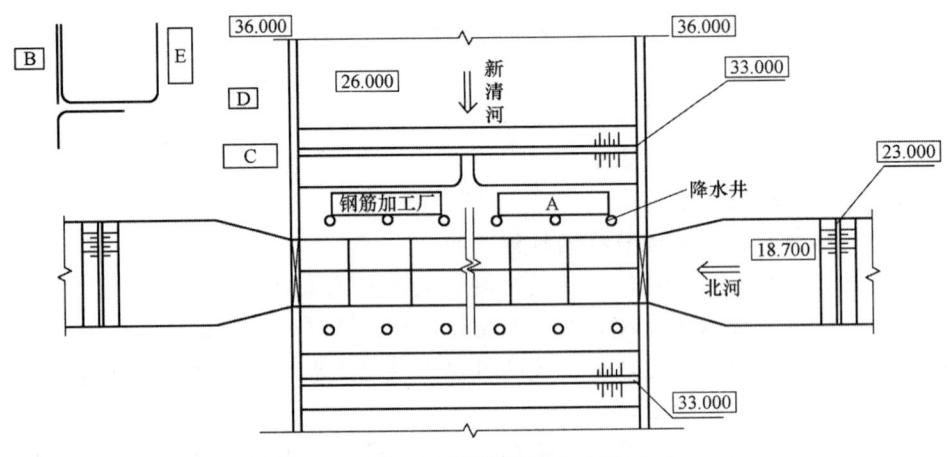

图3-14　施工布置示意图（单位：m）

施工中发生了如下事件：

事件1：根据本工程具体特点，施工单位进场后，对工程施工项目进行了合理安排。工程主要施工项目包括：（1）涵身施工；（2）干砌石河底护砌；（3）排水清淤；（4）土方回填；（5）深井降水；（6）围堰填筑；（7）基坑开挖。

事件2：根据工程施工需要，施工单位在施工现场布置了生活区、钢筋加工厂、混凝土拌合站、油库、木工加工厂、零配件仓库等生产生活设施，如图3-14所示。

事件3：本工程项目划分为1个单位工程、11个分部工程。第3段涵身分部工程共有56个单元工程，其中26个为重要隐蔽单元工程；56个单元工程质量全部合格，其中43个单元工程质量优良（21个为重要隐蔽单元工程）；该分部工程的其他质量评定内容均符合优良标准的规定。

事件4：本工程闸门、启闭机制造与安装为一个合同标，2014年9月16日通过了该合同工程完工验收，并颁发合同工程完工证书；本工程2015年12月8日通过了竣工验收，项目法人于2015年12月20日向该合同承包商退还了履约担保和质量保证金。

【问题】

1. 指出事件1中主要施工项目的合理施工顺序。（用工作编号表示）

2. 指出事件1中涉及施工安全的最主要的两项工程施工项目。

3. 根据事件2，指出图3-14中A、B、C、D、E对应的生产生活设施名称。

4. 根据事件3，评定第3段涵身分部工程的质量等级，并说明理由。

5. 根据《水利水电工程标准施工招标文件》（2009年版），改正事件4中项目人退还履约担保和质量保证金的不妥之处。

【参考答案】

1. 事件1中主要施工项目的合理施工顺序为：（6）→（3）→（5）→（7）→（1）→（4）→（2）。

> 根据施工布置示意图，可以分析出围堰填筑、排水清淤属于前两项工作，紧接着的深井降水、基坑开挖也是应了解的常识。背景资料中给出地下水位为23.000m，超过基坑底面高程17.200m，必须是先降水后才能开挖基坑。剩下的三项工作，先进行涵身施工，再进行土方回填，最后进行干砌石河底护砌。

2. 事件1中涉及施工安全最主要的两项工程施工项目是（5）、（6）。

3. 图3-14中，A表示木工加工厂；B表示油库；C表示混凝土拌合站；D表示零配件仓库；E表示生活区。

4. 事件3中第3段涵身分部工程质量等级为合格。

理由：第3段涵身分部工程所含单元工程全部合格，其中76.8%达到优良等级，大于70%，但是重要隐蔽单元工程质量优良率为21/26×100%＝80.8%，小于90%，因此该分部工程不能判定为质量优良。

5. 改正退还履约担保的不妥之处：发包人应在合同工程完工证书颁发（2014年9月17日至10月14日期间）后28d内将履约担保退还给承包人。

改正退还质量保证金的不妥之处：合同工程完工证书颁发后14d内，发包人将质量保证金总额的一半支付给承包人；在工程质量保修期满时，发包人将在30个工作日内核实后将剩余的质量保证金支付给承包人。

实务操作和案例分析题十三

【背景资料】

某中型水库主坝为黏土心墙砂壳坝，心墙最小厚度为1.2m，其除险加固的主要工作内容有：（1）上游坝面石渣料帮坡；（2）完善观测设施；（3）坝基、坝肩水泥帷幕灌浆；（4）新坝顶混凝土防浪墙；（5）增设混凝土截渗墙；（6）下游坝面混凝土预制块护坡；（7）新建坝顶混凝土道路。

河床段坝基上部为厚6m的松散～中密状态的中粗砂层，下部为弱风化岩石，裂隙发育中等；两侧坝肩均为强风化岩石地基，裂隙发育中等。混凝土截渗墙厚度为0.4m，采用冲挖工艺成槽，截渗墙在强、弱风化岩石入岩深度分别为1.5m、1.0m，混凝土截渗墙示意图如图3-15所示。

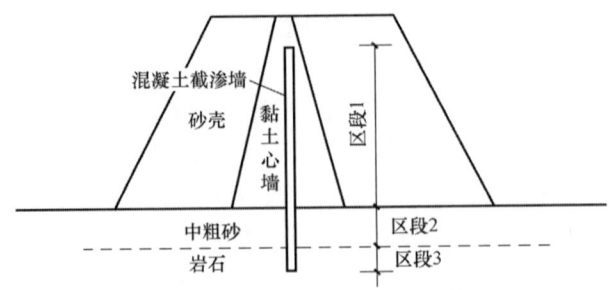

图 3-15　混凝土截渗墙示意图

设计要求混凝土截渗墙应在上游坝面石渣料帮坡施工结束后才能开工，并在截渗墙施工过程中预埋帷幕灌浆管。

本工程施工过程中发生了如下事件：

事件1：工程开工前进行了项目划分，该水库主坝除险加固工程划分为一个单位工程、7个分部工程，其中混凝土截渗墙按工程量划分为两个分部工程。

事件2：2014年2月底，春灌在即，该水库下闸蓄水验收条件亦已具备，施工单位及时向项目法人提出了验收申请，项目法人主持了下闸蓄水验收。

事件3：2014年12月底，项目法人对该水库进行了单位工程投入使用验收，单位工程质量在施工单位自评合格后，由监理单位复核并报经该工程质量监督机构核定为优良。2015年12月底，本工程通过了竣工验收，竣工验收的质量结论意见为优良。

【问题】

1. 根据事件1，请指出除混凝土截渗墙外的其余5个分部工程名称。

2. 请指出（1）、（3）、（5）、（7）四项工程内容之间合理的施工顺序。

3. 指出事件2中的不妥之处并改正。

4. 根据示意图中的混凝土截渗墙布置和各区段地质情况，指出截渗墙施工中质量较难控制的是哪一个区段，并简要说明理由。

5. 指出事件3中不妥之处并改正。

【参考答案】

1. 根据事件1，除混凝土截渗墙外的其余5个分部工程名称为：上游坝面石渣料帮坡、坝基及坝肩水泥帷幕灌浆、下游坝面混凝土预制块护坡、观测设施完善、坝顶（包括道路、防浪墙）工程。

2.（1）、（3）、（5）、（7）四项工程内容之间合理的施工顺序为：（1）→（5）→（3）→（7）。

> 该工程截渗加固主要有混凝土截渗墙加固坝体黏土心墙、水泥帷幕灌浆加固坝基和坝肩，在背景资料中给出"设计要求混凝土截渗墙应在上游坝面石渣料帮坡施工结束后才能开工，并在截渗墙施工过程中预埋帷幕灌浆管"，据此可以得出（1）→（5）→（3）的施工顺序，第（7）项"新建坝顶混凝土道路"肯定需要在（1）、（5）、（3）完成后才能施工。

3. 事件2中的不妥之处及改正如下：

不妥之处：施工单位向项目法人提出验收申请。

改正：项目法人向竣工验收主持单位提出验收申请。

不妥之处：项目法人主持下闸蓄水验收。

改正：竣工验收主持单位主持下闸蓄水验收或其委托的单位主持下闸蓄水验收。

4. 根据示意图中的混凝土截渗墙布置和各区段地质情况，截渗墙施工中质量较难控制的区段是：区段2。

理由：在中粗砂地层中施工混凝土截渗墙易塌孔、漏浆。

5. 事件3中不妥之处及改正如下：

不妥之处：单位工程质量评定组织工作。

改正：单位工程质量在施工单位自评合格后，由监理单位复核、项目法人认定、经该工程的质量监督机构核定为优良。

不妥之处：竣工验收的质量结论意见为优良。

改正：竣工验收的质量结论意见为合格。

实务操作和案例分析题十四

【背景资料】

某河道治理工程主要建设内容包括河道裁弯取直（含两侧新筑堤防）、加高培厚堤防、新建穿堤建筑物及跨河桥梁。堤防级别为1级。堤身采用黏性土填筑，设计压实度为0.94，料场土料的最大干密度为$1.68g/cm^3$。堤后压重平台采用砂性土填筑。工程实施过程发生了下列事件：

事件1：根据《堤防工程施工规范》SL 260—2014，施工单位对筑堤料场的土料储量和土料特性进行了复核。

事件2：施工组织设计对相邻施工堤段垂直堤轴线的接缝和加高培厚堤防堤坡新老土层结合面均提出了具体施工技术要求。

事件3：在堤防填筑过程中，施工单位对已经压实的土方进行了质量检测，检测结果见表3-16。

土方填筑压实质量检测结果表　　　　　　　　　　　　　　　表3-16

土样编号	1	2	3	4	5	6	7	备注
湿密度（g/cm^3）	1.96	2.01	1.99	1.96	2.00	1.92	1.98	
含水量（%）	22.3	21.5	22.0	23.6	20.9	25.8	24.5	
干密度（g/cm^3）	1.60	1.65	1.63	1.59	1.65	1.53	1.59	
压实度	A	0.98	B	0.95	0.98	0.91	0.95	

事件4：工程完工后，竣工验收主持单位组织了竣工验收，成立了竣工验收委员会。验收委员会由竣工验收主持单位、有关地方人民政府和部门、有关水行政主管部门和流域管理机构、质量和安全监督机构、项目法人、设计单位、运行管理单位等的代表及有关专家组成。竣工验收委员会同意质量监督机构的质量核定意见，工程质量等级为优良。

【问题】

1. 指出事件1中料场土料特性复核的内容。

2. 根据《堤防工程施工规范》SL 260—2014，事件2中提出的施工技术要求应包括哪些主要内容？

3. 计算"土方填筑压实质量检测结果表"中A、B的值（计算结果保留2位小数）；根据《水利水电工程单元工程施工质量验收评定标准——堤防工程》SL 634—2012，判断此层填土压实质量是否合格，并说明原因（不考虑检验的频度）。

4. 指出事件4中的不妥之处，并改正。

【参考答案】

1. 对土料应经常检查所取土料的土质情况、土块大小、杂质含量和含水量等。

2. 对新填土与老堤坡结合处，应将结合处挖成台阶状并刨毛，以利新、老层间密实结合；应按水平分层由低处开始逐层填筑，不得顺坡铺填；作业面应分层统一铺土、统一碾压，严禁出现界沟，上、下层的分段接缝应错开；相邻施工段的作业面宜均衡上升，段间出现高差，应以斜坡面相接。

3. "土方填筑压实质量检测结果表"中A、B的值分别为：A＝1.60÷1.68＝0.95，B＝1.63÷1.68＝0.97。

此层填土压实质量合格。

原因：因为共检测7点，合格6点，合格率为85.7%，根据《水利水电工程单元工程施工质量验收评定标准——堤防工程》SL 634—2012的规定，一级堤防少黏性土老堤加高培厚的压实度合格率大于85%，同时，不合格样品的干密度值不低于设计干密度值的96%（0.96×0.94＝90.2%＜91%）。所以判定为合格。

> 含砾和不含砾的黏性土的填筑标准应以压实度和最优含水率作为设计控制指标。设计最大干密度应以击实最大干密度乘以压实度求得。根据《堤防工程设计规范》GB 50286—2013的规定，黏性土堤筑设计压实度＝设计干密度/设计最大干密度。所以，A＝1.60÷1.68＝0.95；B＝1.63÷1.68＝0.97。

4. 事件4中的不妥之处及改正如下：

（1）不妥之处：工程完工后，竣工验收主持单位组织了竣工验收。

改正：根据《水利水电建设工程验收规程》SL 223—2008，竣工验收应在工程建设项目全部完成并满足一定运行条件后1年内进行。

（2）不妥之处：竣工验收委员会组成。

改正：项目法人和设计单位不应参加委员会，而应作为被验收单位参加验收会议。

（3）不妥之处：验收委员会同意质量为优良。

改正：因为竣工验收会议只对竣工工程提出质量是否合格或不合格的意见。工程项目质量达到合格以上等级的，竣工验收的质量结论意见应判定为合格。

实务操作和案例分析题十五

【背景资料】

某河道整治工程包括3km新建堤防和1座排水闸工程，其中堤防级别为3级，堤身采用黏性土填筑，高7m，设计压实度为0.93，排水闸工程共3孔，每孔净宽8m，闸室底板为三孔一联整体式结构，根据项目划分，每个闸墩为一个单元工程。

工程施工过程中发生如下事件：

事件1：工程开工后，施工单位采购了同一批号直径Φ22mm的钢筋28t，同一批号直径Φ16mm的钢筋30t，进场后对钢筋进行抽样检测，其中试样的抽样频率、截取位置，根据《水工混凝土钢筋施工规范》DL/T 5169—2013进行确定，检测结果表明直径Φ22的钢筋有一项指标不合格。

事件2：闸墩混凝土浇筑完成后，施工单位依据《水利水电工程单元工程施工质量验收评定标准——混凝土工程》SL 632—2012，对闸墩混凝土单元工程质量及其包含的混凝土浇筑等工序质量进行了评定。

事件3：堤防填筑施工时，受降雨等因素影响，部分土方压实质量经检验不合格，经返工处理，造成直接经济损失11万元，间接经济损失32万元，影响工期20d。

事件4：返工处理合格后，施工单位重新进行土方填筑施工，按照《水利水电工程单元工程施工质量验收评定标准——堤防工程》SL 634—2012，对某层填土压实度进行检测，共抽检12个土样，检验结果见表3-17。

土方填筑压实度检验结果表 表3-17

序号	1	2	3	4	5	6	7	8	9	10	11	12	备注
压实度	0.94	0.95	0.93	0.94	0.94	0.96	0.95	0.90	0.93	0.94	0.95	0.95	

【问题】

1. 事件1中，钢筋试样的抽样频率和截取位置分别有哪些要求？施工单位应如何处理这批直径Φ22的钢筋。

2. 事件2中，除混凝土浇筑工序外，闸墩混凝土单元工程中还包括哪些工序？

3. 根据《水利工程质量事故处理暂行规定》（中华人民共和国水利部令第9号），指出事件3中的质量事故类别，并说明理由。

4. 根据事件4，判断该层土方填筑压实质量是否合格？并说明理由。

【参考答案】

1. 钢筋试样的抽样频率和截取位置要求：同一批号直径Φ22mm的钢筋抽样两根，同一批号直径Φ16mm的钢筋抽样两根。钢筋取样时，钢筋端部应先截去500mm再取试样。

对于钢筋检测有一项试验结果不符合要求时，则从同一批钢筋中另取双倍数量的试件重做各项试验。如仍有一个试件不合格，则该批钢筋为不合格。

2. 除混凝土浇筑工序外，闸墩混凝土单元工程中还包括的工序：基础面或施工缝处理、模板安装、钢筋制作及安装、预埋件制作及安装、外观质量检查。

3. 事件3中的质量事故类别是一般质量事故。

理由：堤防土方填筑工程发生质量事故，属于土石方工程，直接经济损失费为11万元。

4. 该层土方填筑压实质量合格，压实度达到了优良标准。

理由：本题设计压实度为0.93，表格中12个检查试样，小于设计压实度的有试样8，其为不合格，所以合格率是91.7%＞85%，且超过规定合格率85%的5个百分点，不合格试样压实度0.90＞0.93×96%＝0.89。

第四章 水利水电工程安全管理案例分析专项突破

2014—2023年度实务操作和案例分析题考点分布

考点	年份									
	2014年	2015年	2016年	2017年	2018年	2019年	2020年	2021年	2022年	2023年
水利工程项目法人的安全生产责任				●		●	●			●
水利工程安全生产监督管理的内容										●
水利工程建设项目风险管理和安全事故应急管理								●	●	●

【专家指导】

施工安全生产管理内容中，水利生产安全事故的分类、相关的生产安全事故报告、处理程序要掌握。在作答时，基本思路要清楚，分条作答。水利生产安全事故分类与施工质量事故分类，在复习时应总结对比记忆。关于工程建设标准强制性条文，考生要多加关注，争取不丢分。

历 年 真 题

实务操作和案例分析题一〔2023年真题〕

【背景资料】

某河道新建设节制闸，闸室、翼墙地基采用换填水泥土，消力池末端（水平段）设冒水孔，底部设小石子、大石子、中粗砂三级反滤，消力池纵向剖面图如图4-1所示。

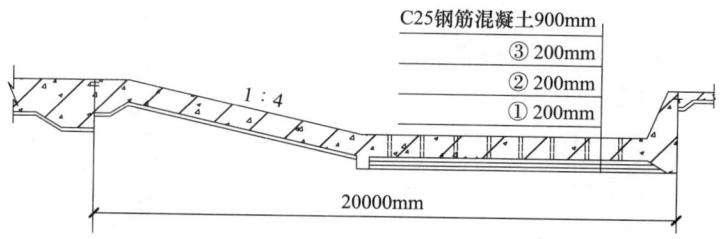

图 4-1 消力池纵向剖面图

施工过程中发生如下事件：

事件1：开工前，监理机构组织编制了保证安全生产的措施方案，方案内容包括项目概况、编制依据、安全生产规章制度、安全生产管理机构及相关负责人。该方案经总监理工程师审批，并于工程开工后第21个工作日报有管辖权的水行政主管部门备案。

事件2：该工程采用塔式起重机作为垂直运输机械，施工过程中发生模板坠落事故，导致1人死亡、2人重伤、1人轻伤。事故发生后，现场人员立即向本单位负责人报告。经调查，塔式起重机部分人员无特种作业资格证书。

【问题】

1. 根据背景资料判断，消力池位于闸室上游还是下游？依次写出图中①、②、③的名称。

2. 指出并改正事件1中的不妥之处。

3. 本工程保证安全生产的措施方案还包括哪些内容？

4. 事件2中的生产安全事故属于哪个等级？施工单位负责人应在什么时间向哪些部门报告？

5. 指出塔式起重机的哪些人员应取得特种作业操作资格证书。

【参考答案与分析思路】

1. 消力池位于闸室下游。

①、②、③的名称是：①中粗砂；②小石子；③大石子。

> 本题考查的是消力池的结构。消力池属于下游连接段，通过闸室的组成示意图，可知消力池应位于闸室的下游。
>
> 反滤层的作用是滤土排水，防止在水工建筑物渗流出口处发生渗透变形。对反滤层的要求是：
>
> （1）相邻两层间，颗粒较小的一层的土体颗粒不能穿过较粗的一层土体颗粒的孔隙。
>
> （2）各层内的土体颗粒不能发生移动，相对要稳定。
>
> （3）被保护土壤的颗粒不能够穿过反滤层。
>
> （4）反滤层不能够被淤塞而失效。
>
> （5）耐久、稳定，在使用期间不会随着时间的推移和环境的影响而发生性质的变化。
>
> 反滤层滤料的顺序应为：① 中粗砂；② 小石子；③ 大石子。

2. 事件1中的不妥之处：

不妥之处一：监理机构组织编制了保证安全生产的措施方案。

不妥之处二：该方案经总监理工程师审核批准。

不妥之处三：工程开工后的第21个工作日报有管辖权的水行政主管部门备案。

改正事件1中的不妥之处：项目法人应当组织编制保证安全生产的措施方案，并自开工之日起15个工作日内报有管辖权的水行政主管部门、流域管理机构或者其委托的水利工程建设安全生产监督机构备案。

> 本题考查的是项目法人的安全生产特殊要求。根据《水利工程建设安全生产管理规定》（中华人民共和国水利部令第50号），项目法人应当组织编制保证安全生产的措施方案，并自工程开工之日起15个工作日内报有管辖权的水行政主管部门、流域管理机构或者其委托的水利工程建设安全生产监督机构备案。建设过程中安全生产的情况发生变化时，应当及时对保证安全生产的措施方案进行调整，并报原备案机关。

3. 本工程保证安全生产的措施方案还包括：安全生产管理人员及特种作业人员持证上岗情况；生产安全事故的应急救援预案；工程度汛方案、措施；其他有关事项。

> 本题考查的是安全生产措施方案的内容。保证安全生产的措施方案应当根据有关法律法规、强制性标准和技术规范的要求并结合工程的具体情况编制，应当包括以下内容：
> （1）项目概况。
> （2）编制依据。
> （3）安全生产管理机构及相关负责人。
> （4）安全生产的有关规章制度制定情况。
> （5）安全生产管理人员及特种作业人员持证上岗情况等。
> （6）生产安全事故的应急救援预案。
> （7）工程度汛方案、措施。
> （8）其他有关事项。

4. 事件2中的生产安全事故属于一般事故，施工单位负责人接到报告后，应在1h内向事故发生地县级以上人民政府应急管理部门和水行政主管部门报告。

> 本题考查的是生产安全事故等级及报告要求。生产安全事故等级分类见表4-1。

生产安全事故等级分类表   表4-1

损失内容	事故等级			
	特别重大事故	重大事故	较大事故	一般事故
死亡	30（含本数，下同）人以上	10人以上30人以下	3人以上10人以下	3人以下
或者重伤（包括急性工业中毒，下同）	100人以上	50人以上100人以下	10人以上50人以下	3人以上10人以下
或者直接经济损失	1亿元以上	5000万元以上1亿元以下	1000万元以上5000万元以下	100万元以上1000万元以下

> 造成1人死亡、2人重伤属于一般事故。
> 事故发生后，施工单位负责人接到报告后，应在1h内向事故发生地县级以上人民政府应急管理部门和水行政主管部门报告。

5. 塔式起重机的垂直运输机械作业人员（或塔式起重机操作人员）、安装拆卸工、起重信号工等人员应取得特种作业操作资格证书。

> 本题考查的是特种作业人员持证上岗制度。垂直运输机械作业人员、安装拆卸工、爆破作业人员、起重信号工、登高架设作业人员等特种作业人员，必须按照国家有关规定经过专门的安全作业培训，并取得特种作业操作资格证书后，方可上岗作业。

实务操作和案例分析题二［2022年真题］

【背景资料】

某大（2）型节制闸工程共26孔，每孔净宽10m。施工采用分期导流，导流围堰为斜墙带铺盖式土石结构，断面形式示意图如图4-2所示。

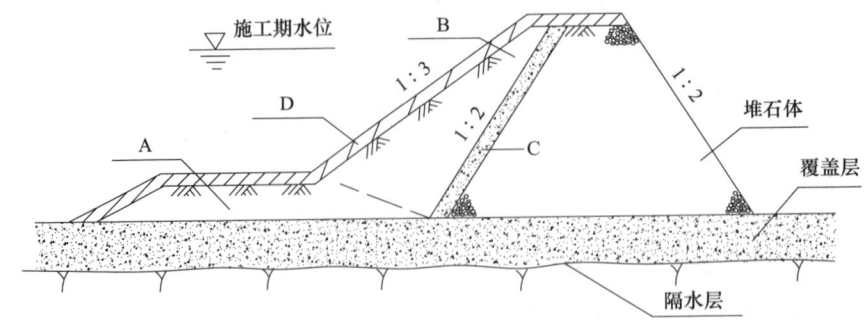

图4-2 导流围堰断面形式示意图

工程施工过程中发生如下事件：

事件1：施工单位选用振动碾对围堰填筑土石料进行压实，其中黏土斜墙的设计干密度为1.71g/cm³，土料最优含水率击实最大干密度为1.80g/cm³。

事件2：根据水利部《水利工程生产安全重大事故隐患判定标准（试行）》（水安监〔2017〕344号），项目法人在组织有关单位进行生产安全事故隐患排查时发现：

（1）施工单位设置了安全生产管理机构，仅配备了兼职安全生产管理人员。

（2）闸基坑开挖未按批准的专项施工方案施工。

（3）部分新入职人员未进行安全教育和培训。

（4）降水管井反滤层损坏，抽出带泥砂的浑水。

事件3：闸上工作桥为现浇混凝土梁板结构，施工单位在梁板混凝土强度达到设计强度标准值的65%时，即拆除模板进行启闭机及闸门安装，造成某跨混凝土梁断裂、启闭机坠落、3人死亡、5人重伤。

【问题】

1. 根据背景资料，判定本工程导流围堰的建筑物级别，并指出图4-2中A、B、C、D所代表的构造名称。

2. 根据事件1，除碾压机具的重量、土料含水量外，土料填筑压实参数还包括哪些？黏土斜墙的压实度为多少？（以百分数表示，计算结果保留到小数点后1位）

3. 事件2中可以直接判定为重大事故隐患的情形有哪些？（可用序号表示）

4. 根据《水利部生产安全事故应急预案》（水监督〔2021〕391号），生产安全事故共分为哪几个等级？事件3中的事故等级为哪一级？按混凝土设计强度标准值的百分率计，工作桥梁板拆模的标准是多少？

【参考答案与分析思路】

1. 工程导流围堰的建筑物级别为4级。

图中A、B、C、D所代表的构造名称分别为：A—水平铺盖；B—黏土斜墙；C—反滤层；D—护面。

本题考查的是水利工程等级划分及斜墙带水平铺盖式围堰结构。

大（2）型节制闸工程，其工程等别为Ⅱ等，主要建筑物级别为2级，保护对象为1、2级永久性水工建筑物，临时性水工建筑物级别为4级。

斜墙带水平铺盖式围堰结构形式如图4-3所示。

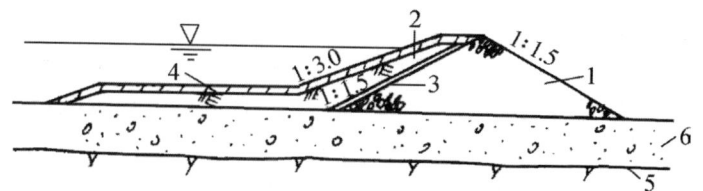

图4-3 斜墙带水平铺盖式围堰结构形式
1—堆石体；2—黏土斜墙、铺盖；3—反滤层；4—护面；5—隔水层；6—覆盖层

由此可以判定：A—水平铺盖；B—黏土斜墙；C—反滤层；D—护面。

2. 除碾压机具的重量、土料含水量外，土料填筑压实参数还包括：碾压遍数、铺料厚度、振动碾的振动频率及行车速度。

黏土斜墙的压实度为：（1.71÷1.80）×100%＝95%

> 本题考查的是土料填筑压实参数及压实度的计算。土料填筑压实参数主要包括碾压机具的重量、含水量、碾压遍数及铺料厚度等，对于振动碾还应包括振动频率及行车速度等。
>
> 压实度＝设计干密度/最大干密度×100%＝（1.71÷1.80）×100%＝95%

3. 可直接判定为重大事故隐患情形的有：（1）、（2）、（4）项。

> 本题考查的是重大事故隐患的判定。《水利工程生产安全重大事故隐患判定标准（试行）》（水安监〔2017〕344号）已被修改，现行规定为《水利工程生产安全重大事故隐患清单指南（2023年版）》（办监督〔2023〕273号），水利工程建设各参建单位是事故隐患判定工作的主体。

4. 生产安全事故共分为特别重大事故、重大事故、较大事故、一般事故4个等级；事件3中的事故等级为较大事故。

工作桥梁板混凝土强度应达到设计强度标准值的100%方可拆模。

> 本题考查的是生产安全事故分级及模板拆除。生产安全事故分为特别重大事故、重大事故、较大事故和一般事故4个等级。本题中造成3人死亡、5人重伤，属于较大事故。
>
> 根据《水工混凝土施工规范》SL 677—2014规定，钢筋混凝土结构的承重模板，混凝土达到下列强度后（按混凝土设计强度标准值的百分率计），方可拆除。
>
> （1）悬臂板、梁：跨度$l \leq 2m$，75%；跨度$l > 2m$，100%。
>
> （2）其他梁、板、拱：跨度$l \leq 2m$，50%；$2m <$跨度$l \leq 8m$，75%；跨度$l > 8m$，100%。

实务操作和案例分析题三 ［2021年真题］

【背景资料】

某水利枢纽工程包括大坝、溢洪道、厂房等，大坝施工期上下游设土质围堰。施工过程中发生了如下事件：

事件1：某雨天施工过程中，一名工人从15m高处坠落到地面，当场死亡。事故发生后，施工单位根据《水利部生产安全事故应急预案（试行）》（水安监〔2016〕443号）规定，立即向有关单位电话报告了事故发生时间、具体地点、事故已造成人员伤亡、失踪人数等情况。经调查，工人佩戴的安全带皮带接头断裂，系因施工前未对安全带的皮带等部位进行检查所致；施工单位作业前没有按施工安全管理相关规定制定有关高处作业专项安全技术措施。

事件2：施工期间，民爆公司炸药配送车行驶到该工程工区内时出现机械故障，施工单位随即安排汽车将炸药倒运至大坝填筑料场爆破作业面。根据汽车运输爆破器材相关规定，运输爆破器材的汽车，排气管应设在车前下侧，并设置防火罩等装置，工区内行驶时速不超过15km。

事件3：根据工程施工总进度计划安排，围堰施工及运行期为3年。根据《大中型水电工程建设风险管理规范》GB/T 50927—2013，风险处置方法选用的原则见表4-2，施工单位评估了围堰施工的风险并为围堰工程购买了保险。

大中型水电工程建设风险处置方法应选用的原则　　　　　　　　　　表4-2

序号	风险损失程度	风险发生概率	风险处置方法
1	损失大	概率大	D
2	损失小	概率大	E
3	损失大	概率小	F
4	损失小	概率小	G
5	有利于工程项目目标的风险		H

【问题】

1. 指出事件1中高处作业所属的级别、种类及具体类别。根据施工安全管理相关规定，哪些级别和类别的高处作业应事先制定专项安全技术措施？

2. 事件1中，除皮带外，安全带检查还包括哪些内容？安全带的检查试验周期是如何规定的？

3. 除事件1所列内容外，事故电话快报还应包括哪些内容？判断该起事故的等级。

4. 根据汽车运输爆破器材相关规定，除事件2所列内容外，对行车速度和行车间距还有哪些具体规定？

5. 写出事件3中D、E、F、G、H分别代表的风险处置方法。针对围堰工程，施工单位采取的是哪种风险处置方法？

【参考答案与分析思路】

1. 事件1中高处作业属于三级，是特殊高处作业中的雨天高处作业。

根据施工安全管理相关规定，三级、特级、悬空高处作业，应事先制定专项安全技术措施。

> 本题考查的是高处作业的标准。凡在坠落高度基准面2m和2m以上有可能坠落的高处进行作业，均称为高处作业。高处作业的级别：高度在2～5m时，称为一级高处作业；高度在5～15m时，称为二级高处作业；高度在15～30m时，称为三级高处作业；高度在30m以上时，称为特级高处作业。

高处作业的种类分为一般高处作业和特殊高处作业两种。其中特殊高处作业又分为以下几个类别：强风高处作业、异温高处作业、雪天高处作业、雨天高处作业、夜间高处作业、带电高处作业、悬空高处作业、抢救高处作业。一般高处作业系指特殊高处作业以外的高处作业。

本题中，工人从15m高处坠落到地面，符合三级高处作业标准。雨天施工，所以属于特殊高处作业中的雨天高处作业。

高处作业的安全防护措施之一是进行三级、特级、悬空高处作业时，应事先制定专项安全技术措施。施工前，应向所有施工人员进行技术交底。这也是一个选择题采分点。

2. 事件1中，除皮带外，安全带检查的内容还有：绳索、销口。

安全带检查试验周期有：每次使用前均应检查；新带使用一年后抽样试验；旧带每隔6个月抽查试验一次。

本题考查的是安全带的检验标准与试验周期。安全带应检查：绳索无脆裂、断脱现象；皮带各部接口完整、牢固，无霉朽和虫蛀现象；销口性能良好。检查试验周期：每次使用前均应检查；新带使用一年后抽样试验；旧带每隔6个月抽查试验一次。

3. 除事件1所列内容外，事故电话快报内容还有：事故发生单位名称、地址、负责人姓名、联系方式、失联人数、损失情况。

该起事故等级：一般事故。

本题考查的是水利安全生产信息报告及事故分级。水利安全生产信息包括基本信息、危险源信息、隐患信息、事故信息和应急管理信息等。水利生产安全事故信息报告包括：事故文字报告、电话快报、事故月报和事故调查处理情况报告。根据当年考试用书规定，文字报告包括：事故发生单位概况；事故发生时间、地点以及事故现场情况；事故的简要经过；事故已经造成或者可能造成的伤亡人数（包括下落不明、涉险的人数）和初步估计的直接经济损失；已经采取的措施；其他应当报告的情况。

生产安全事故分为特别重大事故、重大事故、较大事故和一般事故4个等级。

本题中造成1人死亡，属于一般事故。

4. 汽车运输爆破器材的规定还有：在视线良好的情况下行驶时，时速不得超过20km，在工区内行驶时，时速不得超过15km，在弯多坡陡、路面狭窄的山区行驶时，时速应在5km以内。平坦道路上行车间距应大于50m，上下坡应大于300m。

本题考查的是爆破器材运输的规定。爆破器材的运输应符合以下规定：

（1）气温低于10℃运输易冻的硝化甘油炸药时，应采取防冻措施；气温低于-15℃运输难冻硝化甘油炸药时，也应采取防冻措施。

（2）禁止用翻斗车、自卸汽车、拖车、机动三轮车、人力三轮车、摩托车和自行车等运输爆破器材。

（3）运输炸药雷管时，装车高度要低于车厢10cm。车厢、船底应加软垫。雷管箱不许倒放或立放，层间也应垫软垫。

（4）水路运输爆破器材，停泊地点距岸上建筑物不得小于250m。

（5）汽车运输爆破器材，汽车的排气管宜设在车前下侧，并应设置防火罩装置；汽车在视线良好的情况下行驶时，时速不得超过20km（工区内不得超过15km）；在弯多坡陡、路面狭窄的山区行驶时，时速应保持在5km以内。行车间距：平坦道路应大于50m，上下坡应大于300m。

5. 事件3中D、E、F、G、H代表的风险处置方法分别为：D—风险规避；E—风险缓解；F—风险转移；G—风险自留；H—风险利用。

针对围堰工程，施工单位采取的风险处置方法：风险转移。

本题考查的是风险处置方法。风险控制应采取经济、可行、积极的处置措施，具体风险处置方法有风险规避、风险缓解、风险转移、风险自留、风险利用等。处置方法的采用应符合以下原则：

（1）损失大、概率大的灾难性风险，应采取风险规避。

（2）损失小、概率大的风险，宜采取风险缓解。

（3）损失大、概率小的风险，宜采用保险或合同条款将责任进行风险转移。

（4）损失小、概率小的风险，宜采用风险自留。

（5）有利于工程项目目标的风险，宜采用风险利用。

施工单位评估了围堰施工的风险并为围堰工程购买了保险，属于风险转移。

实务操作和案例分析题四 ［2019 年真题］

【背景资料】

甲公司承担了某大型水利枢纽工程主坝的施工任务。主坝长1206.56m，坝顶高64.00m，最大坝高81.55m（厂房坝段），坝基最大挖深13.50m。该标段主要由泄洪洞、河床式发电厂房、挡水坝段等组成。

施工期间发生如下事件：

事件1：甲公司施工项目部编制"××××年度汛方案"报监理单位批准。

事件2：针对本工程涉及的超过一定规模的危险性较大单项工程，分别编制了"纵向围堰施工方案""一期上、下游围堰施工方案""主坝基础土石方开挖施工方案""主坝基础石方爆破施工方案"，施工单位对上述专项施工方案组织专家审查论证，将修改完成后的专项施工方案送监理单位审核。总监理工程师委托常务副总监理工程师对上述专项施工方案进行审核。

事件3：项目法人主持召开安全例会，要求甲公司按《水利水电工程施工安全管理导则》SL 721—2015及时填报事故信息等各类水利生产安全信息。安全例会通报中提到的甲公司施工现场存在的部分事故隐患见表4-3。

甲公司施工现场存在的部分事故隐患 表4-3

序号	事故隐患内容描述
1	缺少40t履带起重机安全操作规程
2	油库距离临时搭建的A休息室45m，且搭建材料的燃烧性能等级为B_2

序号	事故隐患内容描述
3	未编制施工用电专项方案
4	未对进场的6名施工人员进行入场安全培训
5	围堰工程未经验收合格即投入使用
6	13号开关箱漏电保护器失效
7	石方爆破工程未按专项施工方案施工
8	B休息室西墙穿墙电线未做保护，有两处破损

事件4：施工现场设有氨压机车间，甲公司将其作为重大危险源进行管理，并依据《水利水电工程施工安全防护设施技术规范》SL 714—2015制定了氨压机车间必须采取的安全技术措施。

事件5：木工车间的李某在用圆盘锯加工竹胶板时，碎屑飞入左眼，造成左眼失明。事后甲公司依据《工伤保险条例》（中华人民共和国国务院令第586号），安排李某进行了劳动能力鉴定。

【问题】

1. 根据《水利工程施工监理规范》SL 288—2014、《水利工程建设安全生产管理规定》（中华人民共和国水利部令第50号），指出事件1和事件2中不妥之处，并简要说明原因。项目部编制度汛方案的最主要依据是什么？

2. 事件3中，除事故信息外，水利生产安全信息还应包括哪两类信息？指出表4-3中哪几项可用直接判定法判定为重大事故隐患。（用序号表示）

3. 事件4中，氨压机车间必须采取的安全技术措施有哪些？

4. 事件5中，造成事故的不安全因素是什么？根据《工伤保险条例》（中华人民共和国国务院令第586号），在什么情况下，用人单位应安排工伤职工进行劳动能力鉴定？

【参考答案与分析思路】

1. 根据《水利工程施工监理规范》SL 288—2014、《水利工程建设安全生产管理规定》（中华人民共和国水利部令第50号），事件1和事件2中的不妥之处及理由如下：

（1）不妥之处：项目部将"××××年度汛方案"报监理单位批准。

理由：不符合《水利工程建设安全生产管理规定》（中华人民共和国水利部令第50号），应报项目法人批准"××××年度汛方案"。

（2）不妥之处：总监理工程师委托常务副总监理工程师审核专项施工方案。

理由：不符合《水利工程施工监理规范》SL 288—2014，此工作属于总监理工程师不可授权的范围，应自己审核签字。

项目部编制度汛方案的主要依据是项目法人编制的工程度汛方案及措施。

> 本题考查的是施工水利工程建设项目的特殊要求。在回答事件1、2中的不妥之处时，尽量采用背景资料中不妥文字，应逐一列出，不要混在一起。切记笼统描述。
>
> 施工单位在建设有度汛要求的水利工程时，应当根据项目法人编制的工程度汛方案、措施制定相应的度汛方案，报项目法人批准。

2. 事件3中，除事故信息外，水利生产安全信息还应包括：基本信息、隐患信息。表4-3中的第2、3、5、7项可用直接判定法判定为重大事故隐患。

> 本题考查的是水利生产安全信息及重大事故隐患的判定。水利安全生产信息包括基本信息、隐患信息和事故信息等。注意背景资料中已经给出事故信息，只需回答另外两类。考试时类似这样的题目经常考查到。
>
> 本题根据《水利工程生产安全重大事故隐患判定标准（试行）》（水安监〔2017〕344号）作答。表4-3中，序号1、4为综合判定清单中的基础条件。
>
> 现行规定为《水利工程生产安全重大事故隐患清单指南（2023年版）》（办监督〔2023〕273号）。

3. 事件4中氨压机车间必须采取的安全技术措施：

（1）控制盘柜与氨压机应分开隔离设置，并符合防火防爆要求。

（2）所有照明、开关、取暖设施应采用防爆电器。

（3）设有固定式氨气报警仪。

（4）配备有便携式氨气检测仪。

（5）设置应急疏散通道并明确标志。

> 本题考查的是氨压机车间的规定。这是对工程建设强制性标准的考查。本题根据《水利水电工程施工安全防护设施技术规范》SL 714—2015第7.2.1条规定作答。

4. 造成事故的不安全因素包括：李某未佩戴护目镜；木材加工机械的安全保护装置（排屑罩）未配备或损坏。

根据《工伤保险条例》（中华人民共和国国务院令第586号），发生工伤，经治疗伤情相对稳定后存在残疾，影响劳动能力的，用人单位应安排工伤职工进行劳动能力鉴定。

> 本题考查的是水利工程安全生产管理的规定。事故的不安全因素包括人的不安全行为、物的不安全状态和管理因素。事件5中，圆盘锯加工竹胶板时产生碎屑，木材加工机械未配备安全保护装置（排屑罩），李某也未佩戴护目镜。

实务操作和案例分析题五〔2018年真题〕

【背景资料】

某调水枢纽工程主要由泵站和节制闸组成，其中泵站设计流量为120m³/s，安装7台机组（含备机1台），总装机容量为11900kW，年调水量为7.6×10⁸m³；节制闸共5孔，单孔净宽8.0m，非汛期（含调水期）节制闸关闭挡水，汛期节制闸开敞泄洪，最大泄洪流量为750m³/s。该枢纽工程在施工过程中发生如下事件：

事件1：为加强枢纽工程施工安全生产管理，施工单位在现场设立安全生产管理机构，配备了专职安全生产管理人员，专职安全生产管理人员对该项目的安全生产管理工作全面负责。

事件2：基坑开挖前，施工单位编制了施工组织设计，部分内容如下：

（1）施工用电从附近系统电源接入，现场设临时变压器一台。

（2）基坑开挖采用管井降水，开挖边坡坡比1:2，最大开挖深度为9.5m。

（3）泵站墩墙及上部厂房采用现浇混凝土施工，混凝土模板支撑最大搭设高度为15m，落地式钢管脚手架搭设高度为50m。

（4）闸门、启闭机及机电设备采用常规起重机械进行安装，最大单件吊装重量为150kN。

事件3：泵站下部结构施工时正值汛期，某天围堰下游发生管涌，由于抢险不及时，导致围堰决口基坑进水，部分钢筋和钢构件受水浸泡后锈蚀。该事故后经处理虽然不影响工程正常使用，但对工程使用寿命有一定影响。事故处理费用为70万元（人民币），延误工期40d。

【问题】

1. 根据《水利水电工程等级划分及洪水标准》SL 252—2017，说明枢纽工程等别、工程规模和主要建筑物级别。

2. 指出并改正事件1中的不妥之处。专职安全生产管理人员的主要职责有哪些？

3. 根据《水利水电工程施工安全管理导则》SL 721—2015，说明事件2的施工组织设计中，哪些单项工程需要组织专家对专项施工方案进行审查论证。

4. 根据《水利工程质量事故处理暂行规定》（中华人民共和国水利部令第9号），说明水利工程质量事故分为哪几类，事件3中的质量事故属于哪一类？该事故应由哪些单位或部门组织调查组进行调查？调查结果报哪个单位或部门核备？

【参考答案与分析思路】

1. 根据《水利水电工程等级划分及洪水标准》SL 252—2017，枢纽工程等别为Ⅱ等，工程规模为大（2）型，主要建筑物级别为2级。

> 本题考查的是水利水电工程等别划分。根据《水利水电工程等级划分及洪水标准》SL 252—2017，年调水量为 $7.6 \times 10^3 m^3$，则工程等别为Ⅱ等，工程规模为大（2）型。
>
> 根据《水利水电工程等级划分及洪水标准》SL 252—2017，工程等别为Ⅱ等，则主要建筑物级别为2级。

2. 事件1中的不妥之处：专职安全生产管理人员对该项目的安全生产管理工作全面负责。

正确做法：施工单位主要负责人对本单位的安全生产工作全面负责；项目负责人（项目经理）对本项目安全生产管理全面负责。

专职安全生产管理人员的主要职责：

（1）负责对安全生产进行现场监督检查。

（2）发现生产安全事故隐患，应及时向项目负责人和安全生产管理机构报告。

（3）对违章指挥、违章操作的，应当立即制止。

> 本题考查的是专职安全生产管理人员的职责。承包人应设立安全生产管理机构，施工现场应有专职安全生产管理人员。专职安全生产管理人员应与投标文件承诺一致，专职安全生产管理人员应持证上岗并负责对安全生产进行现场监督检查。发现生产安全事故隐患，应当及时向项目负责人和安全生产管理机构报告；对违章指挥、违章操作的，应当立即制止。

3. 事件2的施工组织设计中，需组织专家审查论证专项施工方案的单项工程有：深基坑工程（或基坑开挖、降水工程）、混凝土模板支撑工程、钢管脚手架工程。

本题考查的是专项施工方案论证。对于超过一定规模的危险性较大的单项工程，施工单位应组织专家对专项施工方案进行审查论证。

　　（1）基坑开挖，最大开挖深度9.5m，开挖深度超过5m，应进行审查论证。
　　（2）混凝土模板支撑最大搭设高度15m，搭设高度超过8m，应进行审查论证。
　　（3）落地式钢管脚手架搭设高度50m，搭设高度超过50m，应进行审查论证。

　　4. 事件3中，水利工程质量事故分为4类，分别是一般质量事故、较大质量事故、重大质量事故和特大质量事故。

　　事件3中的质量事故类型：较大质量事故。

　　事故调查组织部门：该事故应由项目主管部门组织调查组进行调查。

　　事故调查结果核备部门：调查结果报上级主管部门批准并报省级水行政主管部门核备。

　　本题考查的是质量事故的分类及调查。根据《水利工程质量事故处理暂行规定》（中华人民共和国水利部令第9号），工程质量事故按直接经济损失的大小，检查、处理事故对工期的影响时间长短和对工程正常使用的影响，分为一般质量事故、较大质量事故、重大质量事故、特大质量事故。本题中，根据"该事故后经处理虽然不影响工程正常使用，但对工程使用寿命有一定影响"条件，该事故属于较大质量事故；"事故处理费用为70万元（人民币）"符合"＞30万元、≤100万元"这个条件，属于较大质量事故；"延误工期40d"符合"＞1个月、≤3个月"这个条件，属于较大质量事故。

　　较大质量事故由项目主管部门组织调查组进行调查，调查结果报上级主管部门批准并报省级水行政主管部门核备。

实务操作和案例分析题六［2017年真题］

【背景资料】

　　某水库枢纽工程由主坝、副坝、溢洪道、电站及灌溉引水洞等建筑物组成。水库总库容为$5.84 \times 10^8 m^3$，电站装机容量为6.0MW，主坝为黏土心墙土石坝，最大坝高为90.3m；灌溉引水洞引水流量为$45 m^3/s$，溢洪道控制段共5孔，每孔净宽15.0m。工程施工过程中发生如下事件：

　　事件1：为加强工程施工安全生产管理，根据《水利水电工程施工安全管理导则》SL 721—2015等有关规定，项目法人组织制定了安全目标管理制度、安全设施"三同时"管理制度等多项安全生产管理制度；并对施工安全单位生产许可证、"三类人员"安全生产考核合格证及特种作业人员持证上岗等情况进行核查。

　　事件2：工程开工前，施工单位根据《水电水利工程施工重大危险源辨识及评价导则》DL/T 5274—2012，对各单位工程的重大危险源分别进行了辨识和评价。通过作业条件危险性评价，部分单位工程的危险性大小值D及事故可能造成的人员伤亡数量和财产损失情况如下：

　　主坝：危险性大小值D为240，可能造成10～20人死亡，直接经济损失2000万～3000万元。

　　副坝：危险性大小值D为120，可能造成1～2人死亡，直接经济损失200万～300万元。

溢洪道：危险性大小值 D 为270，可能造成3～5人死亡，直接经济损失300万～400万元。

引水洞：危险性大小值 D 为540，可能造成1～2人死亡，直接经济损失1000万～1500万元。

事件3：电站基坑开挖前，施工单位编制了施工措施计划，部分内容如下：

（1）施工用电由系统电网接入，现场安装变压器一台。

（2）基坑采用明挖施工，开挖深度为9.5m，下部岩石采用爆破作业，规定每次装药量不得大于50kg，雷雨天气禁止爆破作业。

（3）电站厂房墩墙采用落地式钢管脚手架施工，墩墙最大高度为26.0m。

（4）混凝土浇筑采用塔式起重机进行垂直运输，每次混凝土运输量不超过6m³，并要求风力超过7级暂停施工。

【问题】

1. 指出本水库枢纽工程的等别、电站主要建筑物和临时建筑物的级别，以及本工程施工项目负责人应具有的建造师级别。

2. 根据《水利工程建设安全生产管理规定》（中华人民共和国水利部令第50号）和《水利水电工程施工安全管理导则》SL 721—2015，说明事件1中"三类人员"和"三同时"所代表的具体内容。

3. 根据《水电水利工程施工重大危险源辨识及评价导则》DL/T 5274—2012，依据事故可能造成的人员伤亡数量及财产损失情况，重大危险源共划分为几级？根据事件2的评价结果，分别说明主坝、副坝、溢洪道、引水洞单位工程的重大危险源级别。

4. 根据《水电水利工程施工重大危险源辨识及评价导则》DL/T 5274—2012，在事件3涉及的生产、施工作业区中，宜列入重大危险源重点评价对象的有哪些？

【参考答案与分析思路】

1. 根据库容可知水库枢纽工程的等别为Ⅱ等。

根据工程等别，可知电站主要建筑物级别为2级。

根据保护对象（电站）为2级，可知临时建筑物级别为4级。

因本工程为大（2）型，只能由一级水利水电专业注册建造师担任该工程施工项目负责人。

本题考查的是水利水电工程等级划分及水利水电工程注册建造师执业工程范围。

水利水电工程的等别根据其工程规模、效益及在经济社会中的重要性，划分为Ⅰ、Ⅱ、Ⅲ、Ⅳ、Ⅴ五等。

本题中，水库总库容 $5.84 \times 10^8 \mathrm{m}^3$ 在 $1.0 \times 10^8 \mathrm{m}^3 \sim 10 \times 10^8 \mathrm{m}^3$ 之间，工程等别为Ⅱ等。电站装机容量为6.0MW，工程等别为Ⅴ等。

本题中，水库枢纽工程的等别为Ⅱ等，所以主要建筑物级别为2级。

本题中可保护对象（电站）为2级，可知临时建筑物级别为4级。

《注册建造师执业管理办法（试行）》（建市〔2008〕48号）规定，大、中型工程施工项目负责人必须由本专业注册建造师担任。一级注册建造师可担任大、中、小型工程施工项目负责人，二级注册建造师可以承担中、小型工程施工项目负责人。

---

2. 三类人员：施工企业主要负责人、项目负责人及专职安全生产管理人员。

三同时：工程安全设施与主体工程应同时设计、同时施工、同时投产使用。

> 本题考查的是"三类人员"和"三同时"的内容。企业主要负责人、项目负责人和专职安全生产管理人员统称为"安全生产管理三类人员"。安全生产管理三类人员必须经过水行政主管部门组织的能力考核和知识考试，考核合格后，取得"安全生产考核合格证书"，方可参与水利水电工程投标，从事施工活动。安全生产"三同时"是指安全设施与主体工程同时设计、同时施工、同时投产使用。

3. 依据事故可能造成的人员伤亡数量及财产损失情况，重大危险源划分为一级重大危险源、二级重大危险源、三级重大危险源以及四级重大危险源4级。

主坝：二级重大危险源；副坝：四级重大危险源；溢洪道：三级重大危险源；引水洞：三级重大危险源。

> 本题考查的是危险源级别的划分。根据《水电水利工程施工重大危险源辨识及评价导则》DL/T 5274—2012，依据事故可能造成的人员伤亡数量及财产损失情况，重大危险源划分为一级重大危险源、二级重大危险源、三级重大危险源以及四级重大危险源4级。
>
> 应对辨识及评价出的重大危险源依据事故可能造成的人员伤亡数量及财产损失情况进行分级，可按以下标准分为4级：
>
> （1）一级重大危险源：可能造成30人以上（含30人）死亡，或者100人以上重伤，或者1亿元以上直接经济损失的危险源。
>
> （2）二级重大危险源：可能造成10～29人死亡，或者50～99人重伤，或者5000万元以上1亿元以下直接经济损失的危险源。
>
> （3）三级重大危险源：可能造成3～9人死亡，或者10～49人重伤，或者1000万元以上5000万元以下直接经济损失的危险源。
>
> （4）四级重大危险源：可能造成3人以下死亡，或者10人以下重伤，或者1000万元以下直接经济损失的危险源。
>
> 由此可知：
>
> 主坝：危险性大小值D为240，可能造成10～20人死亡，直接经济损失2000万～3000万元；属于二级重大危险源。
>
> 副坝：危险性大小值D为120，可能造成1～2人死亡，直接经济损失200万～300万元；属于四级重大危险源。
>
> 溢洪道：危险性大小值D为270，可能造成3～5人死亡，直接经济损失300万～400万元；属于三级重大危险源。
>
> 引水洞：危险性大小值D为540，可能造成1～2人死亡，直接经济损失1000万～1500万元；属于三级重大危险源。

4. 宜列入重大危险源重点评价对象的有：变压器、开挖深度大于4m的深基坑作业、高度超过24m的落地式钢管脚手架、塔式起重机存在大风区域作业、塔式起重机的安装及拆卸。

> 本题考查的是重大危险源重点评价对象。注意掌握《水电水利工程施工重大危险源辨识及评价导则》DL/T 5274—2012第4.2.2条规定。

实务操作和案例分析题七 [2016年真题]

【背景资料】

某水库枢纽工程由大坝、溢洪道、电站及灌溉引水洞等建筑物组成。水库总库容为 $2.6 \times 10^8 m^3$，电站装机容量为12万kW；大坝为碾压土石坝，最大坝高37m；灌溉引水洞引水流量为 $45 m^3/s$；溢洪道控制段共3孔，每孔净宽8.0m，采用平面钢闸门配卷扬式启闭机。某施工单位承担该枢纽工程施工，工程施工过程中发生如下事件：

事件1：为加强工程施工安全生产管理，施工单位在施工现场配备了专职安全生产管理人员，并明确了本项目的安全施工责任人。

事件2：某天夜间施工时，一名工人不慎从距离地面16.0m高的脚手架上坠地死亡。事故发生后，项目法人立即组织联合调查组对事故进行调查，并根据水利部《贯彻质量发展纲要提升水利工程质量的实施意见》（水建管〔2012〕581号）中的"四不放过"原则进行处理。

事件3：电站基坑开挖前，施工单位编制了施工措施计划，其部分内容如下：

（1）施工用电由系统电网接入，现场安装变压器一台。

（2）基坑采用1:1.5坡比明挖施工，基坑深度9.5m。

（3）站房墩墙施工采用钢管脚手架支撑，中间设施工通道。

（4）混凝土浇筑采用塔式起重机进行垂直运输。

【问题】

1. 说明本水库枢纽工程的规模、等别及施工项目负责人应具有的建造师级别。

2. 根据《水利工程建设安全生产管理规定》（中华人民共和国水利部令第50号），事件1中，本项目的安全施工责任人是谁？专职安全生产管理人员的职责是什么？

3. 简要说明什么是高处作业，指出事件2中发生事故的高处作业级别和种类。

4. 说明事件2中"四不放过"原则的具体要求。

5. 在事件3涉及的工程部位中，哪些部位应设置安全警示标志？

【参考答案与分析思路】

1. 本水库枢纽工程的规模为：大（2）型；工程等别为：Ⅱ等；项目负责人应具有建造师级别为一级。

> 本题考查的是水利水电工程规模、等别划分以及施工项目负责人具有的建造师级别。根据《水利水电工程等级划分及洪水标准》SL 252—2017规定，水库总库容为 $2.6 \times 10^8 m^3$，满足大（2）型的条件，电站装机容量为12万kW，满足中型的条件，综合判断该水库枢纽工程规模为大（2）型，工程等别为Ⅱ等。
>
> 一级注册建造师可担任大、中、小型工程施工项目负责人，二级注册建造师可以承担中、小型工程施工项目负责人。所以本案例中，项目负责人应具有建造师级别为一级。

2. 事件1中，本项目安全施工责任人是本枢纽工程建设项目的安全施工责任人。

专职安全生产管理人员的职责：负责对安全生产进行现场监督检查。发现安全事故隐患，应当及时向项目负责人和安全生产管理机构报告；对违章指挥、违章操作的，应当立即制止。

> 本题考查的是安全施工责任人及专职安全生产管理人员的职责。承包人应设立安全生产管理机构，施工现场应有专职安全生产管理人员。专职安全生产管理人员应与投标文件承诺一致，专职安全生产管理人员应持证上岗并负责对安全生产进行现场监督检查。发现生产安全事故隐患，应当及时向项目负责人和安全生产管理机构报告；对违章指挥、违章操作的，应当立即制止。

3. 凡在坠落高度基准面2m和2m以上有可能坠落的高处进行作业，均称为高处作业。事件2中的高处作业属于三级高处作业，并且属于特殊高处作业（或夜间高处作业）。

> 本题考查的是高处作业的标准及种类。
>
> （1）高处作业的标准
>
> 凡在坠落高度基准面2m和2m以上有可能坠落的高处进行作业，均称为高处作业。高处作业的级别：高度在2～5m时，称为一级高处作业；高度在5～15m时，称为二级高处作业；高度在15～30m时，称为三级高处作业；高度在30m以上时，称为特级高处作业。
>
> 事件2中，工人从距离地面16.0m高的脚手架上坠地死亡，说明该高处作业属于三级高处作业。
>
> （2）高处作业的种类
>
> 高处作业的种类分为一般高处作业和特殊高处作业两种。其中特殊高处作业又分为强风高处作业、异温高处作业、雪天高处作业、雨天高处作业、夜间高处作业、带电高处作业、悬空高处作业、抢救高处作业。一般高处作业系指特殊高处作业以外的高处作业。
>
> 事件2是在夜间施工造成的事故，所以该高处作业的种类是特殊高处作业。

4. "四不放过"原则：事故原因不查清楚不放过、主要事故责任者和职工未受教育不放过、补救和防范措施不落实不放过、责任人员未受到处理不放过。

> 本题考查的是事故处理的"四不放过"原则。根据水利部《贯彻质量发展纲要提升水利工程质量的实施意见》（水建管〔2012〕581号）规定，"四不放过"原则：事故原因不查清楚不放过、主要事故责任者和职工未受教育不放过、补救和防范措施不落实不放过、责任人员未受到处理不放过。
>
> 注意：《水利工程质量事故处理暂行规定》（中华人民共和国水利部令第9号）规定的是"三不放过原则"，具体内容包括：事故原因不查清楚不放过、主要事故责任者和职工未受教育不放过、补救和防范措施不落实不放过。

5. 事件3涉及的工程部位中应设置安全警示标志的有：临时用电设施（或变压器）、施工起重机械（或塔式起重机）、脚手架、施工通道口、基坑边沿。

> 本题考查的是安全警示标志。施工单位应当对因电力建设工程施工可能造成损害和影响的毗邻建筑物、构筑物、地下管线、架空线缆、设施及周边环境采取专项防护措施。对施工现场出入口、通道口、孔洞口、邻近带电区、易燃易爆及危险化学品存放处等危险区域和部位采取防护措施并设置明显的安全警示标志。

实务操作和案例分析题八［2015年真题］

【背景资料】

某平原区枢纽工程由泵站、节制闸等组成，采用闸、站结合布置方式，泵站与节制闸并排布置于调水河道，中间设分流岛，如图4-4所示。泵站共安装4台立式轴流泵，装机流量为100m³/s，配套电机功率为4×1600kW；节制闸最大过闸流量为960m³/s。建筑物地基地层结构从上至下依次为淤泥质黏土、中粉质壤土、重粉质壤土、粉细砂、中粗砂等，其中粉细砂和中粗砂层为承压含水层，承压水位高于节制闸底板高程。节制闸基础采用换填水泥土处理，泵站基坑最大开挖深度为10.5m，节制闸基坑最大开挖深度为6.0m（包括换土层厚度）。

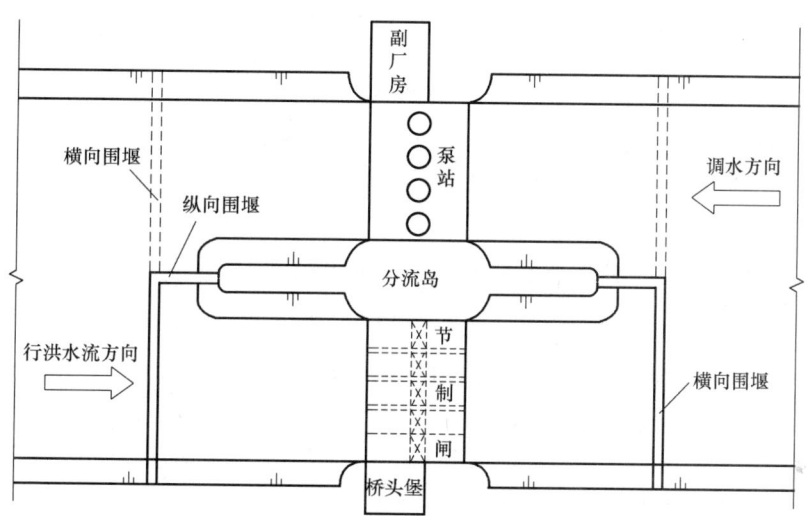

图4-4 枢纽工程布置示意图

该枢纽工程在施工期间发生如下事件：

事件1：为方便施工导流和安全度汛，施工单位计划将泵站与节制闸分两期实施，在分流岛部位设纵向围堰，上、下游分期设横向围堰，如图4-4所示。纵、横向围堰均采用土石结构。在基坑四周布置单排真空井点进行基坑降水。

事件2：泵站厂房施工操作平台最大离地高度为38.0m，节制闸启闭机房和桥头堡施工操作平台最大离地高度为35.0m。施工单位采用满堂脚手架进行混凝土施工，利用塔式起重机进行混凝土垂直运输，其中厂房外部走廊采用外悬挑脚手架施工。厂房内桥式起重机安装及室内装饰工程采用移动式操作平台施工，泵站机组利用桥式起重机进行安装；节制闸启闭机房施工时进行闸门安装（交叉作业），闸门在铺盖上进行拼装。

事件3：施工单位为加强施工安全生产管理，在施工区入口处悬挂"五牌一图"，对施工现场的"三宝""四口""五临边"做出明确规定和具体要求。

【问题】

1. 指出本枢纽工程等别、主要建筑物级别以及施工围堰的洪水标准重现期范围。

2. 根据事件1，本枢纽工程是先施工泵站还是先施工节制闸？为什么？

3. 事件1中基坑降水方案是否可行，为什么？你认为合适的降水方案是什么？

4. 根据事件2的施工方案以及工程总体布置，指出本工程施工现场可能存在的重大危险源（部位或作业）。

5. 事件3中提到的"四口"指的是什么？

【参考答案与分析思路】

1. 本枢纽工程等别为Ⅱ等，主要建筑物级别为2级，施工围堰的洪水标准重现期范围为10～20年。

> 本题考查的是枢纽工程等别、建筑物级别及施工围堰的洪水标准范围。本题是根据考试当年《水利水电工程等级划分及洪水标准》SL 252—2000规定解答。《水利水电工程等级划分及洪水标准》SL 252—2000已被《水利水电工程等级划分及洪水标准》SL 252—2017替代。考生要学会根据背景资料提供的条件，结合规范标准进行判断。
>
> 因装机流量为100m³/s，则本枢纽工程为Ⅱ等。因配套电机功率为4×1600kW，节制闸最大过闸流量为960m³/s，则本枢纽工程等别为Ⅲ等。按各综合利用项目的分等指标确定的等别不同时，其工程等别应按其中的最高等别确定。所以工程等别为Ⅱ等。
>
> 根据水工建筑物级别划分可知，主要建筑物级别为2级。
>
> 平原区永久性水工建筑物洪水标准，按表4-4确定。
>
> 平原区永久性水工建筑物洪水标准［重现期（年）］　　　　表4-4
>
> | 项目 | | 永久性水工建筑物级别 | | | | |
> |---|---|---|---|---|---|---|
> | | | 1 | 2 | 3 | 4 | 5 |
> | 水库工程 | 设计 | 100～300 | 50～100 | 20～50 | 10～20 | 10 |
> | | 校核 | 1000～2000 | 300～1000 | 100～300 | 50～100 | 20～50 |
> | 拦河水闸 | 设计 | 50～100 | 30～50 | 20～30 | 10～20 | 10 |
> | | 校核 | 200～300 | 100～200 | 50～100 | 30～50 | 20～30 |
>
> 根据背景资料可知，该工程施工围堰级别为4级。由表4-4可知，施工围堰洪水标准的重现期为10～20年。

2. 根据事件1，本枢纽工程是先施工节制闸。

理由：本枢纽工程分两期实施主要是方便施工导流，先施工节制闸，利用原有河道导流（泵站无法进行施工导流）；在泵站施工时可利用节制闸导流。

> 本题考查的是节制闸与泵站施工顺序。根据事件1分期实施方案和工程总体布置，本枢纽工程分两期实施主要是方便施工导流，因泵站无法进行施工导流，所以应先施工节制闸，利用原有河道导流；在泵站施工时可利用节制闸导流。

3. 事件1中基坑降水方案不可行，因为粉细砂和中粗砂层的渗透系数较大，地基承压含水层水头较高（承压水位高于节制闸底板高程）。

合适的降水方案宜为管井降水方案。

> 本题考查的是基坑降水。在基坑开挖过程中，为了保证工作面的干燥，往往需要进行降水。管井降水法适用于渗透系数较大、地下水埋藏较浅（基坑低于地下水水位）、颗粒较粗的砂砾及岩石裂隙发育的地层，而真空排水法、喷射法和电渗排水法等则适用于开挖深度较大、渗透系数较小且土质又不好的地层。

4. 根据事件2的施工方案以及工程总体布置，本工程施工现场可能存在的重大危险源（部位或作业）有：30m以上的高处作业（泵站厂房、启闭机房、桥头堡施工操作平台）、"四口"部位、临时用电设施、塔式起重机、外悬挑脚手架、移动操作平台、易发生事故的交叉作业、桥式起重机等。

> 本题考查的是重大危险源辨识。根据《水电水利工程施工重大危险源辨识及评价导则》DL/T 5274—2012第4.2.2条规定作答。

5. 事件3中提到的"四口"指的是楼梯口、电梯井口、预留洞口和通道口。

> 本题考查的是"四口"的内容。"三宝""四口"所指内容在考试中也是经常考核的，属于送分题。"三宝"是指安全帽、安全带和安全网，"四口"是指通道口、预留洞口、楼梯口、电梯井口。

实务操作和案例分析题九 ［2014年真题］

【背景资料】

某大型水闸工程建于土基上，其平面布置示意图如图4-5所示。

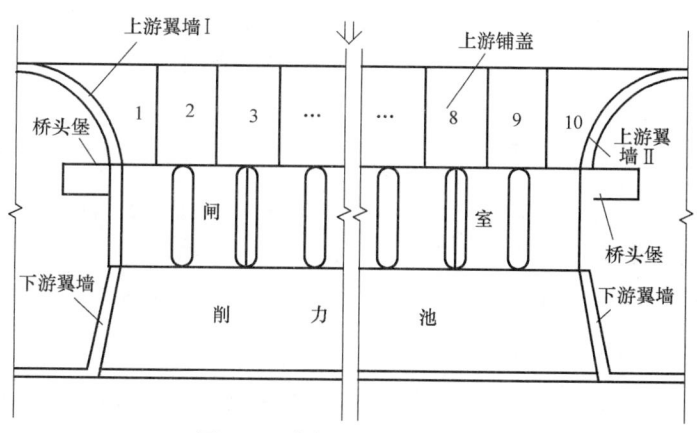

图4-5 水闸平面布置示意图

该闸在施工过程中发生如下事件：

事件1：为加强工程施工安全生产管理，工程开工前，水行政主管部门对施工企业的"三类人员"安全生产考核合格证进行了检查；项目法人组织制定了本工程项目建设质量与安全事故应急预案，落实了事故应急保障措施。

事件2：为加快施工进度，上游翼墙及铺盖施工时，施工单位安排两个班组，分别按照上游翼墙Ⅰ→铺盖1→铺盖2→铺盖3→铺盖4→铺盖5和上游翼墙Ⅱ→铺盖10→铺盖9→铺盖8→铺盖7→铺盖6的顺序同步施工。

事件3：在闸墩混凝土浇筑过程中，由于混凝土温控措施不到位，造成闸墩底部产生贯穿性裂缝，后经处理不影响正常使用。裂缝处理延误工期40d、增加费用32万元。

事件4：桥头堡混凝土施工中，两名工人沿上、下脚手架的斜道向上搬运钢管时，不小心触碰到脚手架斜道外侧不远处的380V架空线路，造成1人死亡、1人重伤。事故调查中发现脚手架外缘距该架空线路最小距离为2.0m。

【问题】

1. 根据《关于印发水利工程建设安全生产监督检查导则的通知》（水安监〔2011〕475号）和《水利工程建设重大质量与安全事故应急预案》（水建管〔2006〕202号），事件1中的"三类人员"是指哪些人员？事故应急保障措施分为哪几类？

2. 指出事件2中上游翼墙及铺盖施工方案的不妥之处，并说明正确做法。

3. 根据《水利工程质量事故处理暂行规定》（中华人民共和国水利部令第9号），确定水利工程质量事故的分类应考虑哪些主要因素？事件3中的质量事故属于哪一类？

4. 指出事件4中脚手架及斜道架设方案在施工用电方面的不妥之处。根据《水利工程建设重大质量与安全事故应急预案》（水建管〔2006〕202号），水利工程建设质量与安全事故共分为几级？事件4的质量与安全事故属于哪一级？

【参考答案与分析思路】

1. 事件1中的"三类人员"指的是施工企业主要负责人、项目负责人及专职安全生产管理人员。

事故应急保障措施分为通信与信息保障、应急支援与装备保障、经费与物资保障。

> 本题考查的是施工企业的"三类人员"及施工应急保障措施。施工企业的"三类人员"是指施工企业主要负责人、项目负责人及专职安全生产管理人员。应急保障措施包括通信与信息保障、应急支援与装备保障、经费与物资保障。
>
> 根据《水利部生产安全事故应急预案》（水监督〔2021〕391号）规定，保障措施包括：信息与通信保障；人力资源保障；应急经费保障；物资与装备保障。

2. 事件2中上游翼墙及铺盖施工方案的不妥之处及正确做法为：

不妥之处：上游翼墙及铺盖的浇筑次序不满足规范要求。

正确做法：铺盖应分块间隔浇筑；与翼墙毗邻部位的1号和10号铺盖应等翼墙沉降基本稳定后再浇筑。

> 本题考查的是上游翼墙及铺盖施工。《水闸施工规范》SL 27—2014规定，钢筋混凝土铺盖应按分块间隔浇筑。在荷载相差过大的邻近部位，应等沉降基本稳定后，再浇筑交接处的分块或预留的二次浇筑带。所以本题中从两端先浇筑是错误的。翼墙的沉降量比较大，应先浇筑翼墙，在翼墙充分沉降后再浇铺盖。1号和10号铺盖是与翼墙相邻的，所以要先间隔浇筑2号到9号铺盖，然后再浇筑1号和10号铺盖。

3. 确定水利工程质量事故的分类应考虑的因素包括：直接经济损失的大小，检查、处理事故对工期时间长短的影响和对工程正常使用的影响。

事件3中的质量事故属于较大质量事故。

本题考查的是质量事故的分类。根据《水利工程质量事故处理暂行规定》（中华人民共和国水利部令第9号），工程质量事故按直接经济损失的大小，检查、处理事故对工期时间长短的影响和对工程正常使用的影响，分类为一般质量事故、较大质量事故、重大质量事故、特大质量事故。事故等级认定：

根据裂缝处理延误工期40d（>1个月，≤3个月），该事故属于较大质量事故。

根据增加费用32万元（>20万元，≤100万元），该事故属于一般质量事故。

所以事件3中的质量事故属于较大质量事故。

4. 事件4中脚手架及斜道架设方案在施工用电方面的不妥之处及正确做法：

（1）不妥之处：上、下脚手架的斜道外侧搭设380V架空线路。

正确做法：上、下脚手架的斜道严禁搭设在有外电线路的一侧（或斜道设在有外电架空线路一侧）。

（2）不妥之处：脚手架外援距该架空线路最小距离为2.0m。

正确做法：脚手架外援距该架空线路最小距离为4.0m。

水利工程建设质量与安全事故共分为Ⅰ、Ⅱ、Ⅲ、Ⅳ四级。

事件4的质量与安全事故属于Ⅳ级（较大质量与安全事故）。

本题考查的是施工用电要求及水利生产安全事故。在建工程（含脚手架）的外侧边缘与外电架空线路的边线之间应保持安全操作距离。最小安全操作距离应不小于表4-5的规定。

在建工程（含脚手架）的外侧边缘与外电架空线路的边线之间应保持安全操作距离　　表4-5

外电线路电压（kV）	<1	1~10	35~110	154~220	330~500
最小安全操作距离（m）	4	6	8	10	15

注：上、下脚手架的斜道严禁搭设在有外电线路的一侧。

事件4中，上、下脚手架的斜道严禁设在有外电线路的一侧，所以最小安全操作距离为4m。

本题根据《水利工程建设重大质量与安全事故应急预案》（水监管〔2006〕202号），造成1人死亡、1人重伤属于较大质量与安全事故。根据《水利部生产安全事故应急预案》（水监督〔2021〕391号）规定，造成1人死亡、1人重伤属于一般事故。

典 型 习 题

实务操作和案例分析题一

【背景资料】

某引调水工程，输水线路长15km，工程建设内容包括渠道、泵站、节制闸、倒虹吸等，设计年引调水量为$1.2 \times 10^8 m^3$，施工工期3年。工程施工过程中发生如下事件：

事件1：监理机构组织项目法人、设计和施工等单位对工程进行项目划分，确定了主要分部工程、重要隐蔽单元工程等内容。项目法人在主体工程开工后一周内将项目划分表及说明书面报工程质量监督机构确认。

事件2：施工单位根据《大中型水电工程建设风险管理规范》GB/T 50927—2013，将本工程可能存在的项目风险，按照风险大小及影响程度并结合处置原则制定了相应的处置方法，具体包括风险利用、风险缓解、风险规避、风险自留和风险转移等，项目风险与处置方法对应关系见表4-6。

项目风险与处置方法对应关系表

表4-6

序号	项目风险	处置方法
1	损失大、概率大的灾难性风险	A
2	损失小、概率大的风险	B
3	损失大、概率小的风险	C
4	损失小、概率小的风险	D
5	有利于工程项目目标的风险	风险利用

事件3：施工单位在施工现场设置的安全标志牌有：① 必须戴安全帽；② 禁止跨越；③ 当心坠落等。

事件4：倒虹吸顶板混凝土施工时，模板支撑系统失稳倒塌，造成9人重伤、3人轻伤的生产安全事故。施工单位第一时间通过电话向当地政府相关部门快报了事故情况，内容包括施工单位名称、单位地址、法定代表人姓名和手机号，重伤、轻伤、失踪和失联人数等。

【问题】

1. 根据《水利水电工程等级划分及洪水标准》SL 252—2017，判定该引调水工程的工程等别和主要建筑物级别。

2. 根据《水利水电工程施工质量检验与评定规程》SL 176—2007，指出事件1中项目划分的不妥之处，并写出正确做法。工程项目划分除确定主要分部工程、重要隐蔽单元工程外，还应确定哪些内容？

3. 根据事件2，指出表4-6中字母A、B、C、D分别代表的风险处置方法。

4. 分别指出事件3中①、②、③三个标志牌对应的安全标志类型。

5. 根据《水利部生产安全事故应急预案》（水监督〔2021〕391号），判定事件4中的生产安全事故等级。除所列内容外，快报内容还应包括哪些？

【参考答案】

1. 该引调水工程的工程等别为Ⅲ等；主要建筑物级别为3级。

2. 事件1中项目划分的不妥之处及正确做法如下：

不妥之处1：监理机构组织项目法人、设计和施工等单位对工程进行项目划分。

正确做法：项目法人组织监理、设计及施工等单位对工程进行项目划分。

不妥之处2：项目法人在主体工程开工后一周内将项目划分表及说明书面报工程质量监督机构确认。

正确做法：项目法人在主体工程开工前将项目划分表及说明书面报工程质量监督机构确认。

工程项目划分还应确定的内容：主要单位工程、关键部位单元工程。

3. 表中字母分别代表的风险处置方法：A：风险规避；B：风险缓解；C：风险转移；D：风险自留。

4. 事件3中①、②、③三个标志牌对应的安全标志类型：

必须戴安全帽（或①）——指令标志；

禁止跨越（或②）——禁止标志；

当心坠落（或③）——警告标志。

5. 造成9人重伤、3人轻伤的生产安全事故等级为一般事故。

除所列内容外，快报内容还应包括发生时间、具体地点、损失情况。

实务操作和案例分析题二

【背景资料】

某施工单位承担江北取水口加压泵站工程施工，该泵站设计流量为5.0m³/s，站内安装4台卧式双吸离心泵和1台最大起重量为16t的常规桥式起重机，泵站纵剖面如图4-6所示。泵站墩墙、排架及屋面混凝土模板及脚手架均采用落地式钢管支撑体系。施工场区地面高程为28.000m，施工期地下水位为25.100m，施工单位采用管井法降水，保证基坑地下水位在建基面以下；泵站基坑采用放坡式开挖，开挖边坡1：2。

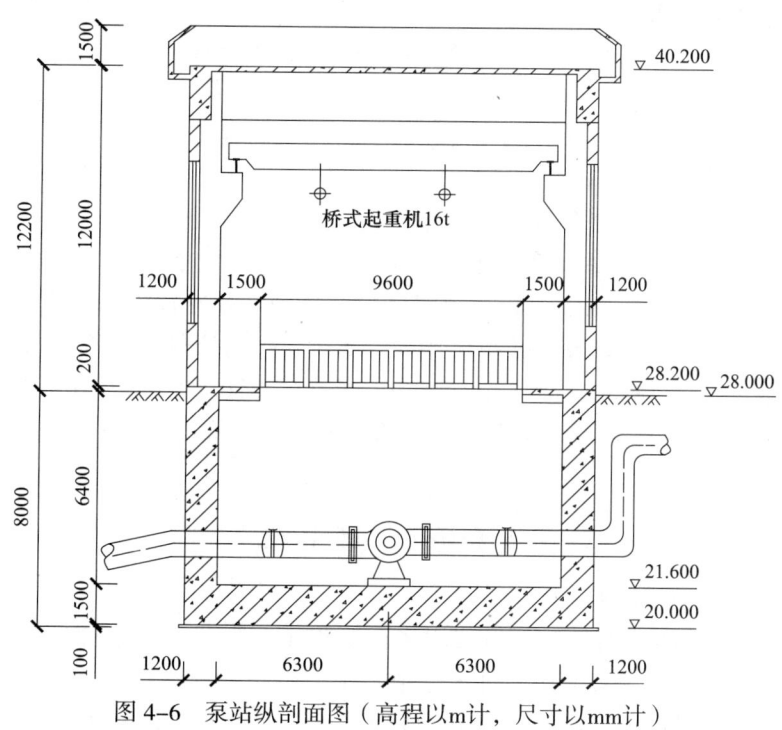

图4-6 泵站纵剖面图（高程以m计，尺寸以mm计）

施工过程中发生如下事件：

事件1：工程施工前，施工单位组织专家论证会，对超过一定规模的危险性较大的单项工程专项施工方案进行审查论证，专家组成员包括该项目的项目法人技术负责人、总监理工程师、运行管理单位负责人、设计项目负责人以及其他施工单位技术人员2名和2名高校专业技术人员。会后施工单位根据审查论证报告修改完善专项施工方案，经项目法人技术负责人审核签字后组织实施。

事件2：在进行屋面施工时，泵室四周土方已回填至28.000m高程。某天夜间在进行屋面混凝土浇筑施工时，1名工人不慎从脚手架顶部坠地死亡，发生高处坠落事故。

【问题】

1. 根据《水利水电工程施工安全管理导则》SL 721—2015，背景资料中超过一定规模的危险性较大的单项工程包括哪些？

2. 根据《水利水电工程施工安全管理导则》SL 721—2015，指出事件1中的不妥之处，简要说明正确做法。

3. 什么是高处作业？说明事件2中高处作业的级别和种类？

4. 根据《水利部生产安全事故应急预案》（水监督〔2021〕391号），生产安全事故共分为哪几级？事件2中的生产安全事故属于哪一级？

【参考答案】

1. 超过一定规模的危险性较大的单项工程有：深基坑的土方开挖、降水工程以及混凝土模板支撑工程。

2. 事件1中的不妥之处及正确做法：

不妥之处一：专家组成员包括该项目的项目法人技术负责人、总监理工程师、运行管理单位负责人、设计项目负责人以及其他施工单位技术人员2名和2名高校专业技术人员。

正确做法：项目法人技术负责人、总监理工程师、设计项目负责人应不以专家身份参加会议。

不妥之处二：会后施工单位根据审查论证报告修改完善专项施工方案，经项目法人技术负责人审查签字后组织实施。

正确做法：施工单位应根据审查论证报告修改完善专项施工方案，经施工单位技术负责人、总监理工程师、项目法人单位负责人审核签字后，方可组织实施。

3. 凡在坠落高度基准面2m和2m以上有可能坠落的高处进行作业，均称为高处作业。

事件2中高处作业的级别为二级高处作业，属于特殊高处作业中的夜间高处作业。

4. 根据《水利部生产安全事故应急预案》（水监督〔2021〕391号），生产安全事故分为特别重大事故、重大事故、较大事故和一般事故4个等级。事件2中1名工人死亡，属于一般事故。

实务操作和案例分析题三

【背景资料】

某新建排灌结合的泵站工程，共安装6台机组（5用1备），设计流量为36m³/s，总装机功率为2700kW，泵站采用射型进水流道，平直管出水流道，下部为块基型墩墙式结构，上部为排架式结构，某施工企业承担该项目施工，签约合同价为2900万元，施工过程中有如下事件：

事件1：为加强施工安全管理，项目部成立了安全领导小组，确定了施工安全管理目标和要求，部分内容如下：

（1）扬尘、噪声、职业危害作业点合格率为95%。

（2）新员工上岗三级安全教育率为98%。

（3）特种作业人员持证上岗率为100%。

（4）配备3名专职安全生产管理员。

事件2：项目部编制了施工组织设计，其部分内容如下：

（1）施工用电由系统电网接入，现场安装变压器1台。

（2）泵室基坑深7.5m，坡比1:2，土方采用明挖施工。

（3）泵室墩墙、电机层施工采用钢管脚手架支撑，中间设施工通道。

（4）混凝土浇筑垂直运输采用塔式起重机。

事件3：项目监理部编制了监理规划，其中涉及本单位安全责任的部分内容如下：

（1）严格按照国家的法律法规和技术标准进行工程监理。

（2）工程施工前认真履行有关文件的审查义务。

（3）施工过程中履行代表项目法人对安全生产情况进行监督检查的义务。

【问题】

1. 根据《泵站设计标准》GB 50265—2022指出本泵站工程等别、规模及主要建筑物级别。

2. 事件1中，新员工上岗前的"三级安全教育"是指哪三级？指出施工安全管理目标和要求中的不妥之处，并改正。

3. 指出事件2中可能发生生产安全事故的危险部位（或设备）。

4. 事件3中，监理单位代表项目法人对安全生产情况进行监督检查的义务包括哪些方面？

【参考答案】

1. 泵站工程等别为Ⅲ等，规模为中型；主要建筑物级别为3级。

> 根据《泵站设计标准》GB 50265—2022的规定，泵站工程等别和建筑物级别应按国家现行标准《防洪标准》GB 50201—2014、《水利水电工程等级划分及洪水标准》SL 252—2017。泵站永久性水工建筑物级别见表4-7。
>
> **泵站永久性水工建筑物级别**　　　　　　　　　　　　　　　　表4-7
>
> | 设计流量（m³/s） | 装机功率（MW） | 主要建筑物 | 次要建筑物 |
> | --- | --- | --- | --- |
> | ≥200 | ≥30 | 1 | 3 |
> | <200，≥50 | <30，≥10 | 2 | 3 |
> | <50，≥10 | <10，≥1 | 3 | 4 |
> | <10，≥2 | <1，≥0.1 | 4 | 5 |
> | <2 | <0.1 | 5 | 5 |
>
> 注：1. 设计流量指建筑物所在断面的设计流量。
> 　　2. 装机功率指泵站包括备用机组在内的单站装机功率。
> 　　3. 当泵站按分级指标分属两个不同级别时，按其中高者确定。
> 　　4. 由连续多级泵站串联组成的泵站系统，其级别可按系统总装机功率确定。
>
> 本案例中，主要建筑物级别为3级，对应的工程等别为Ⅲ等，规模为中型。

2. 三级安全教育分别是"公司教育""项目部教育""班组级教育"。

对施工安全管理目标和要求中的不妥之处及改正如下：

（1）不妥之处：扬尘、噪声、职业危害作业点合格率为95%。改正：应为100%。

（2）不妥之处：新员工上岗三级安全教育率为98%。改正：应为100%。

3. 可能发生生产安全事故的危险部位（或设备）有：变压器，土方开挖，脚手架工程，塔式起重机，施工通道，基坑边沿。

4. 监理单位代表项目法人对安全生产情况进行监督检查的义务：发现施工过程中存在安全事故隐患时，应当要求施工单位整改；情况严重的，应当要求施工单位暂停施工，并及时报告；施工单位拒不整改或者不停止施工时，应当履行及时报告义务。

实务操作和案例分析题四

【背景资料】

某水利枢纽工程项目包括大坝、水电站等建筑物。在水电站厂房工程施工期间发生如下事件。

事件1：施工单位提交的施工安全技术措施部分内容如下：

（1）爆破作业必须统一指挥、统一信号，划定安全警戒区，并明确安全警戒人员。在引爆时，无关人员一律退到安全地点隐蔽。爆破后，首先须经安全员进行检查，确认安全后，其他人员方能进入现场。

（2）电站厂房上部排架施工时高处作业人员使用升降机垂直上下。

（3）为确保施工安全，现场规范使用"三宝"，加强对"四口"的防护。

事件2：水电站厂房施工过程中，因模板支撑体系稳定性不足导致现浇混凝土施工过程中浇筑层整体倒塌，造成直接经济损失50万元。事故发生后，施工单位及时提交了书面报告，报告包括以下几个方面内容：

（1）工程名称、建设地点、工期、项目法人、主管部门及负责人电话。

（2）事故发生的时间、地点、工程部位以及相应的参建单位名称。

（3）事故发生的经过和直接经济损失。

（4）事故报告单位、负责人以及联系方式。

事故发生后，项目法人组织联合调查组进行了事故调查。

【问题】

1. 指出并改正爆破作业安全措施中的不妥之处。

2. 为确保升降设备安全平稳运行，升降机必须配备的安全装置有哪些？

3. 施工安全技术措施中的"三宝"和"四口"是指什么？

4. 根据《水利工程质量事故处理暂行规定》（中华人民共和国水利部令第9号），确定事件2的事故等级；补充完善质量事故报告的内容，指出事故调查的不妥之处，说明正确的做法。

【参考答案】

1. 爆破作业安全措施中的不妥之处及改正如下：

（1）不妥之处：在引爆时，无关人员一律退到安全地点隐蔽。

改正：在装药、连线开始前，无关人员一律退到安全地点隐蔽。

（2）不妥之处：爆破后，首先须经安全员进行检查。

改正：爆破后，首先须经炮工进行检查。

2. 为确保升降设备安全平稳运行，升降机必须配备的安全装置：灵敏、可靠的控制器和限位器等安全装置。

3. 施工安全技术措施中的"三宝"是指安全帽、安全带和安全网，"四口"是指通道口、预留洞口、楼梯口、电梯井口。

4. 根据《水利工程质量事故处理暂行规定》（中华人民共和国水利部令第9号），事件2的事故等级为较大质量事故。

对质量事故报告的内容补充和完善如下：

（1）事故发生的简要经过、伤亡人数和直接经济损失的初步估计。

（2）事故发生原因初步分析。

（3）事故发生后采取的措施及事故控制情况。

事故调查的不妥之处：项目法人组织联合调查组进行了事故调查。

正确做法：由项目主管部门组织调查组进行调查。

实务操作和案例分析题五

【背景资料】

某水库溢洪道加固工程，控制段现状底板顶高程为20.000m，闸墩顶面高程为32.000m，墩顶以上为现浇混凝土排架、启闭机房及公路桥。加固方案为：底板顶面增浇20cm混凝土，闸墩外包15cm混凝土，拆除重建排架、启闭机房及公路桥。其中现浇钢筋混凝土排架采用爆破拆除方案。

施工过程中，针对闸墩新浇薄壁混凝土的特点，承包人拟采用如下温控措施：（1）通过采用高效减水剂以减少水泥用量；（2）采用低发热量的水泥；（3）采取薄层浇筑方法增加散热面；（4）预埋水管通水冷却。

【问题】

1. 指出本工程施工中可能发生的主要伤害事故的种类，并列举相关作业。

2. 根据《建设工程安全生产管理条例》（中华人民共和国国务院令第393号）和《工程建设标准强制性条文（水利工程部分）》（建标〔2011〕60号）有关规定，承包人应当在本工程施工现场的哪些部位设置明显的安全警示标志？

3. 指出承包人在温控措施方面的不妥之处。

【参考答案】

1. 施工中可能发生的主要伤害事故种类及相关作业：高空坠落，如拆除重建排架等；物体打击，如现浇混凝土排架；火药爆炸，火药的运输、存储；炸伤，爆破拆除作业；触电，施工用电；起重伤害，起吊重物；机械伤害，钢筋绑扎；车辆伤害，交通运输；坍塌，拆除重建排架。

2. 设置明显安全警示标志的部位：施工现场入口处、起重机械周围、施工用电处、脚手架下方、炸药库周围、油料库周围、桥梁口、爆破作业区等。

3. 第（3）、（4）项不合理。因为就本工程条件而言，底板和闸墩加固方案均为新浇薄壁混凝土，采取薄层浇筑方法增加散热面已无必要；预埋水管通水冷却更是没有必要且无法实现。

实务操作和案例分析题六

【背景资料】

某平原地区大（1）型水库泄洪闸闸孔36孔，设计流量为4000m³/s，校核流量为7000m³/s。该泄洪闸建于20世纪60年代末，2013年进行除险加固。主要工程内容有：（1）桥头堡、启闭机房拆除重建；（2）公路桥桥面及栏杆翻修；（3）闸墩、闸底板混凝土表面防碳化处理；（4）闸底板、闸墩向上游接长5m；（5）原弧形钢闸门更换为新弧形钢闸门；（6）原卷扬启闭机更换为液压启闭机；（7）上游左右侧翼墙拆除重建。主要工程量：混凝土4.6万m³、土方42万m³、金属结构1086t，总投资1.22亿元。

施工导流采用全段围堰法，围堰为土围堰，级别为3级，长410m，堰顶高程为30.300m。施工期水库设计静水位为27.800m，波浪高度为1.5m。围堰采用水中倒土双向进占法施工，总填筑方量为30万m³。

根据施工需要，现场布置有混凝土拌合系统、钢筋加工厂、木工厂、临时码头、配电房等临时设施。其平面布置示意图如图4-7所示，图4-7中①、②、③、④、⑤为临时设施（混凝土拌合系统、油库、机修车间、钢筋加工厂、办公生活区）代号。

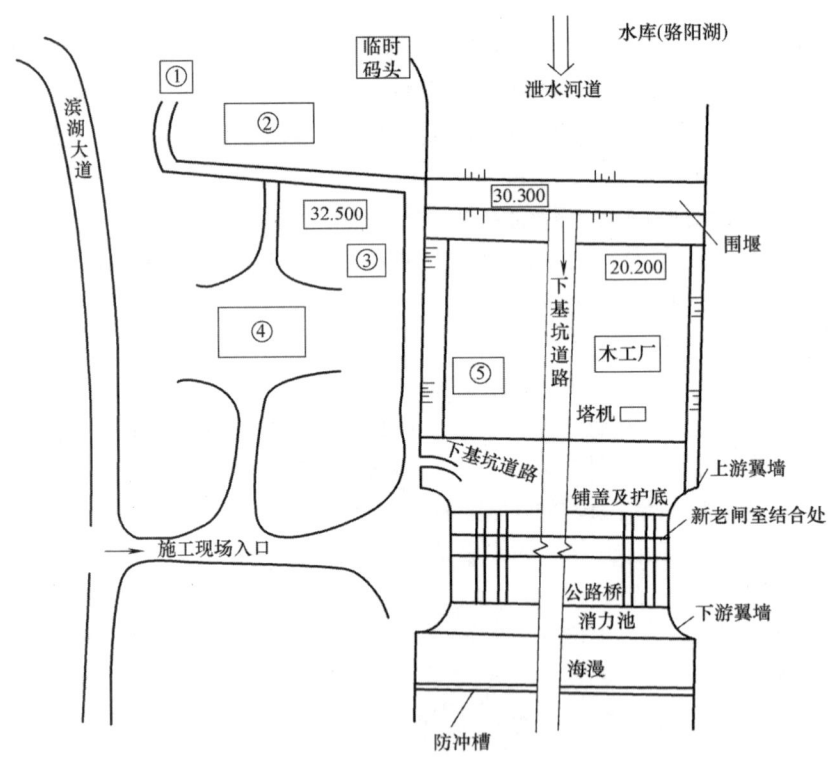

图4-7　平面布置示意图（单位：m）

混凝土表面防碳化处理采用ST-9608聚合物防水防腐涂料。闸底板和闸墩向上游接长5m，采用锚固技术使新、老闸底板和闸墩连为一体。

【问题】

1. 根据有利生产、方便生活、易于管理、安全可靠的原则，给出示意图中代号①、

②、③、④、⑤所对应临时设施的名称。

2. 指出上述七项加固内容中设计工作方面最关键的一项并简述理由。

3. 指出上述七项加固内容和临时工程中施工方面最关键的两项并简述理由。

4. 根据《建设工程安全生产管理条例》(中华人民共和国国务院令第393号)，施工单位应在上图中的哪些地点和设施附近设置安全警示标志？

【参考答案】

1. 根据有利生产、方便生活、易于管理、安全可靠的原则，示意图中代号①、②、③、④、⑤所对应临时设施的名称分别为油库、混凝土拌合系统、机修车间、办公生活区、钢筋加工厂。

2. 上述七项加固内容中，设计工作方面最关键的一项是闸底板、闸墩向上游接长5m。

理由：老闸室沉降一结束，新、老闸底板基有可能产生不均匀沉降；新、老混凝土结合部位处理技术复杂。

3. 上述七项加固内容和临时工程中，施工方面最关键的两项：

(1) 围堰。

理由：本工程围堰级别高（3级）、规模大（30万m^3）、难度高（水中倒土）。

(2) 闸底板、闸墩向上游接长5m。

理由：新接长的闸底板、闸墩混凝土与原有闸底板、闸墩混凝土结合部位的处理技术要求高，施工难度大，其施工质量对工程安全至关重要。

4. 根据《建设工程安全生产管理条例》(中华人民共和国国务院令第393号)，施工单位应在施工现场入口、起重机、施工用电处、配电房、脚手架、钢筋加工厂、木工厂、油库、临时码头、机修车间等地点和设施附近设置安全警示标志。

实务操作和案例分析题七

【背景资料】

某分洪闸位于河道堤防上，该闸最大分洪流量为300m³/s，河道堤防级别为2级。该闸在施工过程中发生了如下事件：

事件1：闸室底板及墩墙设计采用C25W4F100混凝土。施工单位在混凝土拌合料中掺入高效减水剂，并按照混凝土试验有关标准制作了混凝土试块，对混凝土各项指标进行了试验。

事件2：为有效控制风险，依据《大中型水电工程建设风险管理规范》GB/T 50927—2013，施工单位对施工过程中可能存在的主要风险进行了分析，把风险分为四大类：第一类为损失大、概率大的风险，第二类为损失小、概率大的风险，第三类为损失大、概率小的风险，第四类为损失小、概率小的风险，针对各类风险提出了风险规避等处置方法。

事件3：在启闭机工作桥夜间施工过程中，2名施工人员不慎从作业高度为12.0m的高处坠落。事故造成了1人死亡、1人重伤。

【问题】

1. 根据背景资料，说明分洪闸闸室等主要建筑物的级别，本工程项目经理应由几级注册建造师担任？C25W4F100中，"C、W、F"分别代表什么含义？F100中的100又代表什么？

2. 根据事件1，在混凝土拌合料中掺入高效减水剂后，如保持混凝土流动性及水泥用量不变，混凝土拌合用水量、水胶比和强度将发生什么变化？

3. 按事件2的风险分类，事件3中发生的事故应属于风险类型中的哪一类？对于此类风险，事前宜采用何种处置方法进行控制？

4. 根据《水利部生产安全事故应急预案》（水监督〔2021〕391号），说明水利工程生产安全事故共分为哪几级？事件3中的事故等级属于哪一级？根据2名工人的作业高度和施工环境说明其高处作业的级别和种类。

【参考答案】

1. 闸室等主要建筑物的级别为2级。本工程项目经理应由一级注册建造师担任。

C代表混凝土强度等级，W代表混凝土抗渗等级，F代表混凝土抗冻等级，100代表混凝土抗冻性能试验能经受100次的冻融循环。

2. 在保持混凝土流动性和水泥用量不变的情况下，可以减少用水量、降低水胶比、提高混凝土的强度。

3. 该事故属于损失大、概率小的风险。对此类风险宜采用的处置方法是风险转移。

4. 水利工程生产安全事故分为4个等级。

事件3中的事故等级属于一般事故；该高处作业级别属于二级高处作业，种类属于特殊高处作业。

实务操作和案例分析题八

【背景资料】

某水利水电工程施工企业在对公司各项目经理部进行安全生产检查时发现如下情况：

情况1：公司第一项目经理部承建的某泵站工地，在夜间进行泵房模板安装作业时，由于部分照明灯损坏，安全员又不在现场，一木工身体状况不佳，不慎从12m高的脚手架上踩空直接坠地死亡。

情况2：公司第二项目经理部承建的某引水渠道工程，该工程施工需进行浅孔爆破。现场一仓库内存放有炸药、柴油、劳保用品和零星建筑材料，门上设有"仓库重地、闲人免进"的警示标志。

情况3：公司第三项目经理部承建的是某中型水闸工程，由于工程规模不大，项目部未设立安全生产管理机构，仅由各生产班组组长兼任安全生产管理人员，具体负责施工现场的安全生产管理工作。

【问题】

1. 根据施工安全生产管理的有关规定，该企业安全生产检查的主要内容是什么？

2. 情况1中施工作业环境存在哪些安全隐患？

3. 根据《水利部生产安全事故应急预案》（水监督〔2021〕391号）的规定，说明情况1中的安全事故等级；根据《水利工程建设安全生产管理规定》（中华人民共和国水利部令第50号），说明该事故调查处理的主要要求。

4. 指出情况2中炸药、柴油存放的不妥之处，并说明理由。

5. 指出情况3在安全生产管理方面存在的问题，并说明理由。

【参考答案】

1. 根据施工安全生产管理的有关规定，该企业安全生产检查的主要内容是查思想、查制度、查安全教育培训、查措施、查隐患、查安全防护、查劳保用品使用、查机械设备、查操作行为、查整改、查伤亡事故处理。

2. 情况1中施工作业环境存在的隐患：部分照明设施损坏；安全防护措施存在隐患；安全员不在现场；工人可能存在的违章作业。

3. 根据《水利部生产安全事故应急预案》（水监督〔2021〕391号）的规定，情况1中的安全事故等级应为一般事故。

事故调查处理的主要要求：

（1）及时、如实上报。

（2）采取措施防止事故扩大，保护事故现场。

（3）按照有关法律、法规的规定对事故责任单位和责任人的处罚与处理。

4. 情况2中炸药、柴油存放的不妥之处及理由如下：

不妥之处：炸药、柴油存放在仓库内，并与劳保用品和零星建筑材料混存。

理由：易燃易爆物品的存放处应保证通风良好，而且应单独存放，炸药要求存放于专用仓库，有专人管理。

不妥之处：仅在仓库门上设有"仓库重地、闲人免进"的警示标志。

理由：存放易燃易爆物品的主要位置应设置醒目的禁火标志、防爆标志及安全防火规定。

5. 情况3在安全生产管理方面存在的问题：安全生产管理机构不健全；仅由各生产班组组长兼任安全生产管理人员。

理由：施工单位应当设立安全生产管理机构，按照国家有关规定配备专职安全生产管理人员。施工现场必须有专职安全生产管理人员，兼职安全员不能由各生产班组组长兼任，要设置不脱产的兼职安全员。

实务操作和案例分析题九

【背景资料】

某水库枢纽工程总库容为1500万 m^3，工程内容包括大坝、溢洪道、放水洞等，大坝为黏土心墙土石坝，最大坝高为35m，坝顶构造如图4-8所示。

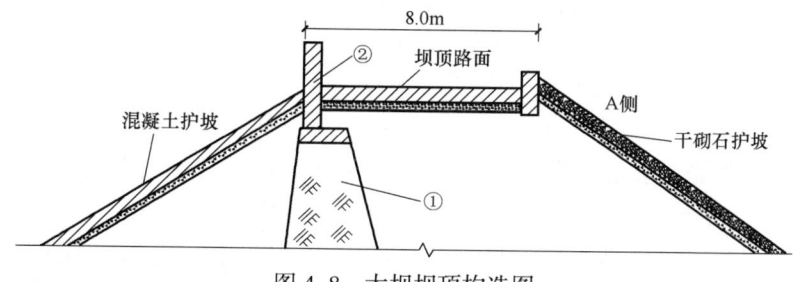

图4-8　大坝坝顶构造图

施工过程中发生了如下事件：

事件1：为加强工程质量管理、落实质量责任，依据《贯彻质量发展纲要提升水利工程质量的实施意见》（水建管〔2012〕581号），项目法人要求各参建单位落实从业单位质量主体责任制等"四个责任制"。

事件2：施工单位选用振动碾作为大坝土料主要压实机具，并在土料填筑前进行了碾压试验，确定了主要压实参数。

事件3：施工单位在进行溢洪道闸墩脚手架搭设过程中，一钢管扣件从5m高的空中落下，砸中一工人头部，造成安全帽破裂致工人重伤，经抢救无效死亡。事故调查组认为安全帽存在质量问题，要求施工单位提供安全帽出厂的证明材料。

【问题】

1. 说明该水库枢纽工程的规模、等别及大坝的级别；指出图4-8中①和②所代表的部位名称；A侧为大坝上游还是下游？

2. 事件1中的"四个责任制"，除从业单位质量主体责任制外，还包括哪些内容？

3. 事件2中施工单位应确定的主要压实参数包括哪些？

4. 根据《水利部生产安全事故应急预案》（水监督〔2021〕391号），水利生产安全事故共分为几级？说明事件3的事故等级；指出安全帽出厂的证明材料包括哪些？

【参考答案】

1. 水库枢纽工程的规模为中型，等别为Ⅲ等，大坝的级别为3级。

① 为黏土心墙，② 为防浪墙。

A侧为大坝下游，因为黏土心墙靠近上游侧。

2. 事件1中除从业单位质量主体责任制外，"四个责任制"还包括从业单位领导人责任制、从业人员责任制、质量终身责任制。

3. 事件2中施工单位应确定的主要压实参数包括碾压机具的重量、含水量、碾压遍数、铺料厚度、振动频率及行车速度等。

4. 根据《水利部生产安全事故应急预案》（水监督〔2021〕391号），水利生产安全事故分为4个等级。事件3的事故等级为一般事故。

安全帽出厂的证明材料包括：厂家安全生产许可证、产品合格证、安全鉴定合格证书。

实务操作和案例分析题十

【背景资料】

某水利枢纽工程建设内容包括大坝、溢洪道、水电站等建筑物。该工程由某流域管理机构组建的项目法人负责建设，某施工单位负责施工。在工程施工过程中发生如下事件。

事件1：溢洪道施工需要进行爆破作业，施工单位使用一辆3.0t的小型载重汽车，将800kg的雷管、炸药等爆破器材集中装运至施工现场。现场使用起重能力为1.0t的小型起重设备，一次将上述爆破器材卸至地面，然后由人工分别运至仓库。

事件2：在进行水电站深基坑开挖过程中，由于开挖边坡较陡，引起塌方，致3人死亡、2人重伤、1人轻伤。事故发生后，施工单位、项目法人立即向流域管理机构和当地水行政主管部门及安全生产监督管理部门如实进行了报告。在事故调查时发现，该工程施工前，施工单位已按安全生产的相关规定，并结合本工程的实际情况，编制了深基坑开挖专项施工方案，该方案编制完成后直接报监理单位批准实施。

事件3：为创建文明建设工地，施工单位根据水利系统文明建设工地的相关要求，在施工现场大门口悬挂"五牌一图"，并制定了相关管理制度。在大坝地基处理、溢洪道和水电站厂房底板施工完成后，已完工程量达到全部建安工程量的25%时，施工单位向水利部申报水利系统文明建设工地。

【问题】

1. 指出并改正事件1关于爆破器材运输与装卸作业的不妥之处。

2. 根据《水利部生产安全事故应急预案》（水监督〔2021〕391号），指出事件2中的安全事故等级。

3. 事故发生后，施工单位、项目法人的上报程序有无不妥之处？施工单位编制的基坑开挖专项施工方案的报批过程有无不妥之处？如有请分别说明理由。

4. 根据水利系统文明建设工地的相关规定，施工单位在施工现场大门口悬挂的"五牌一图"分别是什么？

5. 根据《水利建设工程文明工地创建管理办法》（水精〔2014〕3号），该工程是否符合申报水利系统文明建设工地的基本条件？为什么？指出申报工作中还有哪些不妥之处。

【参考答案】

1. 事件1中爆破器材运输与装卸作业的不妥之处及改正方法如下：

（1）不妥之处：雷管、炸药等爆破器材集中装运。

改正：雷管与炸药不允许在同一车厢或同一地点装卸。

（2）不妥之处：现场用起重能力为1.0t的小型起重设备一次将800kg爆破器材卸至地面。

改正：用起重设备装卸爆破器材时，一次起吊重量不得超过设备能力的50%。

2. 根据《水利部生产安全事故应急预案》（水监督〔2021〕391号），事件2中3人死亡、2人重伤、1人轻伤，属于较大事故。

3. 事故发生后，施工单位、项目法人的上报程序、施工方案报批过程的分析如下：

（1）事故发生后，施工单位、项目法人的上报程序有不妥之处。

理由：事故发生后，项目法人和施工单位应该立即向流域管理机构、水行政主管部门和事故所在地人民政府报告。

（2）施工单位编制的基坑开挖专项施工方案的报批过程有不妥之处。

理由：① 方案要经单位技术负责人签字；② 方案要附具安全验算结果；③ 深基坑专项施工方案施工单位要组织专家论证、审查，然后报监理审批。

4. "五牌一图"是指：工程概况牌、管理人员名单及监督电话牌、消防保卫牌、安全生产牌、文明施工牌，施工现场平面图。

5. 该工程不符合申报水利系统文明建设工地的基本条件。

理由：文明工地创建在项目法人的统一领导下进行。凡满足文明工地标准且符合下列申报条件的水利建设工地才可申报。即：开展文明工地创建活动半年以上；工程项目已完成的工程量，应达全部建筑安装工程量的20%及以上，或在主体工程完工一年以内；工程进度满足总体进度计划要求。

申报工作中的不妥之处：文明工地标准包括体制机制健全、质量管理到位、安全施工到位、环境和谐有序、文明风尚良好、创建措施有力，该工程仅实施制度管理，挂"五牌一图"显然是不符合要求的。

第五章 水利水电工程施工进度管理案例分析专项突破

2014—2023 年度实务操作和案例分析题考点分布

考点	年份									
	2014年	2015年	2016年	2017年	2018年	2019年	2020年	2021年	2022年	2023年
水利水电工程施工工厂设施			●						●	
水利水电工程施工进度计划	●	●	●	●	●	●	●	●	●	●
水利水电工程专项施工方案					●	●	●			

【专家指导】

施工进度管理内容中，主要围绕双代号网络图来考查，对于网络计划图的绘制、工期的计算、时间参数的计算及关键线路的确定属于基本知识，对此部分内容，要结合项目管理科目学习。横道图、S曲线图也深受命题者的青睐，这类题关键是读懂案例的背景，看懂图形。

历 年 真 题

实务操作和案例分析题一［2023 年真题］

【背景资料】

某引水隧洞工程为平洞，采用钻爆法由下游向上游开挖，钢筋混凝土衬砌采用移动模板浇筑。各工作名称和逻辑关系见表5-1，经监理工程师批准的施工进度计划如图5-1所示。

各工作名称和逻辑关系（单位：d）   表5-1

序号	工作名称	代号	持续时间	紧前工作
1	施工准备	A	10	—
2	下游临时道路扩建	B	20	A
3	上游临时道路扩建	C	90	A
4	下游洞口开挖	D	30	B
5	上游洞口开挖	E	30	C
6	隧洞开挖	F	380	D
7	钢筋加工	G	150	B

序号	工作名称	代号	持续时间	紧前工作
8	隧洞贯通	H	15	E、F
9	随洞钢筋混凝土施工	I	270	G、H
10	尾工	J	10	I

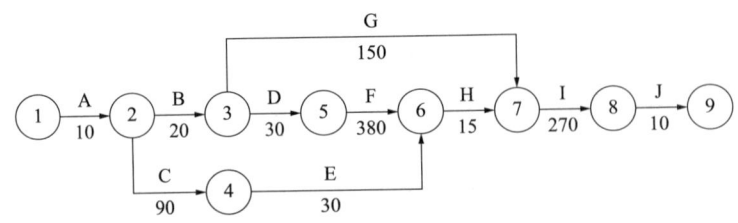

图 5-1　施工进度计划（单位：d）

施工过程中发生如下事件：

事件1：工程如期开工，A工作完工后，因其他标段的影响（非承包人的责任），D工作开始时间推迟。经发包人批准监理人通知承包人，B、C工作正常进行，工作不受影响。D工作暂停，推迟开工135d。为保证工程按期完成，要求承包人调整进度计划。承包人提出上下游相向开挖的赶工方案，调整后的进度计划如图5-2所示。其中C1为C工作的剩余工作，K表示暂停施工。发包人和承包人签订了补充协议，约定工期不变，相应增加赶工措施费用108万元，提前完工奖励1.5万元/d，推迟完工处罚1.5万元/d。

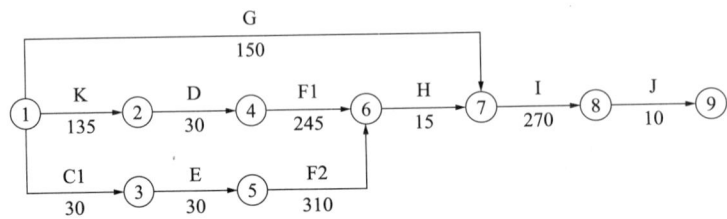

图 5-2　调整后的进度计划（单位：d）

事件2：上游开挖中，由于未及时支护造成洞内塌方，共处理塌方石方450m³，耗时8d。承包人以地质不良为由向发包人提出49500元（450m³，110元/m³）的费用及工期索赔。

事件3：当上下游距离小于L_1时，爆破时对向开挖面的人员应撤离，当距离小于L_2时，上游停止开挖，由下游向上游贯通。

事件4：对工期进行检查发现，H工作结束时间推迟了10d完成，I工作实际持续时间为254d，J工作实际持续时间为6d。

【问题】

1. 水工地下洞室除了平洞，还有哪些形式？夹角分别是多少？

2. 指出图5-2中F1、F2分别代表什么，并指出关键线路。

3. 指出事件2中承包人的要求是否合理，并说明理由。

4. 分别写出事件3中L_1、L_2代表的数值。

5. 根据事件4，计算实际完成总工期，对比合同工期是提前还是推迟？并计算发包人应支付承包人的费用。

【参考答案与分析思路】

1. 水工地下洞室除了平洞，还有：斜井、竖井。

倾角小于等于6°为平洞；倾角6°～75°为斜井；倾角大于等于75°为竖井。

> 本题考查的是水工地下洞室的分类及划分原则。水工地下洞室按照倾角（洞轴线与水平面的夹角）可划分为平洞、斜井、竖井。这里需要注意：斜井可以进一步细分为缓斜井（大于6°，小于等于48°）和斜井（大于48°，小于75°）。

2. 图5-2中F1代表下游隧洞开挖、F2代表上游隧洞开挖。

关键线路1：①→③→⑤→⑥→⑦→⑧→⑨。

关键线路2：①→②→④→⑥→⑦→⑧→⑨。

> 本题考查的是根据网络图判断工作名称及关键线路的判定。
>
> 根据各工作名称和逻辑关系表可知，F1的紧前工作为D（下游洞口开挖），F2的紧前工作为E（上游洞口开挖），所以可以判断F1代表下游隧洞开挖、F2代表上游隧洞开挖。
>
> 因为D工作开始时间推迟135d，所以线路①→②→④→⑥→⑦→⑧→⑨也变为关键线路，工期为705d。

3. 事件2中承包人的要求不合理。

理由：导致塌方的原因是未及时支护，属于承包人自身原因。

> 本题考查的是索赔管理。背景资料中已指出由于未及时支护造成洞内塌方，可以判断是承包人的责任，所以其提出的费用及工期索赔都不合理。

4. L_1：30m或5倍洞径；L_2：15m。

> 本题考查的是地下爆破的规定。根据《水工建筑物地下开挖工程施工规范》SL 378—2007，当相向开挖的两个工作面相距小于30m或5倍洞径距离爆破时，双方人员均应撤离工作面；相距15m时，应停止一方工作，单向开挖贯通。

5. 实际完成总工期＝10＋20＋70＋30＋310＋15＋10＋254＋6＝725d

对比合同工期735d，提前10d。

发包人应支付承包人的费用：108＋1.5×10＝123万元

> 本题考查的是进度计划和工期调整的运用。计算实际完成总工期只需要考虑事件4的内容。
>
> 根据图5-1可知，合同工期＝10＋20＋30＋380＋15＋270＋10＝735d，再根据事件4，实际总工期＝10＋20＋30＋380＋（15＋10）＋254＋6＝725d，提前了10d。
>
> 发包人应支付承包人的费用包括赶工费用和提前奖励。

实务操作和案例分析题二 ［2022年真题］

【背景资料】

某枢纽鱼道布置于节制闸左岸，鱼道总长642m。鱼道进、出口附近均设置控制闸门，鱼道池室采用箱涵和整体U形槽结构两种形式。

发包人与承包人根据《水利水电工程标准施工招标文件》（2009年版）签订了施工合同。工程实施前，承包人根据《水利水电工程施工组织设计规范》SL 303—2017编制施工组织设计，其部分内容如下：

（1）经监理机构批准的施工进度计划网络图如图5-3所示。

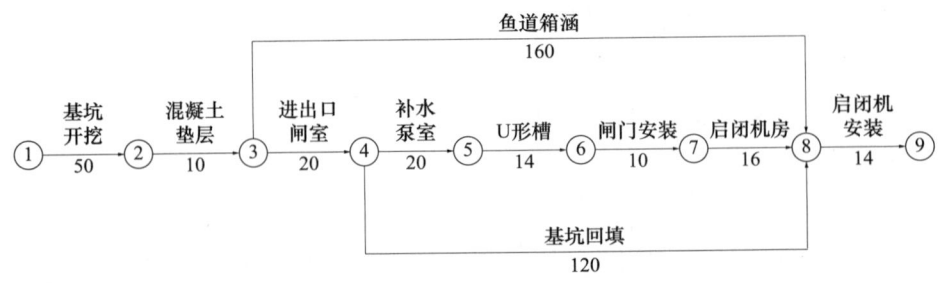

图5-3 施工进度计划网络图（单位：d）

（2）当日平均气温连续5d稳定低于0℃以下或最低气温连续5d稳定低于−5℃以下时，开始按低温季节组织混凝土施工。预热混凝土制备，首先考虑加热集料，不能满足要求时方可考虑热水，仍不能满足要求时，再考虑加热胶凝材料。

（3）施工临时用水量按照日高峰生产和生活用水量，加上消防用水量计算。

（4）施工临时用电包括：基坑排水、混凝土制备、混凝土浇筑、木材加工厂、钢筋加工厂、空压站等主要设备用电。现场设置一个电源，就近从高压10kV线路接入工地。

工程施工进入冬季遭遇了合同约定的异常恶劣的气候条件，监理机构下达暂停施工指令，造成鱼道箱涵、进出口闸室两项工作均推迟30d完成。承包人按照索赔程序向发包人提出了30d的工期索赔。

【问题】

1. 指出图5-3的关键线路、计算工期。

2. 改正施工组织设计文件内容（2）、（3）中的不妥之处。

3. 指出施工组织设计文件内容（4）中的不妥之处，说明理由。

4. 指出承包人提出的工期索赔要求是否合理，说明理由。

【参考答案与分析思路】

1. 施工进度计划网络图中的关键线路为①→②→③→⑧→⑨，计算工期为50＋10＋160＋14＝234d。

> 本题考查的是双代号网络计划时间参数的判定。线路上总的工作持续时间最长的线路为关键线路。本题中线路上总的工作持续时间最长的线路是①→②→③→⑧→⑨，计算工期即为该线路上工作持续时间之和，即50＋10＋160＋14＝234d。

2. 对施工组织设计文件内容（2）、（3）中不妥之处的改正如下：

改正一：

（2）当日平均气温连续5d稳定在5℃以下或最低气温连续5d稳定在−3℃以下时，按低温季节组织混凝土施工。预热混凝土制备，首先考虑热水拌合，不能满足要求时可考虑加热集料，胶凝材料不应直接加热。

改正二：

（3）施工临时用水量按照日高峰生产和生活用水量计算，按消防用水量校核。

> 本题考查的是水利水电工程混凝土制热系统及供水系统的规定。
>
> 混凝土制热系统的主要任务是为低温季节混凝土施工提供满足入仓温度要求的预热混凝土。提高混凝土拌合料温度宜用热水拌合，若加热水拌合不满足要求，方可考虑加热集料，水泥不应直接加热。低温季节混凝土施工气温标准为：当日平均气温连续5d稳定在5℃以下或最低气温连续5d稳定在-3℃以下时，应按低温季节进行混凝土施工。
>
> 供水系统主要供工地施工用水、生活用水和消防用水。施工供水量应满足不同时期日高峰生产和生活用水需要，并按消防用水量进行校核。

3. 施工组织设计文件内容（4）中的不妥之处：现场设置一个电源。

理由：基坑排水主要设备为一类负荷，故工地应设两个以上电源（或自备电源）。

> 本题考查的是施工供电系统的规定。水利水电工程施工现场一类负荷主要有井、洞内的照明、排水、通风和基坑内的排水、汛期的防洪、泄洪设施以及医院的手术室、急诊室、重要的通信站以及其他因停电即可能造成人身伤亡或设备事故引起国家财产严重损失的重要负荷。由于单一电源无法确保连续供电，供电可靠性差，因此大中型工程应具有两个以上的电源，否则应建自备电厂。

4. 承包人提出的工期索赔要求合理。

理由：异常恶劣的气候条件下应合理延长工期。鱼道箱涵工作为关键工作。

> 本题考查的是索赔管理。由第1问可知，鱼道箱涵属于关键工作，总时差为0，推迟30d完成，影响工期30d。进出口闸室总时差为234－（50＋10＋20＋120＋14）＝20d，推迟30d，影响工期10d。所以提出30d的工期索赔成立。

实务操作和案例分析题三［2021年真题］

【背景资料】

某水库除险加固工程包括土石坝加固、溢洪道闸门更换及相关设施设备改造。发包人与承包人依据《水利水电工程标准施工招标文件》（2009年版）签订施工合同，合同约定：（1）合同工期240d，2018年10月15日开工；（2）新闸门由发包人负责采购，2019年4月10日运抵施工现场，新闸门安装调试于2019年5月15日完工。

由承包人编制并经监理人批准的施工进度计划如图5-4所示（单位：d；每月按30d计；节点①最早时间按2018年10月14日末计）。

施工中发生了如下事件：

事件1：由于征地拆迁未按合同约定时间完成，导致"老坝坝坡清理"于2019年1月25日才能开始。为保证安全度汛，监理人要求承包人采取赶工措施，确保工程按期完成。承包人为此提出了土石坝加固后续工作的赶工方案：

第一步，将"坝体填筑"和"坝坡护砌"各划分为2个施工段组织流水施工，按施工段Ⅰ、施工段Ⅱ依次进行，各工作持续时间见表5-2，其他工作逻辑关系不变。

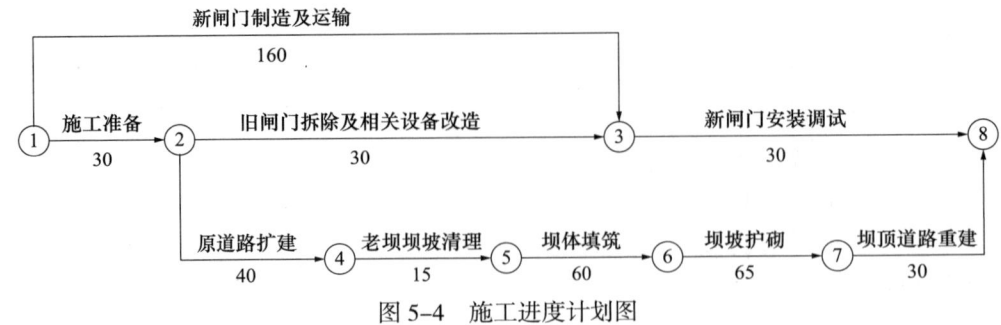

图 5-4 施工进度计划图

土石坝加固后续工作时间、赶工费用   表 5-2

工作代码	工作名称	持续时间（d）	最短持续时间（d）	赶工费用（万元/d）
B	老坝坝坡清理	15	15	—
C1	坝体填筑Ⅰ	35	34	1.5
C2	坝体填筑Ⅱ	25	23	1
D1	坝坡护砌Ⅰ	35	33	2.5
D2	坝坡护砌Ⅱ	30	29	2
E	坝顶道路重建	30	28	1.8

第二步，按照费用增加最少原则，根据表5-2进行工期优化，其他工作均不做调整。承包人向监理人提交了调整后的进度计划及赶工措施，报监理人审批后实施。

事件2：新闸门于2019年3月18日运抵施工现场，有关人员进行了交货检查和验收，核对了制造厂名和产品名称等闸门标志内容。承包人负责新闸门的保管，新闸门提前运抵现场期间发生保管费用3万元。

事件3：为保证闸门安装调试工作顺利进行，在闸门及埋件安装前，承包人按有关规范要求核验了设计图样、施工图样和技术文件，发货清单、到货验收文件及装配编号图等资料。

【问题】

1. 根据事件1，绘制优化后的土石坝加固后续工作的施工进度网络计划图（用工作代码表示），计算赶工费用。

2. 综合事件1、2，承包人可向发包人提出的补偿金额是多少？说明理由。

3. 事件2中，除制造厂名和产品名称外，新闸门标志内容还应有哪些？

4. 除事件3所列核验资料外，承包人还应核验哪些资料？

【参考答案与分析思路】

1. 优化后的土石坝加固后续工作的施工进度网络计划如图5-5所示：

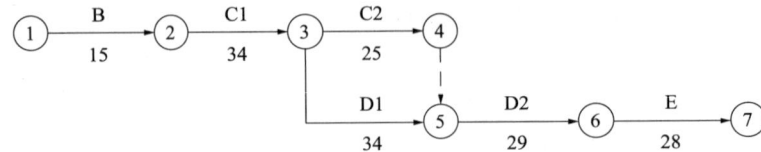

图 5-5 优化后的施工进度网络计划（单位：d）

根据表5-2，工作C1压缩1d，工作D1压缩1d，工作D2压缩1d，工作E压缩2d。则赶工费用＝1.5×1（C1）＋2.5×1（D1）＋2×1（D2）＋1.8×2（E）＝9.6万元。

> 本题考查的是施工进度网络计划图的绘制及工期优化。
>
> 由于征地拆迁未按合同约定时间完成，导致"老坝坝坡清理"于2019年1月25日才能开始，赶工也是针对土石坝加固后续工作，所以只需要绘制"老坝坝坡清理""坝体填筑""坝坡护砌""坝顶道路重建"几项工作的网络进度计划图。还要注意一点，要用工作代码表示。
>
> 网络计划工期优化的基本方法是不改变网络计划中各项工作之间逻辑关系的前提下，通过压缩关键工作的持续时间来达到优化目标。选择压缩对象时宜在关键工作中考虑下列因素：（1）缩短持续时间对质量和安全影响不大的工作；（2）有充足备用资源的工作；（3）缩短持续时间所需增加的费用最少的工作。根据表5-2，工作C1压缩1d，工作D1压缩1d，工作D2压缩1d，工作E压缩2d，则赶工费用＝1.5×1（C1）＋2.5×1（D1）＋2×1（D2）＋1.8×2（E）＝9.6万元。

2. 综合事件1、2，承包人可向发包人提出补偿金额：9.6＋3＝12.6万元

理由：

（1）征地拆迁是发包人义务，由此造成的延期、赶工费用应由发包人承担。

（2）新闸门提前运抵属于发包人违约，保管费应由发包人承担。

> 本题考查的是补偿金额的计算。解答本题的关键是判断征地拆迁和新闸门提前运抵现场期间发生保管费用是谁的义务和责任。上一问的计算关系到这一问的解答，要注意计算准确。

3. 除制造厂名和产品名称外，新闸门标志内容还应有：生产许可证标志及编号、制造日期、闸门中心位置和总重量。

> 本题考查的是闸门标志的内容。闸门是水工建筑物的孔口上用来调节流量，控制上下游水位的活动结构。由封闭或开放的门叶和预埋在闸墩、底板、胸墙内的埋件组成。闸门应有标志，标志内容包括：制造厂名、产品名称、生产许可证标志及编号、制造日期、闸门中心位置和总重量。

4. 除事件3所列核验资料外，承包人还应核验的资料有：（1）闸门出厂合格证；（2）闸门制造验收资料和出厂检验资料；（3）闸门制造竣工图；（4）安装用控制点位置图。

> 本题考查的是闸门及埋件安装前应具备的资料。闸门及埋件安装前应具备下列资料：（1）设计图样、施工图样和技术文件。（2）闸门出厂合格证。（3）闸门制造验收资料和出厂检验资料。（4）闸门制造竣工图或能反映闸门出厂时实际结构尺寸的图样。（5）发货清单、到货验收文件及装配编号图。（6）安装用控制点位置图。

实务操作和案例分析题四 ［2020年真题］

【背景资料】

某水利工程地处北方集中供暖城市，主要施工内容包括分期导流及均质土围堰工程、

基坑开挖（部分为岩石开挖）、基坑排水、混凝土工程。工程实施过程中发生如下事件：

事件1：项目法人向施工单位提供了水文、气象、地质资料，还提供了施工现场及施工可能影响的毗邻区域内的地下管线资料。

事件2：施工单位在编制技术文件时，需运用岩土力学、水力学等理论知识解决工程实施过程中的技术问题，包括：边坡稳定、围堰稳定、开挖爆破、基坑排水、渗流、脚手架强度刚度稳定性、开挖料运输及渣料平衡、施工用电。有关理论知识与技术问题对应关系见表5-3。

理论知识与技术问题对应关系表　　　　　　　　　　表5-3

序号	理论知识	技术问题
1	岩土力学	边坡稳定、A
2	水力学	B、C
3	材料力学	D
4	结构力学	E
5	爆破力学	F
6	电工学	G
7	运筹学	H

事件3：本工程基坑最大开挖深度为12m。根据《水利水电工程施工安全管理导则》SL 721—2015，施工单位需编制基坑开挖专项施工方案，并由技术负责人组织质量等部门的专业技术人员进行审核。

事件4：根据《水利水电工程施工安全管理导则》SL 721—2015，施工单位应组织召开基坑开挖专项施工方案审查论证会，并根据审查论证报告修改完善专项施工方案，经有关人员审核后方可组织实施。

【问题】

1. 事件1中，项目法人向施工单位提供的地下管线资料可能有哪些？

2. 事件2中，分别写出表5-3中字母所代表的技术问题。

3. 事件3中，除质量部门外，施工单位技术负责人还应组织哪些部门的专业技术人员参加专项施工方案审核？

4. 事件4中，修改完善后的专项施工方案，应经哪些人员审核签字后方可组织实施？

【参考答案与分析思路】

1. 事件1中，项目法人向施工单位提供的地下管线资料可能有：供水、排水、供电、供气（或燃气）、供热（供暖）、通信、广播电视。

> 本题考查的是发包人的义务和责任。发包人应当在移交施工现场前向承包人提供施工现场及工程施工所必需的毗邻区域内供水、排水、供电、供气、供热、通信、广播电视等地下管线资料，气象和水文观测资料、地质勘查资料，相邻建筑物、构筑物和地下工程等有关基础资料，并对所提供资料的真实性、准确性和完整性负责。

2. 理论知识与技术问题对应关系表中字母所代表的技术问题如下：

A代表围堰稳定；B代表渗流（或基坑排水）；C代表基坑排水（或渗流）；D代表脚手架强度、刚度、稳定性；E代表脚手架强度、刚度、稳定性；F代表开挖爆破；G代表施工用电；H代表开挖料运输与渣料平衡。

> 本题考查的是施工技术文件的编制。
> 岩土力学，顾名思义应与"土的稳定"有关，所以A应为围堰稳定。
> 水力学，与水有关，所以B、C对应渗流、基坑排水。
> 材料力学，事件2中给出的材料只有脚手架，所以对应的为脚手架强度、刚度、稳定性。
> 结构力学，与之对应的也是脚手架强度、刚度、稳定性。
> 爆破力学，与之对应的是开挖爆破。
> 电工学，与之对应的是施工用电。
> 运筹学，应与"土的稳定"有关，所以H为开挖料运输与渣料平衡。

3. 事件3中，除质量部门外，施工单位技术负责人还应组织安全部门（安全部）、技术部门（技术部）参加专项施工方案审核。

4. 事件4中，修改完善后的专项施工方案，应经施工单位技术负责人、总监理工程师、项目法人（建设单位）单位负责人审核签字后方可组织实施。

> 第3、4问考查的都是专项施工方案审核签字要求。关于专项施工方案审核签字要求见表5-4。

专项施工方案审核签字要求　　　　　　　　　　　　　　　　　　表5-4

项目		内容
审核		应由施工单位技术负责人组织施工技术、安全、质量等部门的专业技术人员进行审核。 如因设计、结构、外部环境等因素发生变化确需修改的，修改后的专项施工方案应当重新审核
签字确认	实行分包的	应由总承包单位和分包单位技术负责人共同签字确认
	不需专家论证的	经施工单位审核合格后应报监理单位，由项目总监理工程师审核签字，并报项目法人备案
	修改完善	经施工单位技术负责人、总监理工程师、项目法人单位负责人审核签字后，方可组织实施

实务操作和案例分析题五 ［2020年真题］

【背景资料】

某水利工程项目发包人与承包人签订了工程施工承包合同。投标报价文件按照《水利工程设计概（估）算编制规定》（水总〔2014〕429号）和《水利建筑工程预算定额》编制。工程实施过程中发生如下事件：

事件1：承包人为确保工程进度，对某混凝土分部工程组织了流水施工，经批准的施工网络计划如图5-6所示（A为钢筋安装，B为模板安装，C为混凝土浇筑）。其中，C1工

作的各时间参数为 $\dfrac{9 \mid EF \mid TF}{LS \mid LF \mid FF}$。

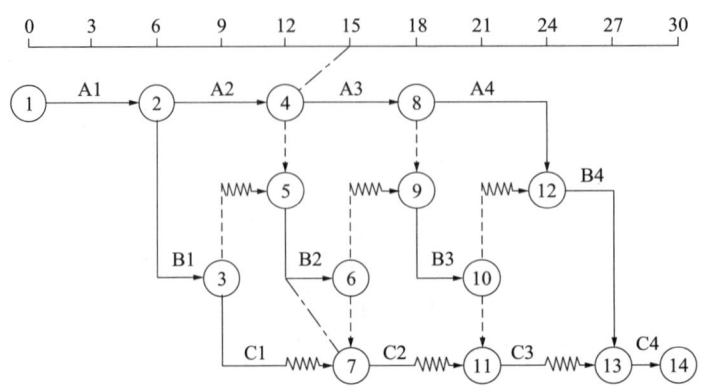

图 5-6 施工网络计划图（单位：d）

事件2：上述混凝土分部工程施工到第15天末，承包人对工程进度进行了检查，并以实际进度前锋线记录在图5-6中。为确保该分部工程能够按计划完成，承包人组织技术人员对相关工作的可压缩时间和对应增加的成本进行分析，结果见表5-5。承包人据此制定了工期优化方案。

混凝土工程相关工作可压缩时间和对应增加的成本分析表 表5-5

工作	A_i	B_i	C_i
正常工作时间（d）	6	3	3
最短工作时间（d）	5	2	2
压缩成本（万元/d）	2	1	3

注：i 为1、2、3、4。

事件3：进入冬期施工后，承包人按监理工程师指示对现浇混凝土进行了覆盖保温。承包人要求调整混凝土工程单价，补偿保温材料费。

事件4：某日当地发生超标准洪水，工地被淹。承包人预估了本次洪灾造成的损失，启动索赔程序。

【问题】

1. 写出事件1中 EF、TF、LS、LF、FF 分别代表的数值。

2. 根据事件2，说明第15天末的进度检查情况（按"××工作实际比计划提前或滞后×天"表述），并判断对计划工期的影响。

3. 写出工期优化方案（按"××工作压缩×天"表述）及相应增加的总成本。

4. 事件3中，承包人提出的要求是否合理？说明理由。

5. 写出事件4中承包人的索赔程序。

【参考答案与分析思路】

1. 事件1中 EF、TF、LS、LF、FF 分别代表的数值：

最早完成时间 $EF = 9 + 3 = 12$；

总时差 $TF=6+3=9$；

最迟开始时间 $LS=9+9=18$；

最迟完成时间 $LF=12+9=21$；

自由时差 $FF=$ 波形线水平投影长度 $=3$。

本题考查的是网络计划中时间参数的计算。

首先来了解这几个时间参数的含义。

EF——最早完成时间；

LS——最迟开始时间；

LF——最迟完成时间；

TF——总时差；

FF——自由时差。

时标网络计划中时间参数的计算见表5-6。

时标网络计划中时间参数的计算

表5-6

时间参数	计算方法
EF	当工作箭线中不存在波形线时，其右端节点中心所对应的时标值为该工作的最早完成时间；当工作箭线中存在波形线时，工作箭线实线部分右端点所对应的时标值为该工作的最早完成时间
LS	工作的最迟开始时间等于本工作的最早开始时间与其总时差之和
LF	工作的最迟完成时间等于本工作的最早完成时间与其总时差之和
TF	以终点节点为完成节点的工作，其总时差应等于计划工期与本工作最早完成时间之差。 其他工作的总时差等于其紧后工作的总时差加本工作与该紧后工作之间的时间间隔所得之和的最小值
FF	以终点节点为完成节点的工作，其自由时差应等于计划工期与本工作最早完成时间之差。 其他工作的自由时差就是该工作箭线中波形线的水平投影长度。但当某工作之后只紧接虚工作时，则该工作箭线上一定不存在波形线，而其紧接的虚箭线中波形线水平投影长度的最短者为该工作的自由时差

根据上述知识点，计算事件1中C1工作各时间参数：

（1）最早开始时间为9，存在波形线，那么其最早完成时间（EF）$=9+3=12$。

（2）C1工作不是终点节点，可以直接看出自由时差，那么其自由时差（FF）为波形线的水平投影长度。

（3）总时差=紧后工作总时差+本工作与该紧后工作之间的时间间隔，C1工作的紧后工作为C2，C2工作的紧后工作为C3，C3工作的总时差 $=0+3=3$，C2工作的总时差 $=3+3=6$，则C1工作的总时差 $=6+3=9$。

总时差的另一种计算方法：计算工期减去通过该工作所有线路持续时间的最小值。

通过C1工作的线路只有1条，所以其总时差 $=30-（6+3+3+3+3+3）=9$。

（4）最迟开始时间（LS）=最早开始时间+总时差 $=9+9=18$。

（5）最迟完成时间（LF）=最早完成时间+总时差 $=12+9=21$。

2. 第15天末的进度检查情况及其对计划工期的影响如下：

（1）A3工作实际比计划滞后3d。

（2）B2工作实际比计划滞后3d。

（3）C2工作与计划一致。

影响计划工期3d。

本题考查的是根据进度检查情况判断对计划工期的影响。这道题目是运用前锋线法判断偏差对工程进度的影响，见表5-7。

前锋线法判断偏差对工程进度的影响   表5-7

直观反映		表明关系	预测影响	
实际进展位置点	实际进度	拖后或超前时间	对后续工作的影响	对总工期的影响
落在检查日左侧	拖后	检查时刻－位置点时刻	超过自由时差就影响，超几天就影响几天	超过总时差就影响，超几天就影响几天
与检查日重合	一致	0	不影响	不影响
落在检查日右侧	超前	位置点时刻－检查时刻	需结合其他工作分析	需结合其他工作分析

根据上述知识点可以分析出：

（1）A3工作实际比计划滞后3d（15－12），A3工作为关键工作，所以会延误工期3d。

（2）B2工作实际比计划滞后3d（15－12），B2工作为非关键工作，所以不会导致工期延误。

（3）C2工作与计划一致。

---

3. 工期优化方案及相应增加的总成本如下：

工期优化方案：本题关键线路是A1→A2→A3→A4→B4→C4，其中在第15天末，A1、A2工作已完成，只能压缩A3、A4、B4、C4，一共三个月，而且应选择压缩成本低的工作进行压缩，即A3工作压缩1d、A4工作压缩1d、B4工作压缩1d。

相应增加的总成本：2＋2＋1＝5万元

本题考查的是工期优化。网络计划工期优化的基本方法是在不改变网络计划中各项工作之间逻辑关系的前提下，通过压缩关键工作的持续时间来达到优化目标。在工期优化过程中，按照经济合理的原则，不能将关键工作压缩成非关键工作。此外，当工期优化过程中出现多条关键线路时，必须将各条关键线路的总持续时间压缩相同数值，否则，不能有效地缩短工期。

工期优化选择关键工作压缩其持续时间时，应优选系数最小的关键工作。若需要同时压缩多个关键工作的持续时间时，则它们的优选系数之和（组合优选系数）最小者应优先作为压缩对象。

本题中的计算过程：

（1）根据各项工作的正常持续时间，确定网络计划的计算工期和关键线路。

计算工期：30d。

关键线路：A1→A2→A3→A4→B4→C4

（2）计算应缩短的时间。

第15天末进度检查时，发现A3工作实际比计划滞后3d；B2工作实际比计划滞后3d；C2工作与计划一致。A3工作为关键工作，计划滞后3d，将影响计划工期3d。B2工作总时差为6d，实际比计划滞后3d，不影响计划工期。

所以应压缩3d。

（3）本题关键线路是A1→A2→A3→A4→B4→C4，其中在第15天末，A1、A2工作已完成，只能压缩A3、A4、B4、C4，一共三个月，而且应选择压缩成本低的工作进行压缩，即A3工作压缩1d、A4工作压缩1d、B4工作压缩1d。

相应增加的总成本＝2＋2＋1＝5万元。

4. 事件3中，承包人提出的要求是否合理的判断及理由如下：

承包人提出的要求不合理。

理由：混凝土工程养护用材料，定额中是以其他材料费，按照费率的方式计入的，投标单价中已经包含相应养护材料费。

本题考查的是定额使用总要求及投标报价。本题在说明理由的时候，要回答出两个采分点：（1）养护材料费在定额中是以其他材料费，按照费率的方式计入的；（2）相应养护材料费包含在投标单价中。

5. 事件4中承包人的索赔程序：

（1）承包人在索赔事件发生后28d内，向监理人提交索赔意向通知书。

（2）承包人在发出索赔意向通知书后28d内，向监理人正式提交索赔通知书。

本题考查的是承包人提出索赔程序。本题需要注意，问题是提出索赔的程序，并非是处理索赔程序。主要回答两点：（1）向监理人递交索赔意向通知书的时间；（2）向监理人正式提交索赔通知书的时间。如果索赔事件具有连续影响，还应在合理时间递交延续索赔通知书。

实务操作和案例分析题六［2019年真题］

【背景资料】

某坝后式水电站安装两台立式水轮发电机组，甲公司承包主厂房土建施工和机电安装工程，主机设备由发包方供货。合同约定：（1）应在两台机墩混凝土均浇筑至发电机层且主厂房施工完成后，方可开始水轮发电机组的正式安装工作。（2）1号机为计划首台发电机组。（3）首台机组安装如工期提前，承包人可获得奖励，标准为10000元/d；工期延误，承包人承担逾期违约金，标准为10000元/d。

单台尾水管安装综合机械使用费合计100元/h，单台座环蜗壳安装综合机械使用费合计175元/h。机械闲置费用补偿标准按使用费的50%计。

施工计划按每月30d、每天8h计，承包人开工前编制首台机组安装施工进度计划，并报监理人批准。首台机组安装施工进度计划如图5-7所示（单位：d）。

事件1：座环蜗壳Ⅰ到货时间延期导致座环蜗壳Ⅰ安装工作开始时间延迟了10d，尾水管Ⅱ到货时间延期导致尾水管Ⅱ安装工作开始时间延迟了20d。承包人为此提出顺延工期和补偿机械闲置费的要求。

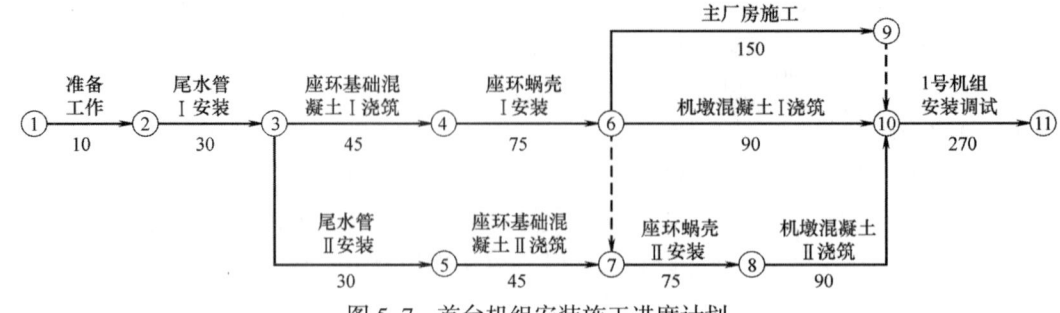

图 5-7 首台机组安装施工进度计划

事件2：座环蜗壳Ⅰ安装和座环基础混凝土Ⅱ浇筑完成后，因不可抗力事件导致后续工作均推迟一个月开始，发包人要求承包人加大资源投入，对后续施工进度计划进行优化调整，确保首台机组安装按原计划工期完成，承包人编制并报监理人批准的首台发电机组安装后续施工进度计划如图5-8所示（单位：d）。并约定，相应补偿措施费用90万元，其中包含了确保首台机组安装按原计划工期完成所需的赶工费用及工期奖励。

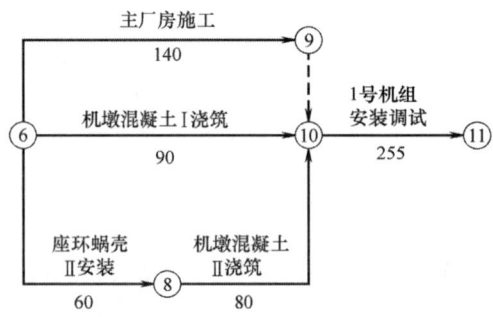

图 5-8 首台发电机组安装后续施工进度计划

事件3：监理工程师发现机墩混凝土Ⅱ浇筑存在质量问题，要求承包人返工处理，延长工作时间10d，返工费用为32600元。为此，承包人提出顺延工期和补偿费用的要求。

事件4：主厂房施工实际工作时间为155d，1号机组安装调试实际时间为232d，其他工作按计划完成。

【问题】

1. 根据图5-7，计算施工进度计划总工期，并指出关键线路。（以节点编号表示）

2. 根据事件1，承包人可获得的工期顺延天数和机械闲置补偿费用分别为多少？说明理由。

3. 事件3中承包人提出的要求是否合理？说明理由。

4. 综合上述4个事件，计算首台机组安装的实际工期；指出工期提前或延误的天数，承包人可获得工期提前奖励或应承担的逾期违约金。

5. 综合上述4个事件计算承包人可获得的补偿及奖励或违约金的总金额。

【参考答案与分析思路】

1. 施工进度计划总工期为595d。

关键线路为：①→②→③→④→⑥→⑦→⑧→⑩→⑪。

本题考查的是双代号网络进度计划时间参数的计算。该考点属于高频考点。考生要学会网络进度计划的工期及关键线路确定的方法。一般有两种方法，标号法和线路列举法。

标号法是一种快速寻求网络计划计算工期和关键线路的方法。一般的题目，采用标号法并结合网络图的基本规律基本上可以解决，本题采用标号法的计算如图5-9所示。

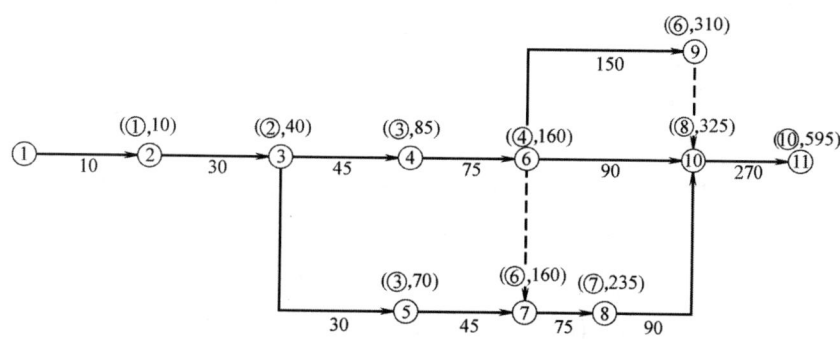

图5-9 施工进度计划总工期计算图（单位：d）

由图可知，总工期为595d，关键线路为①→②→③→④→⑥→⑦→⑧→⑩→⑪。

线路列举法，比较适用于简单、线路少的网络图。本题中，各线路上总的工作持续时间为：

（1）线路1：①→②→③→④→⑥→⑨→⑩→⑪，持续时间为：$10+30+45+75+150+270=580$d。

（2）线路2：①→②→③→④→⑥→⑩→⑪，持续时间为：$10+30+45+75+90+270=520$d。

（3）线路3：①→②→③→④→⑥→⑦→⑧→⑩→⑪，持续时间为：$10+30+45+75+75+90+270=595$d。

（4）线路4：①→②→③→⑤→⑦→⑧→⑩→⑪，持续时间为：$10+30+30+45+75+90+270=550$d。

线路上总的工作持续时间最长的线路为关键线路。由此可知，关键线路为线路3。总工期为595d。

2. 事件1中，承包人可获得的工期顺延天数和机械闲置补偿费用及其理由如下：

（1）承包人可获得工期顺延天数10d。

理由：座环蜗壳Ⅰ、尾水管Ⅱ到货延期均为发包人责任。座环蜗壳Ⅰ安装是关键工作，开始时间延迟10d，影响工期10d。尾水管Ⅱ安装工作总时差45d，尾水管Ⅱ安装开始时间延迟20d不影响工期。

（2）承包人可获得机械闲置补偿费用15000元。

理由：座环蜗壳 I 机械闲置费补偿：$10 \times 8 \times 175 \times 50\% = 7000$ 元；尾水管 II 机械闲置费补偿：$20 \times 8 \times 100 \times 50\% = 8000$ 元。

> 本题考查的是索赔的相关规定。索赔通常会与合同责任、造成工期延误结合考查。解答本题时，应判断到货延期的责任方，影响工期的工作是否为关键工作，若是则影响工期；若不是则判断延误时间是否超过总时差，超过则影响工期。
>
> 由问题 1 可知，座环蜗壳 I 安装为关键工作，其安装工作开始时间延迟了 10d，影响工期，工期应予顺延。机械闲置费用补偿为 $175 \times 50\% \times 8 \times 10 = 7000$ 元。
>
> 尾水管 II 为非关键工作，其总时差为 $595 - 550 = 45$d，其安装工作开始时间延迟 20d，未超过总时差，工期不予顺延。机械闲置费用补偿为 $100 \times 50\% \times 8 \times 20 = 8000$ 元。
>
> 在计算机械闲置费用补偿时应注意尾水管 II 也是应予补偿的。

3. 事件 3 中承包人提出的要求是否合理的判断及理由如下：

事件 3 中承包人提出的要求不合理。

理由：施工质量问题属于承包人责任。

> 本题考查的是索赔的相关规定。判断造成质量事故的责任方是解答本题的关键。机墩混凝土 II 浇筑属于承包人的工作内容，其存在质量问题，责任方为承包人。所以不予顺延工期和补偿费用。

4. 首台机组安装的实际工期：$10 + 30 + 45 + 75 + 155 + 232 + 10 + 30 = 587$d

工期提前 8d（$595 - 587$），所以可获得工期提前奖励为：$8 \times 10000 = 80000$ 元

> 本题考查的是实际工期、奖励或违约金的计算。解答本题应注意，要综合 4 个事件考虑。
>
> 事件 1 中，工期顺延 10d。
>
> 事件 2 中，因不可抗力事件导致后续工作均推迟一个月开始，即 30d。
>
> 根据事件 2，对首台发电机组安装后续施工进度计划进行优化调整，主厂房施工计划时间为 140d，但实际工作时间为 155d，1 号机组安装调试计划时间为 255d，但实际工作时间为 232d。
>
> 则首台机组安装的实际工期：$10 + 30 + 45 + 75 + 155 + 232 + 10 + 30 = 587$d
>
> 工期提前奖励计算，按背景资料中合同约定计算即可。

5. 综合 4 个事件计算承包人可获得的补偿及奖励或违约金的总金额如下：

（1）机械闲置费 15000 元。

（2）措施费用 900000 元。

（3）工期提前奖励 80000 元。

合计为：$15000 + 900000 + 80000 = 995000$ 元。

> 本题考查的是补偿及奖励或违约金总金额的计算。
>
> （1）事件 1 造成的机械闲置费 15000 元。
>
> （2）事件 2 中，补偿措施费用 900000 元。（注意不要忽略此项费用）
>
> （3）工期提前奖励 80000 元。
>
> 合计：995000 元。

实务操作和案例分析题七 [2017年真题]

【背景资料】

某河道整治工程的主要施工内容有河道疏浚、原堤防加固、新堤防填筑等。承包人依据《水利水电工程标准施工招标文件》（2009年版）与发包人签订了施工合同，工期9个月（每月按30d计，下同），2015年10月1日开工。承包人编制并经监理人同意的进度计划如图5-10所示：

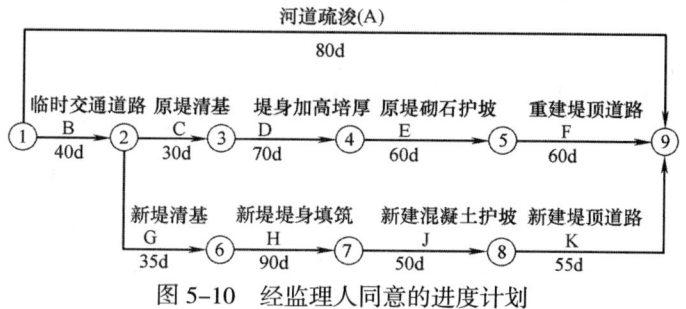

图5-10 经监理人同意的进度计划

本工程施工中发生以下事件：

事件1：工程如期开工，但因征地未按期完成，导致"临时交通道路"推迟20d完成。发包人要求承包人采取赶工措施，保证工程按合同要求的工期目标完成。承包人确定了工期优化方案。

（1）"原堤防加固"，按增加费用最小原则进行工期优化，相应的工期优化-费用关系见表5-8。

"原堤防加固"工期优化-费用关系表　　　表5-8

代码	工作名称	计划工作时间（d）	最短工作时间（d）	费用增加率（万元/d）
C	原堤清基	30	30	
D	堤身加高培厚	70	65	2.6
E	原堤砌石护坡	60	58	2.4
F	重建堤顶道路	60	45	2.8

（2）"新堤填筑"采用增加部分关键工作的施工班组，组织平行施工优化工期，计划调整-费用增加情况见表5-9。

"新堤填筑"计划调整-费用增加情况表　　　表5-9

代码	工作名称	工作时间（d）	紧前工作	费用增加率（万元/d）
G	新堤清基	35	...	
H1	新堤堤身填筑Ⅰ	80	G	25
H2	新堤堤身填筑Ⅱ	30	G	
J1	新建混凝土护坡Ⅰ	40	H1	22
J2	新建混凝土护坡Ⅱ	20	H2	
K	新建堤顶道路	55	J1、J2	

（3）河道疏浚计划于2015年12月1日开始。

项目部按优化方案编制调整后的进度计划及赶工措施报告，并上报监理人批准。

事件2：项目经理因患病经常短期离开施工现场就医。鉴于项目经理健康状况，承包人按合同规定履行相关程序后，更换了项目经理。

事件3：承包人在取得合同工程完工证书后，向监理人提交了完工付款申请（包括发包人已支付承包人的工程价款），并提供了相关证明材料。

事件4：承包人在编制竣工图时，对其中图面变更超过1/3的施工图进行了重新绘制，并按档案验收要求进行编号和标注。

【问题】

1. 根据事件1，用双代号网络图绘制从2015年12月1日起的优化进度计划，并计算赶工所增加的费用。

2. 根据事件2，分别说明项目经理短期离开施工现场和承包人更换项目经理应履行的程序。

3. 根据事件3，承包人提交的完工付款申请单中，除发包人已支付承包人的工程价款外，还应有哪些内容？

4. 事件4中承包人重新绘制的竣工图应如何编号？竣工图图标栏中应标注的内容有哪些？

【参考答案与分析思路】

1. B工作延误20d后，优化后续工作的网络图如图5-11所示。

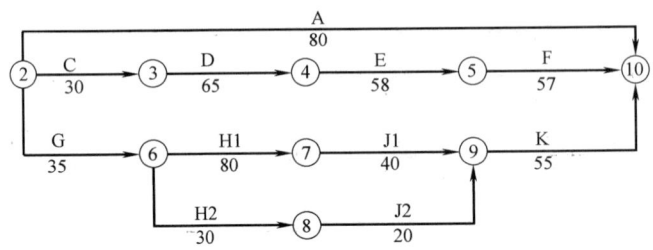

图5-11 优化后续工作的网络图（单位：d）

赶工所增加费用的计算：

（1）原堤防加固线路为：①→②→③→④→⑤→⑨，线路总长度为260d。由于B工作延误20d，则原堤防加固需要赶工10d。从赶工费用最低的原则出发，优先压缩费用增加率低的工作。因此E工作压缩2d，D工作压缩5d，F工作压缩3d，满足压缩10d的要求。压缩费用为：$2.4×2+2.6×5+2.8×3=26.2$ 万元。

（2）新堤堤身填筑对H工作和J工作增加了施工队数量，所以赶工的费用累计为：$25+22=47$ 万元。

（3）总赶工增加费用为：$26.2+47=73.2$ 万元。

> 本题考查的是网络图的绘制及网络计划的优化。
> 网络计划的优化，首先要找出关键线路，本题中的关键线路为①→②→⑥→⑦→⑧→⑨（B→G→H→J→K），持续时间为270d；由于B工作（临时交通道路）

属于关键工作，事件1中要求按期完成，也就是说，工期由270d变为250d，这时候关键线路发生转移。①→②→③→④→⑤→⑨（B→C→D→E→F）的持续时间为260d，所以也要压缩10d。

由于B工作（临时交通道路）延误20d，则原堤防加固需要赶工10d，根据赶工费用最低的原则，优先压缩费用增加率低的工作。根据"原堤防加固"工期优化－费用关系表可知，C工作不能压缩，D工作可以压缩5d，E工作可以压缩2d，F工作可以压缩15d。总共压缩10d，则D工作压缩5d、E工作压缩2d、F工作压缩3d即可满足要求。费用增加为2.6×5＋2.4×2＋2.8×3＝26.2万元。

新堤堤身填筑对H工作和J工作增加了施工队数量，关键线路为B→G→H1→J1→K，工期为250d。增加了H2、J2的费用分别为25万元、22万元。

所以总赶工增加费用＝26.2＋25＋22＝73.2万元。

网络图的绘制要注意的是压缩后各工作的持续时间及增加施工队数量的逻辑关系。

2. 项目经理短期离开施工现场，应事先征得监理人同意，并委派代表代行其职责。

承包人更换项目经理应事先征得发包人同意，并应在更换14d前通知发包人和监理人。

本题考查的是承包人项目经理要求。该考点属于易考考点。项目经理驻现场的要求：

（1）承包人应按合同约定指派项目经理，并在约定的期限内到职。

（2）承包人更换项目经理应事先征得发包人同意，并应在更换14d前通知发包人和监理人。

（3）承包人项目经理短期离开施工现场，应事先征得监理人同意，并委派代表代行其职责。

（4）监理人要求撤换不能胜任本职工作、行为不端或玩忽职守的承包人项目经理和其他人员的，承包人应予以撤换。

3. 除发包人已支付承包人的工程价款外，完工付款申请单还应包括下列内容：完工结算合同总价、应支付的完工付款金额。

本题考查的是完工付款申请单的内容。承包人应在合同工程完工证书颁发后28d内，向监理人提交完工付款申请单，并提供相关证明材料。完工付款申请单应包括下列内容：完工结算合同总价、发包人已支付承包人的工程价款、应支付的完工付款金额。

4. 施工图纸变更超过1/3的部分，应重新绘制竣工图，重绘图应按原图编号，并在说明栏内注明变更依据。

在图标栏中应标注的内容有："竣工阶段"和绘制竣工图的时间、单位、责任人。

本题考查的是竣工图的编制。

使用施工图编制竣工图的规定：

（1）按施工图施工没有变更的，由竣工图编制单位在施工图上逐张加盖并签署竣工图章。

（2）一般性图纸变更且能在原施工图上修改补充的，可直接在原图上修改，并加盖竣工图章。修改处应注明修改依据文件的名称、编号和条款号，无法用图形、数据表达或标注清楚的，应在标题栏上方或左边用文字简练说明。

重新绘制竣工图的规定：

（1）有下述情形之一的均应重新绘制竣工图：

① 涉及结构形式、工艺、平面布置、项目等重大改变。

② 图面变更面积超过20%。

③ 合同约定对所有变更均需重绘或变更面积超过合同约定比例。

（2）重新绘制竣工图按原图编号，图号末尾加注"竣"字，或在新图标题栏内注明"竣工阶段"。重新绘制的竣工图图幅、比例和文字字号及字体应与原施工图一致。

（3）施工单位重新绘制的竣工图，标题栏应包含施工单位名称、图纸名称、编制人、审核人、图号、比例尺、编制日期等标识项，并逐张加盖监理单位相关责任人审核签字的竣工图审核章。

实务操作和案例分析题八 ［2016年真题］

【背景资料】

某水库除险加固工程的主要工作内容有：坝基帷幕灌浆（A）、坝顶道路重建（B）、上游护坡重建（C）、上游坝体培厚（D）、发电隧洞加固（E）、泄洪隧洞加固（F）、新建混凝土截渗墙（G）、下游护坡重建（H）、新建防浪墙（I）。

施工合同约定，工程施工总工期17个月（每月按30d计，下同），自2011年11月1日开工至2013年3月30日完工。

施工过程中发生如下事件：

事件1：施工单位根据工程具体情况和合同工期要求，将主要工作内容均安排在非汛期施工。工程所在地汛期为7—9月份。施工单位分别绘制了两个非汛期的施工网络进度计划图，如图5-12和图5-13所示。

监理工程师审核意见如下：

（1）上游护坡重建（C）工作应列入施工网络进度计划，并要确保安全度汛。

（2）应明确图5-12和图5-13施工进度计划的起止日期。

施工单位根据监理工程师审核意见和资源配置情况，确定上游护坡重建（C）工作持续时间为150d，C工作具体安排为：第一个非汛期完成总工程量的80%，其余工程量安排在第二个非汛期施工且在H工作之前完成。据此施工单位对施工网络进度计划进行了修订。监理工程师批准后，工程如期开工。

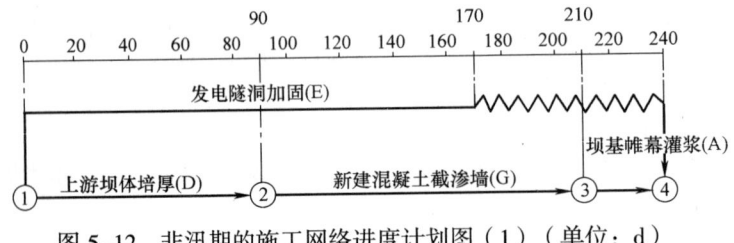

图 5-12　非汛期的施工网络进度计划图（1）（单位：d）

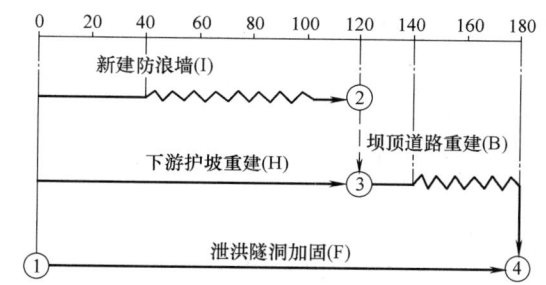

图 5-13 非汛期的施工网络进度计划图（2）（单位：d）

事件2：施工单位对发电隧洞加固（E）工作施工进度有关数据进行统计，绘制的工作进度曲线如图5-14所示。

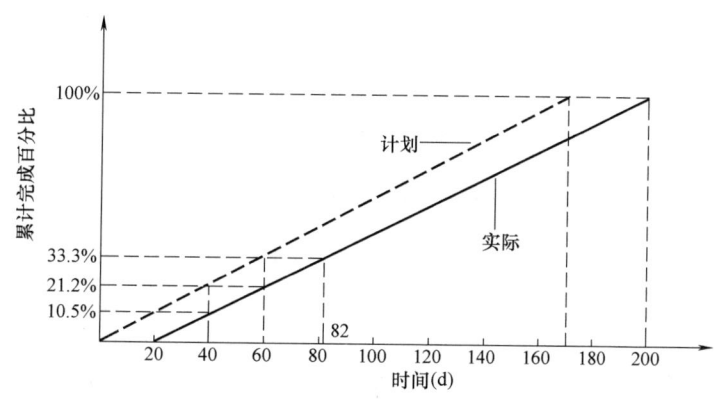

图 5-14 发电隧洞加固（E）工作进度曲线图

事件3：坝顶道路施工中，项目法人要求设计单位将坝顶水泥混凝土路面变更为沥青混凝土路面。因原合同中无相同及类似工程，施工单位向监理工程师提交了沥青混凝土路面报价单。总监理工程师审定后调低该单价。施工单位认为价格过低，经协商未果，为维护自身权益遂停止施工，并书面通知监理工程师。

【问题】

1. 分别写出图5-12、图5-13中施工网络进度计划的开始和完成日期。

2. 根据事件1，用双代号非时标网络图绘制出修订后的施工进度计划。（用工作代码表示）

3. 根据事件2，指出E工作第60天末实际超额（或拖欠）计划累计工程量的百分比，提前（或拖延）的天数。指出E工作实际持续时间，并简要分析E工作的实际进度对计划工期的影响。

4. 事件3中，施工单位停工的做法是否正确？施工单位可通过哪些途径来维护自身权益？

【参考答案与分析思路】

1. 图5-12中开始日期为2011年11月1日，完成日期为2012年6月30日；图5-13中开始日期为2012年10月1日，完成日期为2013年3月30日。

本题考查的是网络进度计划的开始和完成日期的确定。该考点是考试的易考点，难度不大，考试根据所给网络图，联系实际施工即可解答。需要注意的是，考生不要直接运用"建设工程项目管理"科目中工作最早开始时间及最早完成时间进行计算。根据图5-12，开始日期为2011年11月1日，施工240d（8个月），所以完成日期为2012年6月30日。根据图5-13，工程所在地汛期为7—9月份，开始日期为2012年10月1日，施工180d（6个月），则完成日期为2013年3月30日。

2. 修订后的施工进度计划如图5-15、图5-16所示。

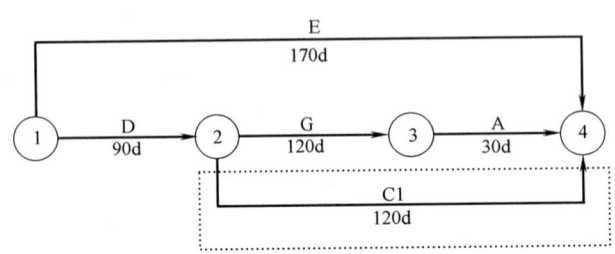

图 5-15　修订后的施工进度计划（1）

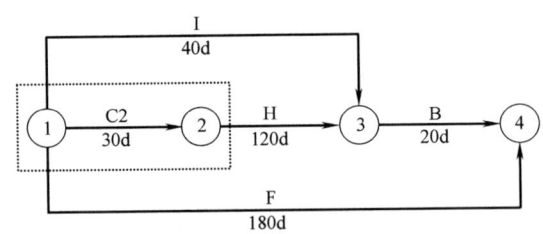

图 5-16　修订后的施工进度计划（2）

注：C1、C2分别代表C工作在两个非汛期完成的相应工作。

本题考查的是施工进度计划的编制。网络计划应在确定技术方案与组织方案，按需要粗细划分工作、确定工作之间的逻辑关系及各工作的持续时间的基础上进行编制。本题应根据监理工程师的审核意见进行编制。

3. E工作实际持续时间及其实际进度对计划工期的影响：

（1）第60天末，E工作实际拖欠计划累计工程量为12.1%；拖延20d。

（2）E工作实际持续时间为180d；不影响计划工期，因为E工作拖延时间为30d，未超过E工作的总（自由）时差70d。

本题考查的是进度曲线图的运用。该考点是考试的常考点，考生要重点掌握。需要明确的是，在进度曲线图中，横轴表示时间，纵轴为完成累计工作量（该工作量的具体表示内容可以是实物工程量的大小、工时消耗或费用支出额，也可以用相应的百分比来表示）。E工作在第60天末，计划累计完成33.3%，实际累计完成21.2%，拖欠12.1%（33.3%～21.2%）。E工作在第40天末，计划累计完成21.2%，所以拖延20d。E工作的总时差为70d，拖延时间未超过总时差，所以不影响计划工期。

4. 施工单位停工的做法不正确。

施工单位可通过合同争议的处理方式维护自身权益，具体途径包括：提请争议评审组评审（调解）、仲裁、诉讼。

> 本题考查的是暂停施工和合同争议的处理方法。本题中施工单位在未得到监理人暂停施工的通知下擅自停工是不正确的。
>
> 合同争议的处理方法有：友好协商解决；提请争议评审组评审；仲裁；诉讼。

实务操作和案例分析题九［2015 年真题］

【背景资料】

某水库除险加固工程的主要内容有泄洪闸加固、灌溉涵洞拆除重建、大坝加固。工程所在地区的主汛期为 6—8 月份，泄洪闸加固和灌溉涵洞拆除重建分别安排在两个非汛期施工。施工导流标准为非汛期 5 年一遇，现有泄洪闸和灌溉涵洞均可满足非汛期导流要求。

承包人依据《水利水电工程标准施工招标文件》（2009 年版）与发包人签订了施工合同。合同约定：

（1）签约合同价为 2200 万元，工期 19 个月（每月按 30d 计，下同），2011 年 10 月 1 日开工。

（2）开工前，发包人按签约合同价的 10% 向承包人支付工程预付款，工程预付款的扣回与还清按 $R = \dfrac{A \cdot (C - F_1 S)}{(F_2 - F_1) \cdot S}$ 计算，其中 $F_1 = 20\%$，$F_2 = 90\%$。

（3）从第一个月起，按工程进度款 5% 的比例扣留工程质量保证金。

（4）控制性节点工期见表 5-10。

控制性节点工期　　　　　　　　　　　　　　　　　表 5-10

节点名称	控制性节点工期
水库除险加固工程完工	2013 年 4 月 30 日
泄洪闸局部加固具备通水条件	T
灌溉涵洞拆除重建具备通水条件	2013 年 3 月 30 日

施工中发生了以下事件：

事件 1：工程开工前，承包人按要求向监理人提交了开工报审表，并做好开工前的准备，工程如期开工。

事件 2：大坝加固项目计划于 2011 年 10 月 1 日开工，2012 年 9 月 30 日完工。承包人对大坝加固项目进行了细化分解，并考虑施工现场资源配备和安全度汛要求等因素，编制了大坝加固项目各工作的逻辑关系表（表 5-11）。其中大坝安全度汛目标为，重建迎水面护坡、新建坝身混凝土防渗墙两项工作必须在 2012 年 5 月底前完成。

大坝加固项目各工作的逻辑关系表　　　　　　　　　表 5-11

工作代码	工作名称	工作持续时间（d）	紧前工作
A	拆除背水面护坡	30	—
B	坝身迎水面土方培厚加高	60	G

工作代码	工作名称	工作持续时间（d）	紧前工作
C	砌筑背水面砌石护坡	90	F、K
D	拆除迎水面护坡	40	—
E	预制混凝土砌块	50	G
F	砌筑迎水面混凝土砌块护坡	100	B、E
G	拆除坝顶道路	20	A、D
H	重建坝顶防浪墙和道路	50	C
K	新建坝身混凝土防渗墙	120	B

根据表5-11，承包人绘制了大坝加固项目施工进度计划（单位：d）如图5-17所示。

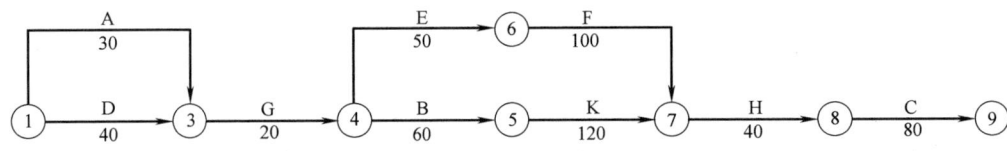

图 5-17　大坝加固项目施工进度计划图

经检查发现图5-17有错误，监理人要求承包人根据表5-11对图5-17进行修订。

事件3：F工作由于设计变更工程量增加12%，为此承包人分析对安全度汛和工期的影响，按监理人的变更意向书要求，提交了包括变更工作计划、措施等内容的实施方案。

事件4：截至2013年1月底累计完成合同金额为1920万元，2013年2月经监理人认可的已实施工程价款为98万元。

【问题】

1. 写出事件1中承包人提交的开工报审表主要内容。

2. 指出表5-10中控制性节点工期T的最迟时间，说明理由。

3. 根据事件2，说明大坝加固项目施工进度计划（图5-17）应修订的主要内容。

4. 根据事件3，分析在施工条件不变的情况下（假定匀速施工），变更事项对大坝安全度汛目标的影响。

5. 计算2013年2月发包人应支付承包人的工程款。（计算结果保留2位小数）

【参考答案与分析思路】

1. 承包人提交的开工报审表应详细说明按合同进度计划正常施工所需的施工道路、临时设施、材料设备、施工人员等施工组织措施的落实情况以及工程的进度安排。

> 本题考查的是开工报审表的内容。承包人应向监理人提交工程开工报审表，经监理人审批后执行。开工报审表应详细说明按合同进度计划正常施工所需的施工道路、临时设施、材料设备、施工人员等施工组织措施的落实情况以及工程的进度安排。

2. 控制性节点工期T的最迟时间为2012年5月30日。

理由：施工期间泄洪闸与灌溉涵洞应互为导流，因灌溉涵洞在第二个非汛期施工，泄洪闸加固应安排在第一个非汛期，而6月份进入主汛期，在5月30日前应具备通水条件。

本题考查的是双代号网络计划中工期的计算。施工期间泄洪闸与灌溉涵洞应互为导流，因灌溉涵洞在第二个非汛期施工，泄洪闸加固应安排在第一个非汛期。工程所在地区的主汛期为6—8月份，所以在5月30日前应泄洪加固并具备通水条件。导流泄水建筑物完成导流任务后，封堵时段宜选在汛后，使封堵工程能在一个枯水期内完成。如汛前封堵，应有充分论证和确保工程安全度汛措施。

3. 大坝加固项目施工进度计划应修订的主要内容包括：

（1）A工作增加节点②（A工作后增加虚工作）。

（2）节点⑤、⑥之间增加虚工作（B工作是F工作的紧前工作）。

（3）工作H与C先后对调。

（4）工作H、C时间分别为50d和90d。

承包人修订后的大坝加固项目施工进度计划（单位：d）如图5-18所示。

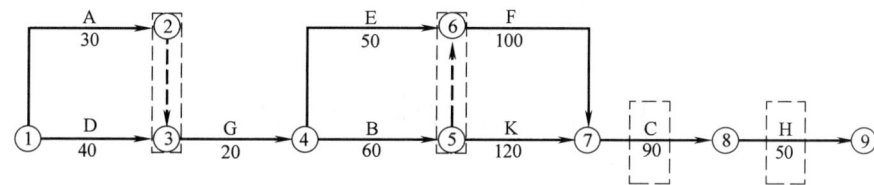

图5-18　修订后的大坝加固项目施工进度计划图

本题考查的是施工进度计划的调整。本例中，根据大坝加固项目各工作的逻辑关系表及施工进度计划图可知，①→③有两项工作是错误的，应在A工作后增加虚工作；F工作的紧前工作为B、E两项工作，应在节点⑤、⑥之间增加虚工作；H工作的紧前工作为C工作，所以工作H与C先后对调，工作H、C时间分别为50d和90d。

4. 根据施工进度计划，F工作的最早完成日期为2012年5月10日，最迟完成日期为2012年5月30日，在施工条件不变的情况下增加12%的工程量，则F工作的时间需延长100×12%＝12d，因此F工作将于2012年5月22日完成，对大坝安全度汛目标无影响。

本题考查的是变更事项对大坝安全度汛目标的影响。根据修改后的施工进度计划图解答。F工作的最早开始日期为2012年2月1日，最早完成日期为2012年5月10日。在施工条件不变的情况下增加12%的工程量，则F工作的时间需延长100×12%＝12d，因此F工作将于2012年5月22日完成，F工作的总时差为20d，则最迟完成日期为2012年5月30日，所以变更事项对大坝安全度汛目标无影响。

5. 工程款的计算如下：

（1）相应工程预付款的扣回金额（R）＝ $\dfrac{2200×10\%×(1920-20\%×2200)}{(90\%-20\%)×2200}$ ＝211.43万元，工程预付款余额＝2200×10%－211.43＝8.57万元。

（2）截至2月底合同累计完成金额＝1920＋98＝2018万元，相应工程预付款的扣回金额按扣回与还清公式计算得出225.43万元＞220万元（2200×10%），因此2月份应扣预付款额为8.57万元。

（3）工程质量保证金扣留额＝98×5%＝4.9万元。

（4）2013年2月份发包人应支付承包人的工程款＝98－8.57－4.9＝84.53万元。

> 本题考查的是工程款的计算。
> （1）截至2013年1月底合同累计完成金额为1920万元，相应工程预付款的扣回金额 $R=\dfrac{A\cdot(C-F_1S)}{(F_2-F_1)\cdot S}=\dfrac{2200\times10\%\times(1920-20\%\times2200)}{(90\%-20\%)\times2200}=211.43$ 万元，工程预付款余额＝ $2200\times10\%-211.43=8.57$ 万元。
> （2）2013年2月份经监理人认可的已实施工程价款为98万元，截至2月底合同累计完成金额＝1920＋98＝2018万元，相应工程预付款的扣回金额＝ $\dfrac{2200\times10\%\times(2018-20\%\times2200)}{(90\%-20\%)\times2200}=225.43$ 万元，大于工程预付款总金额220万元，因此2月份应扣预付款额为8.57万元。
> （3）2013年2月份的工程质量保证金扣留额＝98×5%＝4.9万元。
> （4）2013年2月份发包人应支付承包人的工程款＝98－8.57－4.9＝84.53万元。

实务操作和案例分析题十〔2014年真题〕

【背景资料】

某水利枢纽工程由大坝、电站、泄洪洞（底孔）和溢流表孔等建筑物组成。为满足度汛要求，工程施工采取两期导流，一期工程施工泄洪底孔坝段（A）和溢流表孔坝段（B）。某承包人承担了该项（一期工程）施工任务，并依据《水利水电工程标准施工招标文件》（2009年版）与发包人签订了施工合同。

合同约定：

（1）签约合同价为4500万元，工期24个月，2011年9月1日开工，2011年12月1日截流。

（2）开工前，发包人按签约合同价的10%向承包人支付工程预付款，工程预付款的扣回与还清按 $R=\dfrac{A(C-F_1S)}{(F_2-F_1)S}$ 计算，其中 $F_1=20\%$，$F_2=90\%$。

（3）从第1个月起，按工程进度款5%的比例扣留工程质量保证金。

由承包人编制，并经监理人批准的施工进度计划如图5-19所示（单位：月，每月按30d计）。

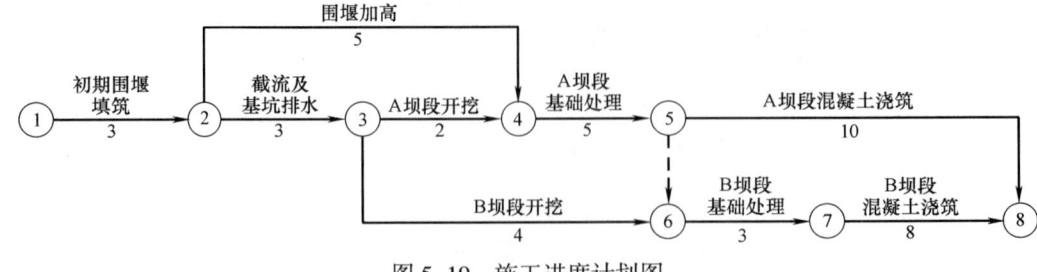

图5-19 施工进度计划图

本工程在施工过程中发生以下事件：

事件1：由于发包人未按时提供施工场地，造成了开工时间推迟，导致"初期围堰填筑"的延误,经测算"初期围堰填筑"要延至2012年1月30日才能完成。承包人据此向监理人递交了索赔意向通知书,后经双方协商达成如下事项:

(1) 截流时间推迟到2012年2月1日。

(2) "围堰加高"须在2012年5月30日(含5月30日)前完成。

(3) 完工日期不变,调整进度计划。

(4) 发包人承担赶工费用,依照增加费用最小原则确定赶工费。承包人依据工期-费用表(表5-12),重新编制新的施工进度计划,并提交了赶工措施和增加的费用,上报监理人并获批准。

工期-费用表   表5-12

工作名称	正常工作时间(月)	最短工作时间(月)	缩短工作时间增加费用(含利润)(万元/月)
初期围堰填筑	3	3	
围堰加高	5	3	50
截流及基坑排水	3	2	30
A坝段开挖	2	2	
A坝段基础处理	5	5	
A坝段混凝土浇筑	10	9	40
B坝段开挖	4	2	20
B坝段基础处理	3	2	35
B坝段混凝土浇筑	8	7	45

事件2:截至2012年2月底,累计完成合同金额为200万元;监理人确认的2012年3月份已完成工程量清单中"截流及基坑排水"的金额为245万元,"围堰加高"的金额为135万元,均含赶工增加费用。

事件3:结合现场及资源情况,承包人对新的施工进度计划进行了局部调整,A坝段采用搭接施工,其单代号搭接网络如图5-20所示。

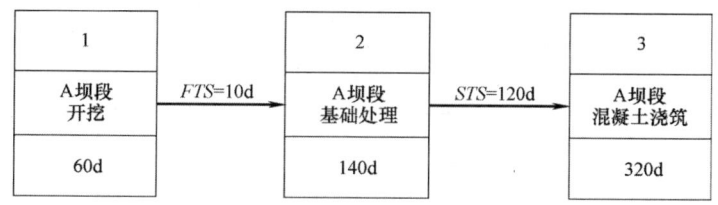

图5-20　A坝段施工进度单代号搭接网络图

【问题】

1. 根据原网络进度计划,分别指出"初期围堰填筑"和"围堰加高"的最早完成日期。

2. 根据事件1,按增加费用最少原则,应如何调整施工进度计划?计算赶工所增加的总费用。

3. 根据事件1,绘制从2012年2月1日起的新施工进度计划(采用双代号网络图表示),指出"A坝段开挖"的最早开始日期。

4. 计算承包人2012年3月份进度付款申请单中有关款项的金额。

5. 根据事件3，分别指出"A坝段基础处理"和"A坝段混凝土浇筑"的最早开始日期。

【参考答案与分析思路】

1. 初期围堰填筑的最早完成日期是2011年11月30日；围堰加高的最早完成日期为2012年4月30日。

> 本题考查的是双代号网络进度计划中时间参数的计算。解答本题需要注意时刻的概念，如5月30日晚与6月1日早表述的意义是一样的。"初期围堰填筑"的最早开始日期是2011年9月1日，最早完成日期是2011年12月1日（2011年11月30日）。"围堰加高"的最早开始日期是2011年12月1日，最早完成日期是2012年5月1日（2012年4月30日）。

2. "初期围堰填筑"拖延2个月，而"围堰加高"要求在5月30日前完成，且完工日期不变。调整方案如下：

（1）"围堰加高"工作时间从5个月缩短为4个月，缩短1个月，增加费用50万元。

（2）为保证按期完工，关键线路要缩短2个月，选择费用最少的关键工作。

"截流及基坑排水"缩短工作时间1个月，增加费用30万元；

"B坝段基础处理"缩短工作时间1个月，增加费用35万元；

赶工所增加的总费用＝50＋30＋35＝115万元。

> 本题考查的是施工进度计划的调整及施工增加费用的计算。本题中关键线路有两条：①→②→③→④→⑤→⑥→⑦→⑧，①→②→④→⑤→⑥→⑦→⑧，工期24个月。事件1发生后，节点2的最早开始时间是2012年2月1日，到完工时间2013年9月1日的时间间隔是19个月。计划是初期围堰填筑完成后需要21个月完工。这时需要赶工，而赶工必须发生在关键线路上，从表5-12可知，围堰加高可以赶工2个月，增加费用100万元；截流及基坑排水可以赶工1个月，增加费用30万元；A坝段混凝土浇筑可以赶工1个月，但其不在关键线路上，所以不影响工期。B坝段开挖可以赶工2个月，但其不在关键线路上，所以不影响工期。B坝段基础处理可以赶工1个月，增加费用35万元。B坝段混凝土浇筑可以赶工1个月，增加费用45万元。所以围堰加高、截流及基坑排水、B坝段基础处理各压缩1个月，赶工所增加的总费用为50＋30＋35＝115万元。

3. 新施工进度计划如图5-21所示。

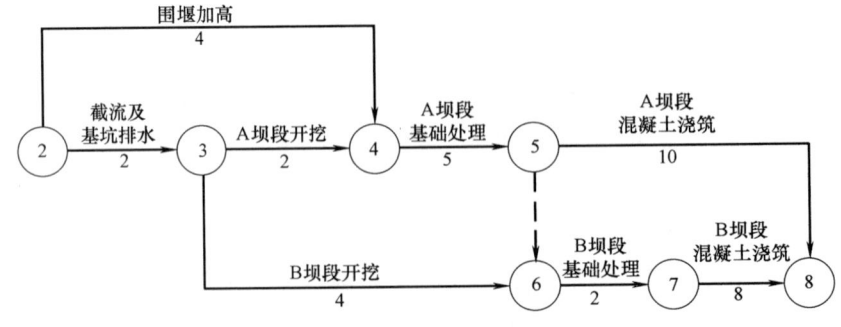

图5-21 新施工进度计划图

"A坝段开挖"的最早开始日期为2012年4月1日。

本题考查的是施工进度计划的绘制及最早开始时间的计算。绘制新的施工进度计划需要根据第2问的赶工时间进行绘制。需要注意的是"围堰加高"和"截流及基坑排水"都需要赶工1个月才能缩短工期。

4. 截至2012年3月份，累计完成合同金额为580万元，小于签约合同价的20%，因此预付款扣回值为0万元，工程质量保证金为19万元，应支付361万元。

本题考查的是进度付款申请单中有关款项金额的计算。3月份当月的完成额为380（245＋135）万元，2012年2月底的完成额为200万元，所以累计完成合同金额为580万元，小于签约合同价的20%（4500×20%＝900万元），因此预付款的扣回值为0。工程质量保证金＝380×5%＝19万元，应支付＝380－19＝361万元。

5. "A坝段基础处理"的最早开始日期为2012年6月11日；"A坝段混凝土浇筑"的最早开始日期为2012年10月11日。

本题考查的是单代号搭接网络计划。本题需要根据新绘制的网络进度计划解答。FTS是指结束到开始的搭接关系；STS是指开始到开始的搭接关系。"A坝段开挖"的开挖时间是2012年4月1日，完成日期为2012年6月1日；"A坝段开挖"完成与"A坝段基础处理"开始间隔10d，所以"A坝段基础处理"的最早开始日期为2012年6月11日，完成日期为2012年8月11日；"A坝段基础处理"开始与"A坝段混凝土浇筑"开始间隔4个月，所以"A坝段混凝土浇筑"最早开始日期为2012年10月11日。

典 型 习 题

实务操作和案例分析题一

【背景资料】

某中型水库除险加固工程主要建设内容有：砌石护坡拆除、砌石护坡重建、土方填筑（坝体加高培厚）、深层搅拌桩渗墙、坝顶沥青道路、混凝土防浪墙和管理房等。计划工期9个月（每月按30d计）。合同约定：（1）合同中关键工作的结算工程量超过原招标工程量15%的部分所造成的延期由发包人承担责任；（2）工期提前的奖励标准为10000元/d，逾期完工违约金为10000元/d。

施工过程中发生了如下事件：

事件1：为满足工期要求，采取分段流水作业，其逻辑关系见表5-13。

逻辑关系表　　　　　　　　　　　　　　　　表5-13

工作名称	工作代码	招标工程量（m³）	持续时间（d）	紧前工作
施工准备	A	—	30	—
护坡拆除Ⅰ	B	1500	15	A
护坡拆除Ⅱ	C	1500	15	B
土方填筑Ⅰ	D	60000	30	B

工作名称	工作代码	招标工程量（m³）	持续时间（d）	紧前工作
土方填筑Ⅱ	E	60000	30	C、D
砌石护坡Ⅰ	F	4500	45	D
砌石护坡Ⅱ	G	4500	45	E、F
截渗墙Ⅰ	H	3750	50	D
截渗墙Ⅱ	I	3750	50	E、H
管理房	J	600	120	A
防浪墙	K	240	30	C、I、J
坝顶道路	L	4000	50	K
完工整理	M	—	15	L

项目部技术人员编制的初始网络计划如图5-22所示。

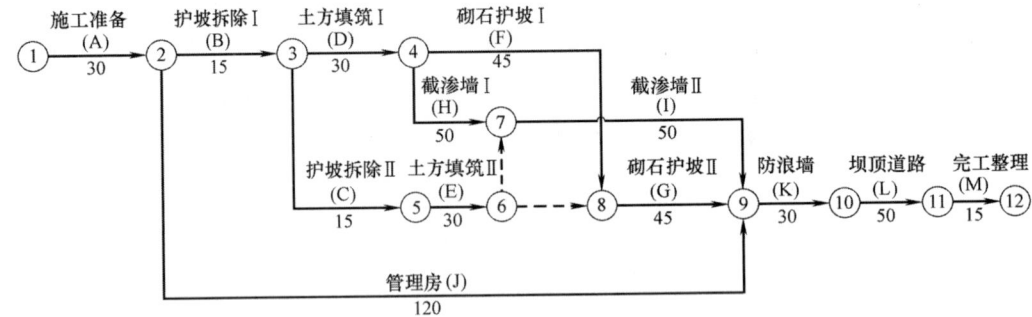

图5-22 初始网络计划

项目部在审核初始网络计划时，发现逻辑关系有错并将其改正。

事件2：项目部在开工后第85天末组织进度检查，F、H、E、J工作累计完成工程量分别为400m³、600m³、20000m³、125m³（假定工作均衡施工）。

事件3：由于设计变更，K工作的实际完成时间为33d，K工作的结算工程量为292m³。

除发生上述事件外，施工中其他工作均按计划进行。

【问题】

1. 指出事件1中初始网络计划逻辑关系的错误之处。

2. 依据正确的网络计划，确定计划工期（含施工准备）和关键线路。

3. 根据事件2的结果，说明进度检查时F、H、E、J工作的逻辑状况（按"……工作已完成……天工程量"的方式陈述）。指出哪些工作的延误对工期有影响及影响天数。

4. 事件3中，施工单位是否有权提出延长工期的要求？说明理由。

5. 综合上述事件，该工程实际工期是多少天？承包人可因工期提前得到奖励或逾期完工支付违约金为多少？

【参考答案】

1. 事件1中初始网络计划逻辑关系的错误之处：

（1）E工作的紧前工作只有C工作（E工作的紧前工作应为C、D工作）。

（2）在节点④、⑤之间缺少一项虚工作。

2. 计划工期为270d。

关键线路：A→B→D→H→I→K→L→M。

3. F工作已完成4d工程量，H工作已完成8d工程量，E工作已完成10d工程量，J工作已完成25d工程量。

H、J工作延误对工期有影响。H工作延误影响工期2d，J工作延误影响工期5d。

4. 事件3中，施工单位有权提出延长工期的要求。

理由：依据合同，承包人对K工作结算工程量超过276m³（240×115%）部分所造成的工程延误可以提出延期要求。发包人承担责任的工程量＝292－240×115%＝16m³，延长工期＝30/240×16＝2d。

5. 综合事件1、2、3的影响，网络计划如图5-23所示。

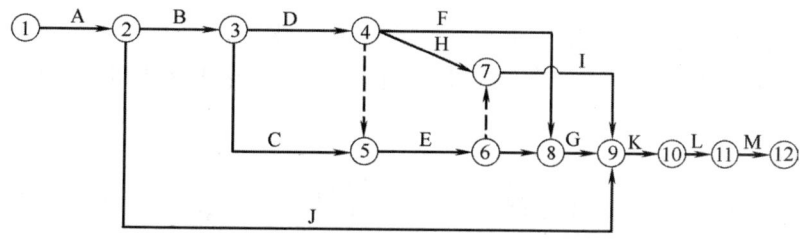

图5-23　影响后的网络计划

分析如下：

① 由于H工作和J工作不在同一条线路上，在计算实际工期时，取其拖延值最大者（即5d）。

② K工作拖延时间：33－30＝3d

③ 工程的实际工期：270＋5＋3＝278d

④ 合同工期＋索赔工期：270＋2＝272d

⑤ 逾期工期：278－272＝6d

⑥ 逾期完工支付的违约金：10000×6＝60000元

实务操作和案例分析题二

【背景资料】

承包商与业主签订了某小型水库加固工程施工承包合同，合同总价为1200万元。合同约定，开工前业主向承包商支付10%的工程预付款；工程进度款按月支付，同时按工程进度款3%的比例预留质量保证金；当工程进度款累计超过合同总价的40%时，从超过部分的工程进度款中按40%的比例扣回预付款，扣完为止。

承包商提交并经监理工程师批准的施工进度计划如图5-24所示（单位：d）。

施工过程中发生了如下事件：

事件1：因料场征地纠纷，坝体加培推迟了20d开始。

事件2：因设备故障，防渗工程施工推迟5d完成。

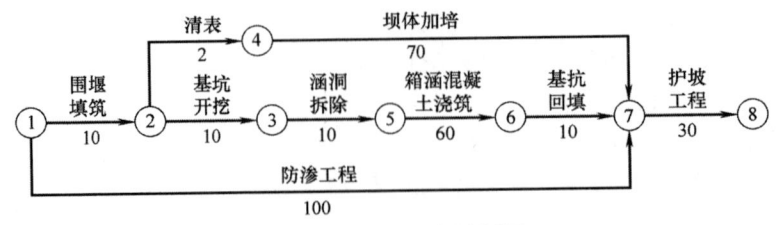

图 5-24　施工进度计划图

事件3：箱涵混凝土浇筑施工中，因止水安装质量不合格，返工造成工作时间延长4d，返工费用2万元。

事件4：截至2月底，承包商累计完成工程进度款为450万元；承包商提交的3月份工程进度款支付申请报告中，包括返工费用2万元和经监理机构确认的合同工程价款320万元。

【问题】

1. 指出网络计划的关键线路（用节点表示）和计划工期。

2. 分别指出事件1、事件2、事件3对工期的影响；指出上述事件对工期的综合影响和承包商可索赔的工期。

3. 计算3月份实际支付工程款。

4. 基坑回填时，坝体与涵洞连接处土方施工需要注意的主要问题有哪些？

【参考答案】

1. 网络计划的关键线路：①→②→③→⑤→⑥→⑦→⑧和①→⑦→⑧。

计划工期130d。

2. 事件1责任方为业主，"坝体加培"为非关键工作，总时差为18d，推迟20d开始，影响工期2d。

事件2责任方为承包商，"防渗工程"为关键工作，推迟5d完成，影响工期5d。

事件3责任方为承包商，"箱涵混凝土浇筑"为关键工作，工作时间延长4d，影响工期4d。

综合影响工期5d，承包商可索赔工期2d（事件1责任方为业主，可索赔工期，其余不可）。

3. 3月份工程进度款：320万元

工程预付款：1200×10%＝120万元

预付款起扣点：1200×40%＝480万元

3月份预付款扣回：（320＋450－480）×40%＝116万元

质量保证金预留：320×3%＝9.6万元

实际支付的工程款：320－116－9.6＝194.4万元

或：320－（320＋450－480）×40%－320×3%＝194.4万元

4. 基坑回填时，坝体与涵洞连接处土方施工需要注意的主要问题有：

（1）填土前，混凝土表面必须清除干净。

（2）靠近涵洞部位应采用小型机械或人工施工。

（3）涵洞两侧应均衡填料压实。

实务操作和案例分析题三

【背景资料】

施工单位承担某水闸工程施工。施工项目部编制了施工组织设计文件，并报总监理工程师审核确认。其中，施工进度计划如图5-25所示。施工围堰作为总价承包项目，其设计和施工均由施工单位负责。

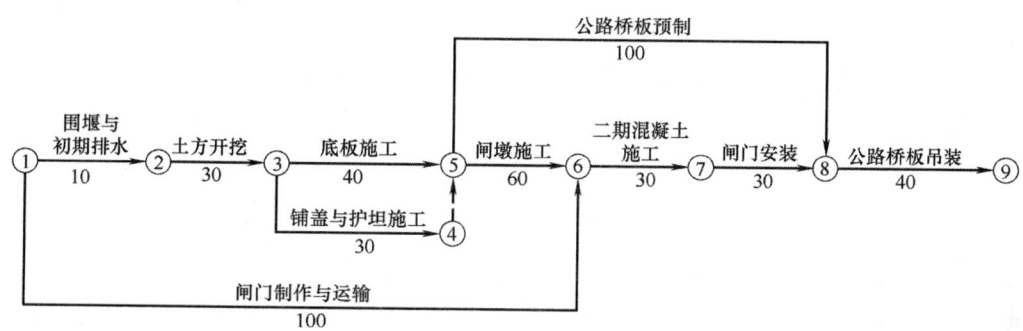

图 5-25　施工进度计划图（单位：d）

施工过程中发生了如下事件：

事件1：为便于进度管理，技术人员对上述计划中各项工作的时间参数进行了计算，其中闸门制作与运输的时间参数为 $\dfrac{0\ |\ 100\ |\ 40}{a\ |\ 140\ |\ b}$（按照 $\dfrac{ES\ |\ EF\ |\ TF}{LS\ |\ LF\ |\ FF}$ 方式标注）。

事件2：基坑初期排水过程中，发生围堰边坡坍塌事故，施工单位通过调整排水流量，避免事故再次发生。处理坍塌边坡增加费用1万元，增加工作时间10d，施工单位以围堰施工方案经总监理工程师批准为由向发包方提出补偿10d工期和1万元费用的要求。

事件3：因闸门设计变更，导致闸门制作与运输工作拖延30d完成。施工单位以设计变更是发包人责任为由提出补偿工期30d的要求。

【问题】

1. 指出施工进度计划图的工期和关键线路。（用节点编号表示）

2. 指出事件1中，a、b所代表时间参数的名称和数值。

3. 指出事件2中初期排水量的组成。发生围堰边坡坍塌事故的主要原因是什么？

4. 分别指出事件2、事件3中，施工单位的索赔要求是否合理？简要说明理由。综合事件2、事件3，指出本工程的实际工期。

【参考答案】

1. 施工进度计划图的工期：10＋30＋40＋60＋30＋30＋40＝240d

关键线路是：①→②→③→⑤→⑥→⑦→⑧→⑨。

2. a参数为最迟开始时间，数值为40；b参数为自由时差，数值为40。

3. 事件2中，初期排水量的组成包括：基坑积水，初期排水过程中的降雨，渗水。

发生围堰边坡坍塌事故的主要原因是：水位降低速度过快（或初期排水速率过大）。

4. 事件2的工期与费用索赔不合理。

理由：围堰边坡坍塌事故属于承包人的责任，总监理工程师审核施工方案不能解除承包人的责任。

事件3的工期索赔不合理。

理由：虽然设计变更为发包人责任，但由于闸门制作与运输的总时差为40d，变更延误的天数小于该工作的总时差，不影响总工期。

实际工期：20+30+40+60+30+30+40=250d

实务操作和案例分析题四

【背景资料】

某新建水闸工程的部分工程经监理单位批准的施工进度计划如图5-26所示（单位：d）。

合同约定：工期提前奖金标准为20000元/d，逾期完工违约金标准为20000元/d。

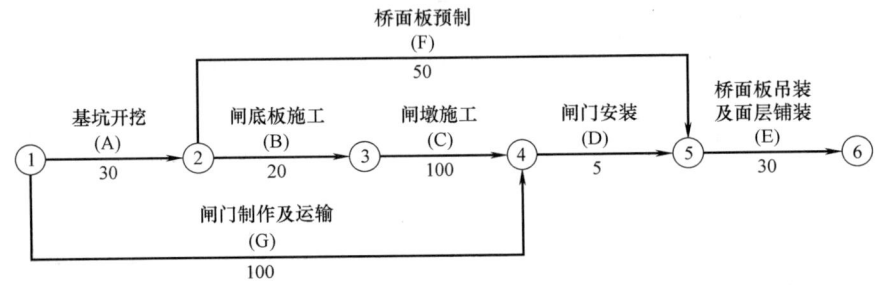

图5-26　施工进度计划图

施工中发生了如下事件：

事件1：A工作过程中发现局部地质条件与发包人提供的勘察报告不符，需进行处理，A工作的实际工作时间为34d。

事件2：在B工作中，部分钢筋安装质量不合格，施工单位按监理单位要求进行返工处理，B工作实际工作时间为26d。

事件3：在C工作中，施工单位采取赶工措施，进度曲线如图5-27所示。

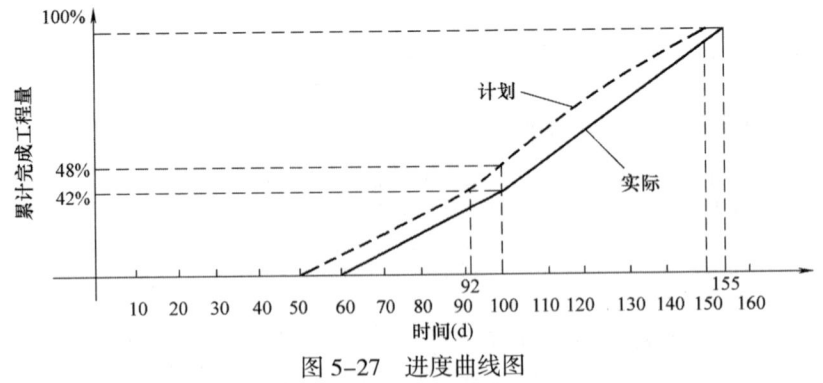

图5-27　进度曲线图

事件4：由于发包人未能及时提供设计图纸，导致闸门在开工后第153天末才运抵现场。

【问题】

1. 计算计划总工期，指出关键线路。

2. 指出事件1、事件2、事件4的责任方，并分别分析对计划总工期有何影响。

3. 根据事件3，指出C工作的实际工作持续时间；说明第100天末时C工作实际比计划提前（或拖延）的累计工程量；指出第100天末完成了多少天的赶工任务。

4. 综合上述事件，计算实际总工期和施工单位可获得的工期补偿天数；计算施工单位因工期提前得到的奖金或因逾期支付的违约金金额。

【参考答案】

1. 计划总工期：$30+20+100+5+30=185d$

关键线路是：①→②→③→④→⑤→⑥。

2. 事件1的责任方为发包人，事件2的责任方为施工单位，事件4的责任方为发包人。事件1，A工作为关键工作，可使总工期延长4d；事件2，B工作为关键工作，可使总工期延长6d；事件4，G工作为非关键工作，可使总工期延长3d。

3. 根据事件3，C工作的实际工作持续时间：$155-60=95d$

第100天末时，C工作实际比计划拖延的累计工程量：$48\%-42\%=6\%$

第100天末完成的赶工任务天数为2d。第100天末C工作完成了42%的累计工程量，完成此累计工程量计划工作时间为42d（$92-50=42d$），实际工作时间为40d（$100-60=40d$），完成了2d的赶工任务。

4. 综合上述事件，实际总工期：$185+4+6-5=190d$

施工单位可获得的工期补偿天数为4d。

施工单位因逾期支付的违约金金额：$(190-185-4)\times20000=20000$元

实务操作和案例分析题五

【背景资料】

承包人承担某堤防工程，工程项目的内容为堤段Ⅰ（土石结构）和堤段Ⅱ（混凝土结构），合同双方依据"堤防和疏浚工程施工合同范本"签订了合同，签约合同价为600万元，合同工期为120d。合同约定：

（1）工程预付款为签约合同价的10%；当工程进度款累计达到签约合同价的60%时，从当月开始，在2个月内平均扣回。

（2）工程进度款按月支付，质量保证金在工程进度款中按3%预留。

经监理机构批准的施工进度计划如图5-28所示。

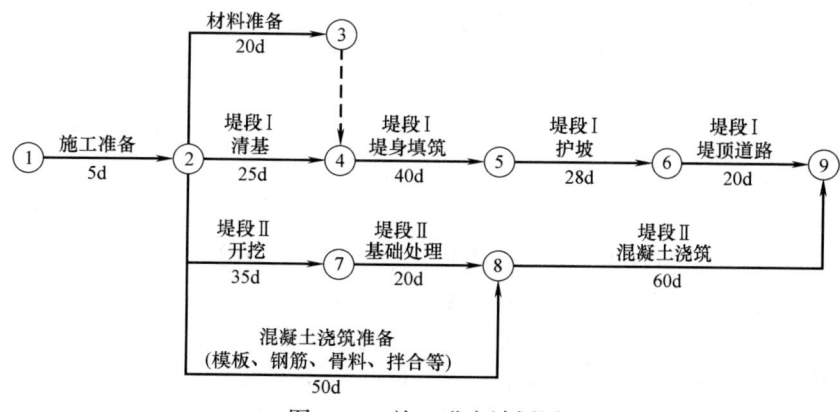

图5-28　施工进度计划图

由于发包人未及时提供施工图纸，导致"堤段Ⅱ混凝土浇筑"推迟5d完成，增加费用5万元。承包人在事件发生后向发包人提交了延长工期5d、补偿费用5万元的索赔申请报告。

根据"堤段Ⅰ堤身填筑"工程量统计表（表5-14）绘制的工程进度曲线如图5-29所示。

"堤段Ⅰ堤身填筑"工程量统计表 表5-14

工程量（m³）	时间（d）			
	0～10	10～20	20～30	30～40
计划	2100	2400	2600	2900
实际	2000	2580	2370	3050

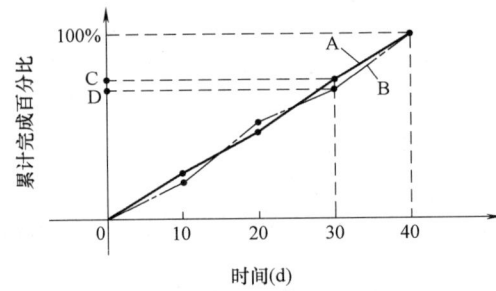

图5-29 "堤段Ⅰ堤身填筑"工程进度曲线图

监理机构确认的1—4月份的工程进度款见表5-15。

1—4月份的工程进度款 表5-15

月份	1	2	3	4
金额（万元）	98	165	205	132

注：监理机构确认的工程进度款中已包含索赔的费用。

【问题】

1. 指出网络计划的工期和关键线路。（用节点表示）

2. 承包人向发包人提出的索赔要求合理吗？说明理由。承包人提交的索赔申请的做法有何不妥？写出正确的做法。索赔申请报告中应包括的主要内容有哪些？

3. 指出"堤段Ⅰ堤身填筑"工程进度曲线中的A、B分别代表什么，并计算C、D值。

4. 计算3月份应支付的工程款。

【参考答案】

1. 网络计划的工期为120d。关键线路是：①→②→⑦→⑧→⑨。

2. 承包人向发包人提出的索赔要求合理。

理由：发包人未及时提供施工图纸，属于发包人的责任，且"堤段Ⅱ混凝土浇筑"是关键工作，影响工期5d，因此，延误的工期和增加的费用都可以索赔。

承包人提交的索赔申请的做法中，向发包人提交索赔申请不妥。

正确做法：应向监理机构提交索赔申请报告，并抄送发包人。

索赔申请报告中应详细说明索赔理由以及要求追加的付款金额和（或）延长的工期，并附必要的记录和证明材料。

3. "堤段 I 堤身填筑"工程进度曲线中的 A、B 分别代表计划进度曲线、实际进度曲线。

C：$[(2100+2400+2600)/(2100+2400+2600+2900)]\times100\%=71\%$

D：$[(2000+2580+2370)/(2000+2580+2370+3050)]\times100\%=69.50\%$

4. 工程预付款：$600\times10\%=60$ 万元

前 3 个月累计工程进度款：$98+165+205=468$ 万元 >600 万元 $\times60\%=360$ 万元，应在 3 月、4 月平均扣回预付款，每月扣回 30 万元。

3 月份应支付的工程款：$205\times(1-3\%)-30=168.85$ 万元

实务操作和案例分析题六

【背景资料】

南方某以防洪为主，兼顾灌溉、供水和发电的中型水利工程，需进行扩建和加固，其中两座副坝（1 号和 2 号）的加固项目合同工期为 8 个月，计划当年 11 月 10 日开工。副坝结构形式为黏土心墙土石坝。项目经理部拟定的施工进度计划如图 5-30 所示。

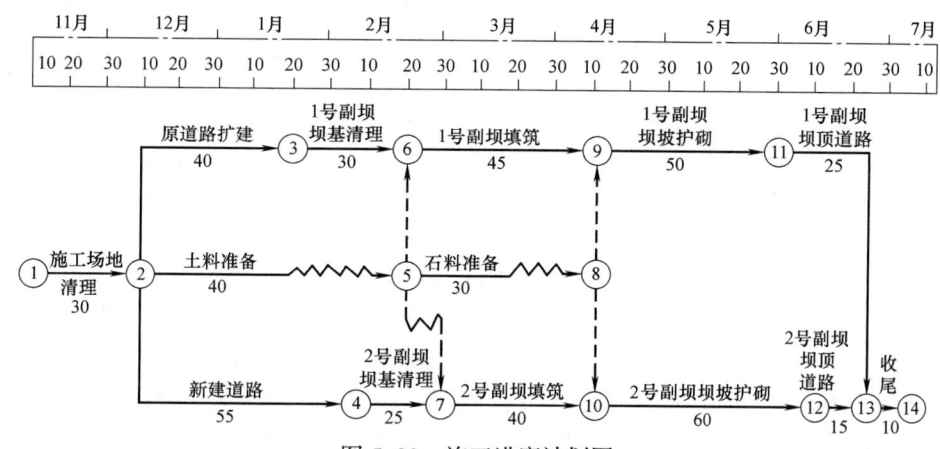

图 5-30 施工进度计划图

说明：1. 每月按 30d 计，时间单位为"d"；

2. 日期以当日末为准，如 11 月 10 日开工表示 11 月 10 日末开工。

实施过程中发生了如下事件：

事件 1：按照 12 月 10 日上级下达的水库调度方案，坝基清理最早只能在次年 1 月 25 日开始。

事件 2：按照防洪要求，坝坡护砌迎水面施工最迟应在次年 5 月 10 日完成。

坝坡迎水面与背水面护砌所需时间相同，按先迎水面后背水面顺序安排施工。

事件 3："2 号副坝填筑"的进度曲线如图 5-31 所示。

事件 4：次年 6 月 20 日检查工程进度，1 号、2 号副坝坝顶道路已完成的工程量分别为 3/5、2/5。

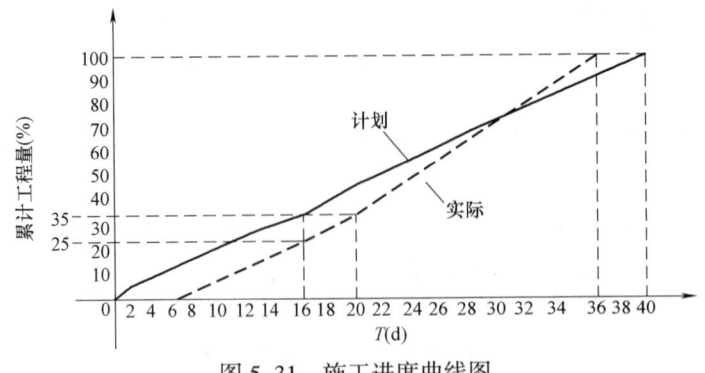

图 5-31　施工进度曲线图

【问题】

1. 确定计划工期；根据水库调度方案和施工进度安排，分别指出1号、2号副坝坝基清理最早何时开始。

2. 根据防洪要求，两座副坝的坝坡护砌迎水面施工何时能完成？可否满足5月10日完成的要求？

3. 依据事件3中2号副坝填筑进度曲线，分析在第16天末的计划进度与实际进度，并确定2号副坝填筑实际用工天数。

4. 根据6月20日检查结果，分析坝顶道路施工进展状况；若未完成的工程量仍按原计划施工强度进行，分析对合同工期的影响。

【参考答案】

1. 1号、2号副坝坝基清理最早分别于1月25日、2月5日开始。计划工期为235d。

2. 按计划1号、2号副坝的坝坡护砌迎水面施工可于5月5日、5月10日完成，可满足5月10日完成的要求。

事件2中提出，坝坡迎水面与背水面护砌所需时间相同，按先迎水面后背水面顺序安排施工，所以坝坡护砌迎水面护砌施工用时为坝坡护砌施工总用时的一半。

计算1号副坝的坝坡护砌迎水面护砌施工完成时间时要考虑1号副坝坝基清理开始时间（1月25日）、1号副坝填筑用时45d和1号副坝坝坡护砌迎水面护砌施工用时25d，所以1号副坝的坝坡护砌迎水面护砌施工完成时间为5月5日，能够满足5月10日完成的要求。

计算2号副坝的坝坡护砌迎水面护砌施工完成时间要考虑2号副坝坝基清理开始时间（2月5日）、2号副坝填筑用时40d和2号副坝坝坡护砌迎水面护砌施工用时30d，所以2号副坝的坝坡护砌迎水面护砌施工完成时间为5月10日，能够满足5月10日完成的要求。

---

3. 2号副坝填筑第16天末的进度状况为：计划应完成累计工程量35%，实际完成25%，拖欠10%工程量，推迟到第20天末完成，延误时间＝20－16＝4d，实际用工天数＝36－6＝30d。

4. 6月20日检查，1号副坝坝顶道路已完成3/5，计划应完成4/5，推迟5d。2号副坝坝顶道路已完成2/5，计划应完成2/3，推迟4d。

由于计划工期比合同工期提前5d，而1号副坝推迟工期也为5d，故对合同工期没有影响。

实务操作和案例分析题七

【背景资料】

施工单位承包某中型泵站，建筑安装工程内容及工程量见表5-16，签订的施工合同部分内容如下：

泵站建筑安装工程内容及工程量　　　　　　　　表5-16

工作名称	施工准备	基坑开挖	地基处理	泵室	出水池	进水池	拦污栅	机电设备安装
代号	A	B	C	D	E	F	G	H
工程量（万元）	30	90	120	500	160	180	50	100
持续时间（d）	30	30	30	120	60	120	90	120

注：各项工作均衡施工；每月按30d计，下同。

签约合同价为1230万元；工程预付款按签约合同价的10%一次性支付，从第3个月起，按完成工程量的20%扣回，扣完为止；质量保证金按3%的比例在月进度款中扣留。

开工前，项目部提交并经监理工程师审核批准的施工进度计划如图5-32所示。施工过程中，监理工程师把第90天及第120天的工程进度检查情况分别用进度前锋线记录在图5-32中。

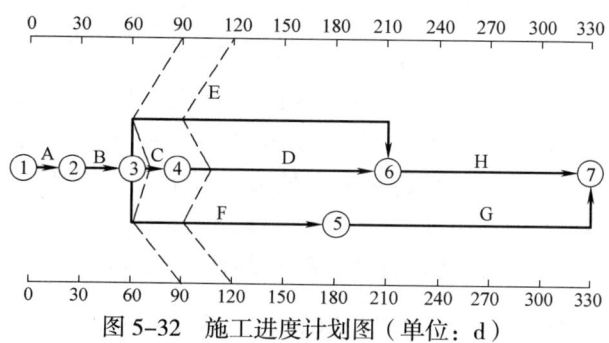

图5-32　施工进度计划图（单位：d）

项目部技术人员对进度前锋线进行了分析，并从第4个月起对计划进行了调整，D工作的工程进度曲线如图5-33所示。

在机电设备安装期间，当地群众因征地补偿款未及时兑现，聚众到工地阻挠施工，并挖断施工进场道路，导致施工无法进行，监理单位未及时做出暂停施工指示。经当地政府协调，事情得到妥善解决。施工单位在暂停施工1个月后根据监理单位通知及时复工。

【问题】

1. 根据"施工进度计划图"，分析C、E和F工作在第90天的进度情况（分别按"X工作超额或拖欠总工程量的X%，提前或拖延X天"表述）；说明第90天的检查结果对总工期的影响。

2. 指出"D工作的工程进度曲线图"中D工作第120天的进度偏差和总赶工天数。

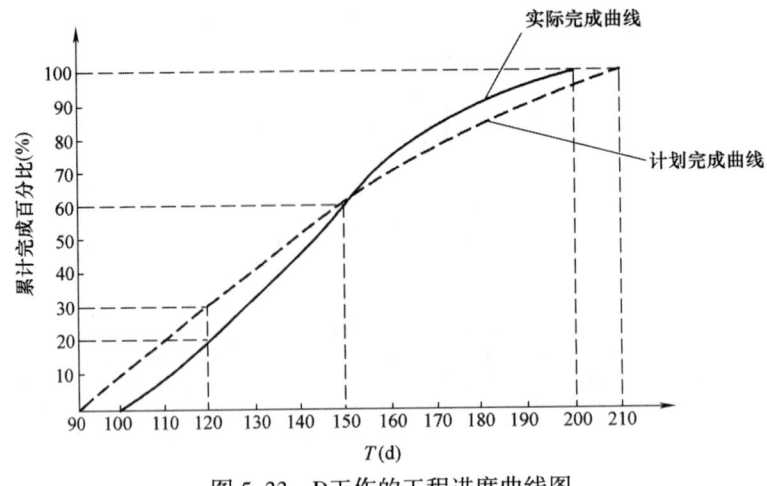

图 5-33　D工作的工程进度曲线图

3. 计算第4个月的已实施工程的价款、预付款扣回、质量保证金扣留和实际工程款支付金额。

4. 针对背景资料中发生的暂停施工情况，根据《水利水电工程标准施工招标文件》（2009年版），承包人在暂停施工指示方面应履行哪些程序？

【参考答案】

1. C工作拖欠总工程量的50%，拖延15d；E工作拖欠总工程量的50%，拖延30d；F工作拖欠总工程量的25%，拖延30d。

第90天的检查结果对总工期的影响：延误总工期15d。

当采用时标网络计划时，可采用实际进度前锋线记录计划实际执行状况，进行实际进度与计划进度的比较。通过实际进度前锋线与原进度计划中各工作箭线交点的位置可以判断实际进度与计划进度的偏差。本案例中，C工作拖延15d，拖延总工程量的50%（15/30×100%＝50%）；依次可求出E工作拖欠总工程量的50%，拖延30d；F工作拖欠总工程量的25%，拖延30d。C工作位于关键线路上，C工作拖延15d导致总工期延误15d；E、F工作位于非关键线路上，且延误时间不超过其总时差，对总工期没有影响。

2. D工作第120天的进度偏差为拖后10d；总赶工天数为0。

由"D工作的工程进度曲线图"可知，D工作计划完成时间＝210－90＝120d，实际完成时间＝200－100＝100d，第120天检查时，D工作实际比计划滞后累计10%的工程量，工程滞后10d；总赶工天数0d。

3. C工作的价款＝120×50%＝60万元。

D工作的价款＝500×20%＝100万元。

E工作的价款＝160×50%＝80万元。

F工作的价款＝180×25%＝45万元。

第4个月的已实施工程的价款＝60＋100＋80＋45＝285万元。

第3个月已实施工程的价款为60万元，第3个月预付款扣回：60×20%＝12万元，第4个月预付款扣回：285×20%＝57万元

第4个月质量保证金扣留：285×3%＝8.55万元

第4个月实际工程款支付：285－57－8.55＝219.45万元

4. 承包人在暂停施工指示方面应履行的程序有：承包人可先暂停施工，并及时向监理人提出暂停施工的书面请求。监理人应在接到书面请求后的24h内予以答复，逾期未答复的，视为同意承包人的暂停施工请求。

实务操作和案例分析题八

【背景资料】

承包人与发包人依据《水利水电工程标准施工招标文件》（2009年版）签订了某水闸项目的施工合同。合同工期为8个月，工程开工日期为2021年11月1日。承包人依据合同工期编制并经监理人批准的部分项目进度计划（每月按30d计，不考虑间歇时间）见表5-17。

进度计划表 表5-17

工作代码	工作名称	紧前工作	持续时间（d）	工作起止时间
A	基坑开挖	—	40	2021年11月1日—2021年12月10日
B	闸底板混凝土施工	A	35	T_B
C	闸墩混凝土施工	B	100	2022年1月16日—2022年4月25日
D	闸门制作与运输	—	150	2021年11月16日—2022年4月15日
E	闸门安装与调试	C、D	30	T_E
F	桥面板预制	B	60	2022年3月1日—2022年4月30日
G	桥面板安装及面层铺装	E、F	35	T_G

工程施工中发生如下事件：

事件1：由于承包人部分施工设备未按计划进场，不能如期开工，监理人通知承包人提交进场延误的书面报告。开工后，承包人采取赶工措施，A工作按期完成，由此增加费用2万元。

事件2：监理人在对闸底板进行质量检查时，发现局部混凝土未达到质量标准，需返工处理。B工作于2022年1月20日完成，返工增加费用2万元。

事件3：发包人负责闸门的设计与采购，因闸门设计变更，D工作中闸门于2022年4月25日才运抵工地现场，且增加安装与调试费用8万元。

事件4：由于桥面板预制设备出现故障，F工作于2022年5月20日完成。

除上述发生的事件外，其余工作均按该进度计划实施。

【问题】

1. 指出进度计划表中T_B、T_E、T_G所代表的工作起止时间。

2. 事件1中，承包人应在收到监理人通知后多少天内提交进场延误书面报告？该书面报告应包括哪些主要内容？

3. 分别指出事件2、事件3、事件4对进度计划和合同工期有何影响？指出该部分项目的实际完成日期。

4. 依据《水利水电工程标准施工招标文件》（2009年版），指出承包人可向发包人提出延长工期的天数和增加费用的金额，并说明理由。

【参考答案】

1. 进度计划表中T_B、T_E、T_G所代表的工作起止时间：

T_B：2021年12月11日—2022年1月15日

T_E：2022年4月26日—2022年5月25日

T_G：2022年5月26日—2022年6月30日

> B工作的紧前工作为A工作，工作的结束时间为2021年12月10日，则B工作的开始时间为2021年12月11日；B工作的持续时间为35d，则B工作的结束时间为2022年1月15日。
>
> E工作的紧前工作包括C、D工作，两项工作均完成，E工作才能开始。C工作的结束时间为2022年4月25日，D工作的结束时间为2022年4月15日，则E工作的开始时间为2022年4月26日；E工作的持续时间为30d，则E工作的结束时间为2022年5月25日。
>
> G工作的紧前工作包括E、F工作，两项工作均完成，G工作才能开始。工作E的结束时间为2022年5月25日，F工作的结束时间为2022年4月30日，则G工作的开始时间为2022年5月26日；G工作的持续时间为35d，则G工作的结束时间为2022年6月30日。

2. 承包人应在收到监理人通知后的7d内提交进场延误书面报告，该书面报告的内容应包括不能及时进场的原因和补救措施等。

3. 事件2：B工作比计划延迟5d，因B工作为关键工作，影响合同工期5d。

事件3：D工作比计划延迟10d，因D工作为非关键工作，总时差为10d，不影响合同工期。

事件4：F工作比计划延迟20d，因F工作为非关键工作，总时差为25d，不影响合同工期。

该项目的实际完成日期为2022年7月5日。

> 首先判断起点工作，然后根据进度计划表中的紧后工作，引出实箭线，如果一个工作有多个紧后工作没办法用实箭线，需要引出虚箭线。施工进度计划网络图如图5-34所示（括号中数字代表持续时间，单位：d）：
>
> 如果出现进度偏差的工作位于关键线路上，即该工作为关键工作，则无论其偏差有多大，都将对后续工作和总工期产生影响。如果工作的进度偏差大于该工作的总时差，则此进度偏差必将影响其后续工作和总工期；如果工作的进度偏差未超过该工作的总时差，则此进度偏差不影响总工期。
>
> B工作计划于2022年1月15日完成，延迟了5d，因为B工作为关键工作，故会影响工期5d。D工作计划于2022年4月15日完成，延迟了10d，其总时差为10d，故不会影响总工期。F工作计划于2022年4月30日完成，延迟了20d，其总时差为25d，故不会影响合同工期。

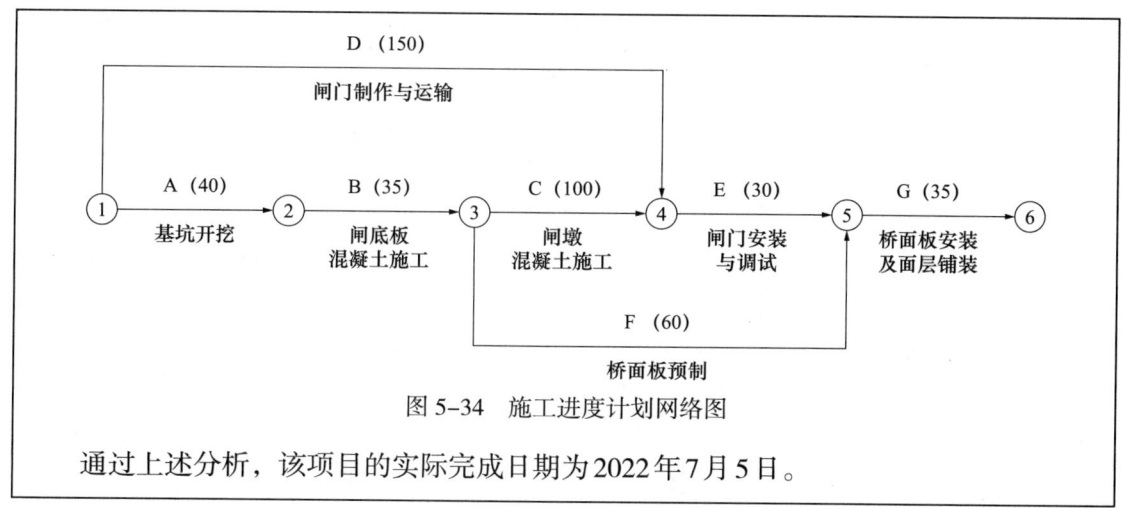

图 5-34 施工进度计划网络图

通过上述分析，该项目的实际完成日期为2022年7月5日。

4. 承包人可向发包人提出延长工期0d（或：承包人不能向发包人提出延期）要求。因为事件2中影响合同工期的责任方为承包人。

承包人可向发包人提出增加费用8万元的要求。因事件3的责任方为发包人，增加费用由发包人承担；事件1和事件2的责任方为承包人，增加费用自行承担。

实务操作和案例分析题九

【背景资料】

某新建泵站采用堤后式布置，主要工程内容包括：泵房、进水闸、防洪闸、压力水箱和穿堤涵洞。工程所在地的主汛期为6—9月。合同双方依据《水利水电工程标准施工招标文件》（2009年版）签订了施工合同。合同部分内容如下：（1）合同工期18个月，工程计划2016年11月1日开工，2018年4月30日完工；（2）签约合同价为810万元；（3）工程质量保证金以履约保证金代替。

施工中发生了如下事件：

事件1：根据施工方案及安全度汛要求，承包人编制了进度计划，并获得监理人批准。其部分施工进度计划见表5-18（不考虑前后工作的搭接，每月按30d计）。

事件2：为加强项目部管理，承包人提出更换项目经理并按合同约定的要求履行了相关手续。承包人于2017年2月25日更换了项目经理。

事件3：由发包人组织采购的水泵机组运抵现场，承包人直接与供货方办理了交货验收手续，并将随同的备品备件、专用工器具与资料清点后封存，在泵站安装时，承包人自行启用了封存的专用工器具。

事件4：合同工程完工证书颁发时间为2018年7月10日。承包人在收到合同工程完工证书后，向监理人提交了包括变更及索赔金额、工程预付款扣回等内容的完工付款申请单。

【问题】

1. 根据事件1，指出"堤防土方填筑""防洪闸混凝土浇筑"的施工时段，分析判断该计划是否满足安全度汛要求。

2. 事件2中，承包人更换项目经理应办理哪些手续？

代码	项目名称	紧后工作	持续时间（d）	2016年		2017年						
				11月	12月	1月	2月	3月	4月	5月	6月	7月
A	准备工作	B	30	▬								
B	堤防土方开挖	D、F	30		▬							
C	堤防土方填筑	…	35									
D	压力水箱及涵洞地基处理	E	30			▬						
E	压力水箱及涵洞混凝土浇筑	C	50				▬					…
F	防洪闸地基处理	G、I	40			▬						
G	防洪闸混凝土浇筑	C、H	60									
H	防洪闸金属结构及机电安装	…	45						▬			
I	泵站及进水闸地基处理	…	60							▬		
…	…											

3. 指出事件 3 中承包人做法的不妥之处，并改正。

4. 事件 4 中，承包人向监理人提交的完工付款申请单还应包括哪些主要内容？

【参考答案】

1. "堤防土方填筑"的施工时段为 2017 年 4 月 11 日到 5 月 15 日；"防洪闸混凝土浇筑"的施工时段为 2017 年 2 月 11 日—4 月 10 日；"堤防土方填筑"与"防洪闸金属结构及机电安装"计划分别于 2017 年 5 月 15 日、5 月 25 日完成，在汛前均具备挡洪条件，所以该计划满足安全度汛要求。

解答本题要注意 4 个点，即指出两个施工时段，判断是否满足安全度汛要求，对判断作出的分析。本题需要根据横道图判断两个施工时段（开始时间到结束时间）。按照施工工艺的顺序，"防洪闸混凝土浇筑"在"防洪闸地基处理"完成后开始；而"堤防土方填筑"必须在"压力水箱及涵洞混凝土浇筑"和"防洪闸混凝土浇筑"均完成后才能开始。是否满足安全度汛要求，关键在于"堤防土方填筑"与"防洪闸金属结构及机电安装"两项工作是否能在汛期来临之前完成。而"泵站及进水闸地基处理"工作与度汛无直接关系。

（1）A 工作的开始时间为 2016 年 11 月 1 日，结束时间为 2016 年 11 月 30 日。

（2）A 工作的紧后工作为 B 工作，则 B 工作的开始时间为 2016 年 12 月 1 日，结束时间为 2016 年 12 月 30 日。

（3）B 工作的紧后工作为 D、F 工作，则 D 工作的开始时间为 2017 年 1 月 1 日，结束时间为 2017 年 1 月 30 日；F 工作的开始时间为 2017 年 1 月 1 日，结束时间为 2017 年 2 月 10 日。

（4）D 工作的紧后工作为 E 工作，则 E 工作的开始时间为 2017 年 2 月 1 日，结束时间为 2017 年 3 月 20 日。

（5）E工作的紧后工作为C工作。

（6）F工作的紧后工作为G、I工作，则G工作的开始时间为2017年2月11日，结束时间为2017年4月10日；I工作的开始时间为2017年5月16日，结束时间为2017年7月15日。

（7）G工作的紧后工作为C、H工作，则C工作的开始时间为2017年4月11日，结束时间为2017年5月15日，H工作的开始时间为2017年4月11日，结束时间为2017年5月25日。

2. 事件2中，承包人更换项目经理应事先征得发包人同意，并应在更换14d前通知发包人和监理人。

3. 承包人直接与供货方办理交货验收手续，自行启用封存的专用工器具不妥。

改正：承包人应会同监理人在约定时间内，赴交货地点共同验收。在泵站安装时，承包人应会同监理人共同启用封存的工器具。

4. 承包人向监理人提交的完工付款申请单还应包括：完工结算合同总价、发包人已支付承包人的工程价款、应支付的完工付款金额。

实务操作和案例分析题十

【背景资料】

某中型水库检验加固工程内容包括：加固放水洞洞身，新建放水洞进口竖井，改建溢洪道出口翼墙，重建主坝上游砌石护坡，新建防浪墙和重建坝顶道路等工作。签约合同价为580万元，合同工期8个月，2017年12月1日开工，合同约定：

（1）为保证安全度汛，除新建防浪墙和重建坝顶道路外，其余工作应在2018年5月15日前完成；

（2）工程预付款为签约合同价的10%，当工程进度款累计达到签约合同价的50%时，从超过部分的工程进度款中按40%扣回工程预付款，扣完为止。

（3）工程质量保证金以履约保证金代替。

承包人依据合同制定并经监理单位批准的施工网络进度计划如图5-35所示（单位：d，每月按30d计）。

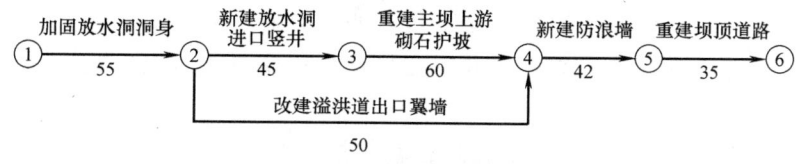

图 5-35 施工网络进度计划图

2017年12月1日工程如期开工，施工中发生如下事件：

事件1：因设计变更，导致"改建溢洪道出口翼墙"于2018年3月15日才能开始，并因工程量增加，该工作持续时间将延长10d。项目部据此分析对安全度汛和工期的影响，重新编制了满足合同工期的施工进度计划。

事件2：承包人通知监理单位对防浪墙地基进行检查，监理人员在约定的时间未到达现场，由于工期紧，承包人对防浪墙地基进行了覆盖。事后承包人按监理单位要求对防浪墙地基进行重新检查，承包人提出增加检查费用2万元的要求。

事件3：截至2018年5月底，承包人累计完成工程进度款为428万元。承包人提交了6月份工程进度款支付申请报告，经监理单位确认的工程进度款为88万元。

【问题】

1. 指出本工程施工网络进度计划的完工日期和"重建主坝上游砌石护坡"工作计划完成日期。

2. 根据事件1，分别分析设计变更对安全度汛目标和合同工期的影响。

3. 按照《水利水电工程标准施工招标文件》（2009年版），事件2中承包人通知监理单位对防浪墙地基进行检查的前提是什么？承包人的通知应附哪些资料？

4. 事件2中，承包人提出增加检查费用的要求是否合理？简要说明理由。

5. 计算2018年6月份的工程预付款扣回金额和实际支付工程款。（计算结果保留2位小数）

【参考答案】

1. 本工程施工网络进度计划的完工日期为2018年7月27日。

"重建主坝上游砌石护坡"工作计划完成日期为2018年5月10日。

2. 由于事件1，"改建溢洪道出口翼墙"工作5月15日才能完成，不影响工程安全度汛目标，但导致合同工期延误1d。

"改建溢洪道出口翼墙"工作因工程量增加，工作时间延长10d，完成该工作共需60d，因设计变更，2018年3月15日开工，计划完成日期为2018年5月15日。由题意知，该变更不影响工程安全度汛目标。因设计变更和工程量增加导致施工网络进度计划图发生变化，关键线路和关键工作改变，"改建溢洪道出口翼墙"变为关键工作，计划完工日期为2018年8月2日。由题意知，合同工期为8个月，即合同工期完成日期为2018年7月30日，所以，该变更导致合同工期延误1d。

---

3. 承包人通知监理单位对防浪墙地基进行检查的前提是：经自检确认防浪墙地基具备覆盖条件。

承包人的通知应附资料为自检记录和必要的检查资料。

4. 经检验证明工程质量符合合同要求的，由发包人承担由此增加的费用和（或）工期延误，并支付承包人合理利润，增加检查费用要求合理；经检验证明工程质量不符合合同要求的，由此增加的费用和（或）工期延误由承包人承担，增加检查费用要求不合理。

5. 工程预付款扣回金额及实际支付工程款计算如下：

（1）工程预付款为：$580 \times 10\% = 58$ 万元，工程预付款起扣点：$580 \times 50\% = 290$ 万元。

截至2018年5月底，工程预付款扣回金额为：$(428 - 290) \times 40\% = 55.2$ 万元；

因此6月份工程预付款扣回金额为：$58 - 55.2 = 2.8$ 万元

（2）实际支付工程款为：$88 - 2.8 = 85.2$ 万元

实务操作和案例分析题十一

【背景资料】

某水库除险加固工程包括主坝、副坝加固及防汛公路改建等内容，主、副坝均为土石坝。施工单位与项目法人签订了施工合同。

施工单位项目部根据合同工期编制的施工进度计划（单位：d）如图5-36所示，监理单位已经审核批准。

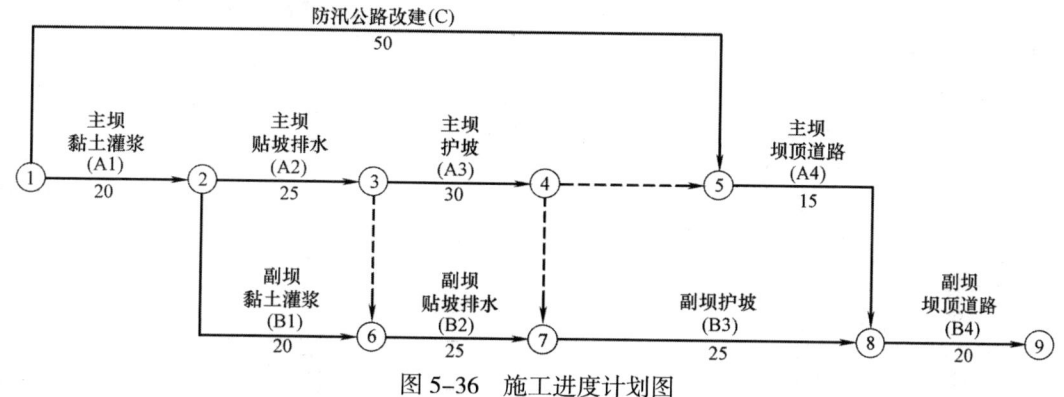

图5-36 施工进度计划图

工程开工后发生如下事件：

事件1：依据已批准的进度计划，结合现场实际，施工单位绘制主坝的作业计划横道图如图5-37所示。

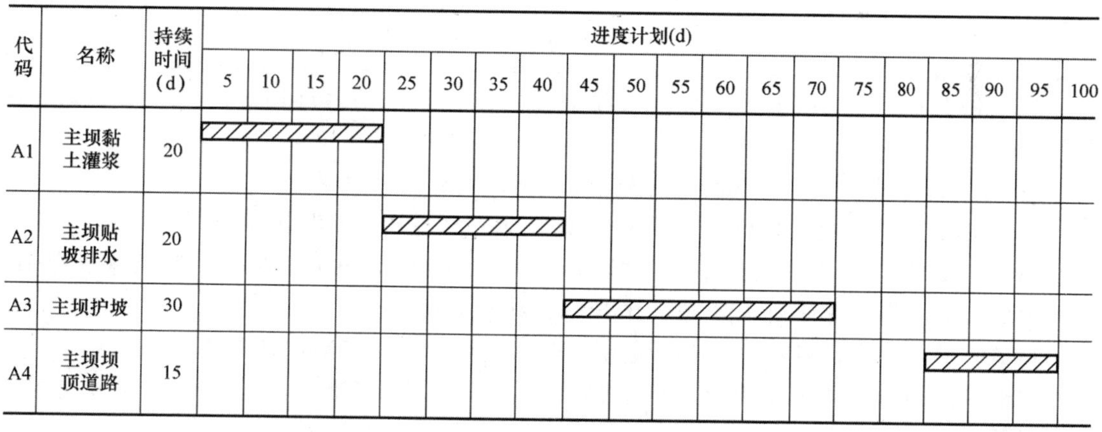

代码	名称	持续时间(d)	进度计划(d)																	
			5	10	15	20	25	30	35	40	45	50	55	60	65	70	75	80	85	90	95	100
A1	主坝黏土灌浆	20	▨▨▨▨																		
A2	主坝贴坡排水	20					▨▨▨▨															
A3	主坝护坡	30									▨▨▨▨▨▨											
A4	主坝坝顶道路	15																	▨▨▨			

图5-37 作业计划横道图

事件2：由于移民搬迁问题，C工作时断时续，在第75天末全部完成，由此增加费用30000元。

事件3：由于施工设备损坏，导致A1工作停工3d，其工作在第23天末全部完成，机械闲置、人员窝工费用标准为15000元/d。

事件4：A4工作从开工后第80天末开始，因施工过程中出现质量缺陷需处理，A4工作的实际持续时间为20d，工程费用增加10000元。

【问题】

1. 计算网络计划总工期；指出A1、A4、B2、B3、C中哪些是关键工作。哪些是非关键工作。

2. 根据事件1，指出横道图中进度计划安排与监理单位批准的网络图进度计划安排的不妥之处；如按横道图中进度计划安排实施，主坝工程的施工能否满足网络图计划要求，并说明理由。

3. 指出事件2、事件3、事件4的责任方，并分别分析对工期的影响。

4. 综合事件2、事件3、事件4，计算实际总工期；施工单位应提出多少费用补偿要求。

【参考答案】

1. 网络计划总工期为120d。

关键工作：A1、B3；非关键工作：B2、A4、C。

关键线路为：A1→A2→A3→B3→B4。

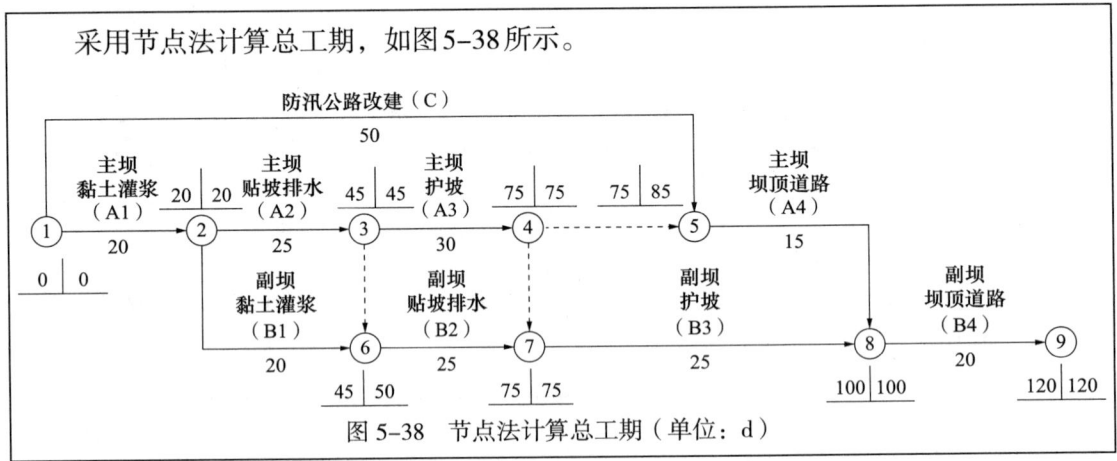

图5-38 节点法计算总工期（单位：d）

2. 事件1中，横道图中进度计划安排与监理单位批准的网络图进度计划安排的不妥之处：

（1）A2工作持续时间网络图计划为25d，横道图计划为20d。

（2）A3工作开始时间网络图计划为第45天末，横道图计划为第40天末。

（3）A4工作在网络图计划中持续时间15d，总时差为10d，可以在第75天末至第100天末中安排，在横道图计划从第80天末开始，持续时间15d。

按横道图中进度计划安排实施，主坝工程的施工能满足网络图计划要求。

理由：主坝工程施工横道图计划为95d，可以满足网络图计划中主坝的最长工作时间100d的要求。

3. 事件2、事件3、事件4的责任方及其对工期的影响如下：

事件2中，移民安置为发包人职责，因移民问题影响工期，责任方为项目法人，C工作为非关键工作，总时差为35d，延期25d，未超过总时差，不影响工期。

事件3中，设备损坏是施工单位造成的，责任方为施工单位，A1虽为关键工作，延误3d（23－20），但在横道图安排中，将关键工作A2的持续时间调整缩短了5d，因此A1延误不影响总工期，但对后续工作有影响。

事件4中，质量缺陷是施工单位造成的，责任方为施工单位，A4工作实际完成时间为第100（80＋20）天末，不影响工期，因此主坝的施工依据横道图计划实施。

4. 实际总工期为120d，施工单位应提出30000元的费用补偿要求。

实务操作和案例分析题十二

【背景资料】

承包人承担某水闸工程施工，编制的施工总进度计划中相关工作如下：（1）场内道路；（2）水闸主体施工；（3）围堰填筑；（4）井点降水；（5）材料仓库；（6）基坑开挖；（7）地基处理；（8）办公、生活用房等。监理工程师批准了该施工总进度计划。其中部分工程施工网络进度计划如图5-39所示（单位：d）。

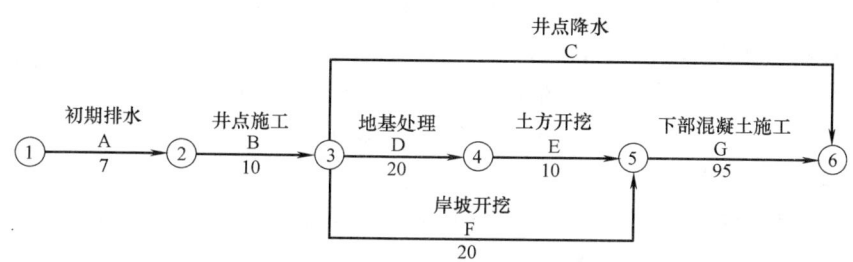

图5-39　施工网络进度计划图

施工中发生了如下事件：

事件1：工程初期排水施工中，围堰多处滑坡。承包人采取技术措施后，保证了围堰安全，但造成A工作时间延长5d。

事件2：岸坡开挖过程中，遭遇局部深层淤泥层，该情况在发包人提供的地质资料中未能反映。承包人及时向发包人和监理人进行汇报，并采取措施进行了处理。F工作实际持续时间为40d，承包人以不利物质条件为缘由，提出延长工期和增加费用要求。发包人认为该事件应按不可抗力事件处理，同意延长工期，补偿部分费用。

【问题】

1. 根据《水利水电工程施工组织设计规范》SL 303—2017，指出背景资料的相关工作中属于工程准备期的工作（用编号表示）；工程施工总工期中，除工程准备期外，还应包括哪些施工时段？

2. 施工网络进度计划图中，不考虑事件1和事件2的影响，C工作的持续时间应为多少天？并说明理由。

3. 事件1中承包人所采取的技术措施应包括哪些内容？

4. 根据《水利水电工程标准施工招标文件》（2009年版），对事件2中事件性质的界定，你认为是发包人正确，还是承包人正确？说明理由。

5. 综合事件1、事件2，指出完成图示的施工网络进度计划的实际工期。承包人有权要求延长工期多少天？并简要说明理由。

【参考答案】

1. 工程准备期的工作有（1）、（3）、（5）、（8）；除工程准备期外，还应包括主体工程施工期、工程完建期。

2. C工作的持续时间应为125d。

理由：井点降水工作应从基坑开挖到基坑全部回填完毕期间一直不停止，将伴随地基处理、土方开挖、下部混凝土施工过程。

3.事件1中承包人所采取的技术措施应包括：对围堰进行加固处理，控制初期排水流量，降低基坑水位下降速率。

4.对事件2中事件性质的界定，我认为是承包人正确。

理由：不利物质条件的特征是不可预见，可以处理。承包人遇到不利物质条件时，应采取适应不利物质条件的合理措施继续施工，并及时通知监理人。承包人有权要求延长工期及增加费用。并按变更的约定办理。不可抗力事件的特征为不可预见，不可避免，不能克服。

5.综合事件1、事件2，完成图示的施工网络进度计划的实际工期为157d。

承包人有权要求延长工期10d。

理由：该网络计划的关键线路为①→②→③→④→⑤→⑥和①→②→③→⑥。

事件1中，A工作虽在关键路线上，可使总工期延后5d，但工期延长的责任属承包人，因此无权要求延长。

事件2中，F工作的总时差为10d，持续时间延长20d，会使总工期延长10d，且造成延长的责任在发包人，因此有权要求延长工期10d。

实务操作和案例分析题十三

【背景资料】

某水库除险加固工程内容有：（1）溢洪道的闸墩与底板加固，闸门更换；（2）土坝黏土灌浆、贴坡排水、护坡和坝顶道路重建。施工项目部根据合同工期、设备、人员、场地等具体情况编制了施工总进度计划，形成的时标网络图如图5-40所示（单位：d）。

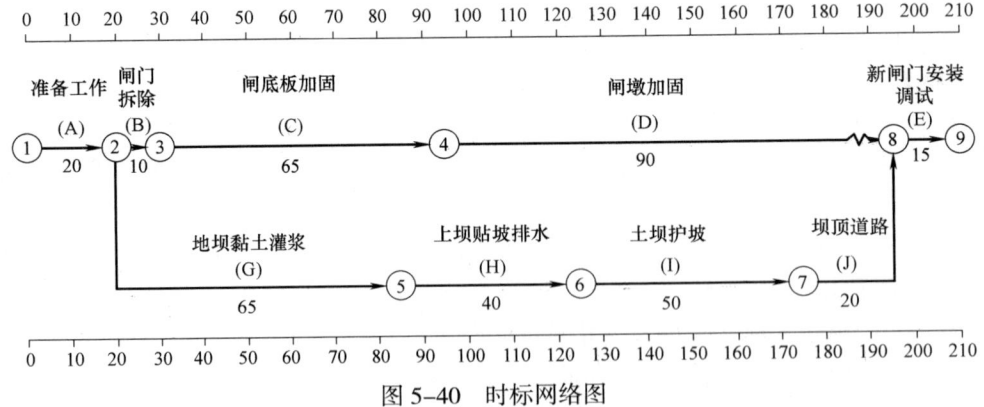

图5-40 时标网络图

施工中发生了如下事件：

事件1：由于发包人未能按期提供场地，A工作推迟完成，B、G工作第25天末才开始。

事件2：C工作完成后发现底板混凝土出现裂缝，需进行处理，C工作实际持续时间为77d。

事件3：E工作施工过程中吊装设备出现故障，修复后继续进行，E工作实际持续时间为17d。

事件4：D工作的进度情况见表5-19。

D工作的进度情况 表5-19

项目名称	计划工作量（万元）	计划/实际工作量（万元）									
		0~20d		20~40d		40~60d		60~80d		80~90d	
		计划	实际	计划	实际	计划	实际	计划	实际	计划	实际
闸墩Ⅰ	24	10	9	8	7	6	8				
闸墩Ⅱ	22	7	7	6	5	8	6	1	4		
闸墩Ⅲ	22			8	7	8	9	6	6		
闸墩Ⅳ	22					6	5	8	7	8	10
闸墩Ⅴ	24					8	6	7	8	9	10

注：本表中的时间按网络图要求标注，如20d是指D工作开始后的第20天末。

【问题】

1. 指出计划工期和关键线路，指出A工作和C工作的总时差。

2. 分别指出事件1~事件3的责任方，并说明影响计划工期的天数。

3. 根据事件4，计算D工作在第60天末，计划应完成的累计工作量（万元）、实际已完成的累计工作量（万元），分别占D工作计划总工作量的百分比；实际比计划超额（或拖欠）工作量占D工作计划总工作量的百分比。

4. 除A、C、E工作外，其他工作均按计划完成，计算工程施工的实际工期；承包人可向发包人提出多少天的延期要求？

【参考答案】

1. 计划工期为210d。关键线路为：A→G→H→I→J→E。

A工作的总时差为0。C工作的总时差=210-（20+10+65+90+15）=10d。

2. 事件1~事件3的责任方及其对计划工期天数的影响：

事件1的责任方是发包人，使计划工期拖延5d。

事件2的责任方是承包人，推迟77-65=12d；C工作的总时差为10d，所以影响计划工期2d（12-10）。

事件3的责任方是承包人，使计划工期拖延2d。

3. D工作在第60天末计划应完成的累计工作量=10+8+6+7+6+8+8+8+6+8=75万元。

实际已完成的累计工作量=9+7+8+7+5+6+7+9+5+6=69万元。

D工作计划总工作量=24+22+22+22+24=114万元。

第60天末D工作计划应完成的累计工作量占计划总工作量的百分比=75÷114×100%=65.80%。

第60天末D工作实际已完成的累计工作量占计划总工作量的百分比=69÷114×100%=60.53%。

第60天末D工作实际比计划拖欠工作量占D工作计划总工作量的百分比=65.80%-

$60.53\% = 5.27\%$。

4. 工程施工的实际工期 $= 210 + 5 + 2 + 2 = 219\text{d}$。

承包人可向发包人提出5d的延期要求。

实务操作和案例分析题十四

【背景资料】

某水库枢纽工程除加固的主要内容有：（1）坝基帷幕灌浆；（2）坝顶道路重建；（3）上游护坡重建；（4）上游坝体培厚；（5）发电隧洞加固；（6）泄洪隧洞加固；（7）新建混凝土截渗墙；（8）下游护坡拆除重建；（9）新建防浪墙。

合同规定：

（1）签约合同价为2800万元，工期17个月，自2019年11月1日至2021年3月30日。

（2）开工前发包人向承包人按签约合同价的10%支付工程预付款，预付款的扣回与还清按公式 $R = [A(C - F_1 S)] / [(F_2 - F_1)S]$ 计算，F_1 为20%、F_2 为90%。

（3）从第1个月起，按进度款的3%扣留工程质量保证金。

当地汛期为7—9月份，根据批准的施工总体进度计划安排，所有加固工程均安排在非汛期施工。其中"上游护坡重建"在第一个非汛期应施工至汛期最高水位以上，为此在第一个非汛期安排完成工程量的80%，剩余工程量安排在第二个非汛期施工。注："上游护坡重建"工作累计持续时间为160d。承包人编制了第一、二个非汛期的施工网络进度计划，如图5-41所示，其中第二个非汛期计划在2020年10月1日开工。该计划上报后得到批准。

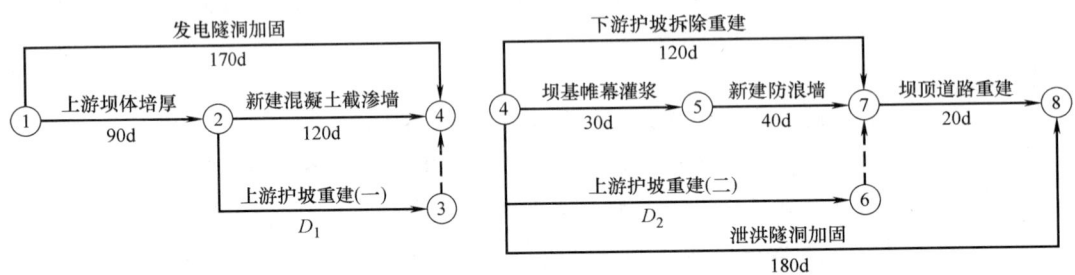

图 5-41　第一、二个非汛期的施工网络进度计划图

工程按合同约定如期开工，施工过程中发生了如下事件：

事件1：由于设计变更，发包人未能按期提供图纸，致使"新建防浪墙"在2020年12月30日完成，因设备闲置等增加费用2万元。据此承包人提出了顺延工程20d、增加费用2万元的索赔要求。

事件2：至2020年12月份，累计完成合同工程量2422万元。监理人确认的2021年1月份完成工程量清单中的项目包括："泄洪隧洞加固"142万元，"下游护坡拆除重建"82万元。

【问题】

1. 根据批准的施工网络进度计划，分别指出"发电隧洞加固""新建混凝土截渗墙"的最早完成日期。

2. 按均衡施工原则，确定施工网络进度计划中 D_1、D_2 的值，并指出"上游护坡重建（一）"的最早完成日期。

3. 根据第二个非汛期的施工网络进度计划，在表5-20中绘制第二个非汛期施工进度的横道图（按最早时间安排）。

非汛期的施工网络进度计划　　　　　　　　　　　　表5-20

工作名称	工作时间（d）	工作进度																
		2020年									2021年								
		10月			11月			12月			1月			2月			3月		
		10	20	30	10	20	30	10	20	30	10	20	30	10	20	30	10	20	30
泄洪隧洞加固																			
坝基帷幕灌浆																			
新建防浪墙																			
坝顶道路重建																			
上游护坡重建（二）																			
下游护坡拆除重建																			

注：每月按30d计。

4. 根据事件1，分析承包人提出的索赔要求是否合理，并说明理由。

5. 根据事件2，分别计算2021年1月份的工程进度款、工程预付款扣回额、工程质量保证金扣留额、发包人应支付的工程款。

【参考答案】

1. "发电隧洞加固"的最早完成日期为2020年4月20日。

"新建混凝土截渗墙"的最早完成日期为2020年5月30日。

> （1）根据批准的施工网络进度计划，完成"发电隧洞加固"的施工需要170d，在第一汛期完成，开工时间为2019年11月1日，故"发电隧洞加固"的最早完成日期为2020年4月20日。
>
> （2）根据批准的施工网络进度计划，完成"新建混凝土截渗墙"的施工需要210d，在第一汛期完成，开工时间为2019年11月1日，故"新建混凝土截渗墙"的最早完成日期为2020年5月30日。

2. 施工网络进度计划中 $D_1 = 160 \times 80\% = 128d$。

施工网络进度计划中 $D_2 = 160 - 128 = 32d$。

"上游护坡重建（一）"的最早完成日期为2020年6月8日。

3. 第二个非汛期施工进度的横道图，见表5-21。

工作名称	工作时间（d）	工作进度																
		2020 年									2021 年								
		10 月			11 月			12 月			1 月			2 月			3 月		
		10	20	30	10	20	30	10	20	30	10	20	30	10	20	30	10	20	30
泄洪隧洞加固	180																		
坝基帷幕灌浆	30																		
新建防浪墙	40																		
坝顶道路重建	20																		
上游护坡重建（二）	32																		
下游护坡拆除重建	120																		

4. 事件 1 的责任方为发包人，该工作为关键工作，总时差为 90d，不影响总工期，所以顺延工期 20d 的索赔要求不合理，但增加费用 2 万元的索赔要求合理。

5. 工程进度款、工程预付款扣回额、工程质量保证金扣留额、发包人应支付的工程款的结算如下：

（1）工程进度款：$142 + 82 = 224$ 万元

（2）至 2020 年 12 月份，累计工程预付款扣回额为：$R_{12} = (2422 - 2800 \times 20\%) \times (2800 \times 10\%) / [(90\% - 20\%) \times 2800] = 266$ 万元

至 2021 年 1 月份，累计工程预付款扣回额为：$R_1 = (2422 + 224 - 2800 \times 20\%) \times (2800 \times 10\%) / [(90\% - 20\%) \times 2800] = 298$ 万元

因 298 万元 ＞ 280 万元（$2800 \times 10\%$），工程预付款扣回额：$2800 \times 10\% - 266 = 14$ 万元。

（3）工程质量保证金扣留额：$224 \times 3\% = 6.72$ 万元

（4）发包人应支付的工程款：$224 - 14 - 6.72 = 203.28$ 万元

实务操作和案例分析题十五

【背景资料】

某小型排涝枢纽工程由排涝泵站、自排闸、堤防和穿堤涵洞等建筑物组成。发包人依据《水利水电工程标准施工招标文件》（2009 年版）编制施工招标文件。发包人与承包人签订的施工合同约定：（1）合同工期为 195d，在一个非汛期完成；（2）"堤防填筑"子目经监理人确认的工程量超过合同工程量 15% 时，超过部分的单价调整系数为 0.95。

由承包人编制并经监理人审核的施工进度计划如图 5-42 所示（每月按 30d 计）。

当地汛期为 6—9 月份，监理人签发的开工通知载明开工日期为 2019 年 10 月 26 日，承包人按施工进度计划如期开工，开始施工准备工作。

工程施工过程中发生如下事件：

事件 1：受新冠肺炎疫情影响，2020 年 2 月 1 日至 3 月 1 日暂停施工期间，承包人按监理人要求照管在建工程。疫情缓解后，监理人向承包人发出复工指令，并要求采取赶工措

施保证工程按期完成，承包人提交了赶工报告和修订后的施工进度计划等，提出了增加在建工程照管费用10万元和赶工费用50万元的要求。

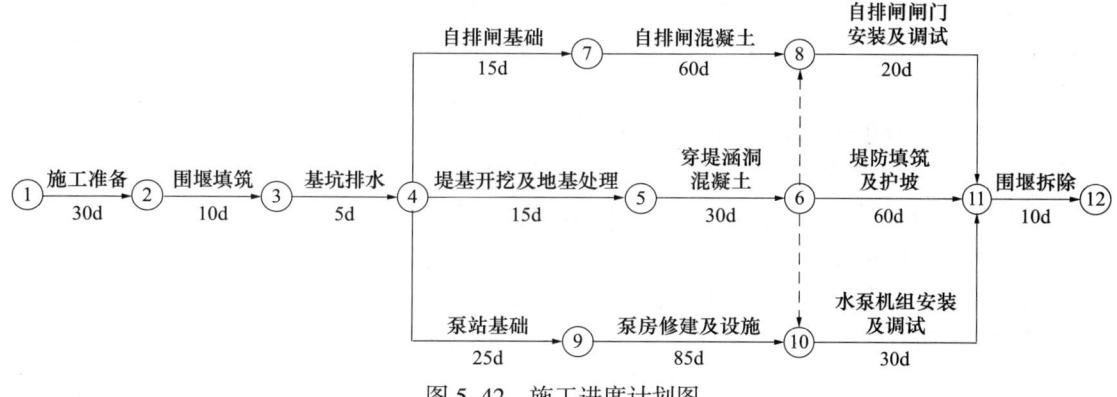

图5-42　施工进度计划图

事件2："堤防填筑"子目的合同单价为23.00元/m³，合同工程量为1.3万m³，按施工图纸计算的工程量为1.543万m³。承包人实际完成的工程量为1.58万m³。

事件3：承包人接受完工付款证书后，发现还有15万元工程款未结算，向发包人提出支付申请。工程质量保修期间，按发包人要求，承包人完成了新增环境美化工程，工程费用为8万元。

【问题】

1. 指出图5-42的关键线路（用节点代号表示）和合同完工日期；"自排闸混凝土"工作和"堤防填筑及护坡"工作的总时差分别为多少？

2. 事件1中，缩短哪几项工作的持续时间对赶工最为有效？判断承包人提出增加费用的要求是否合理，并说明理由。

3. 事件2中，"堤防填筑"子目应结算的工程量为多少？说明理由。计算该子目应结算的工程款。

4. 事件3中，发包人应支付的金额是多少？说明理由。

【参考答案】

1. 施工进度计划图中关键线路（用节点代号表示）是：①→②→③→④→⑨→⑩→⑪→⑫。

合同完工日期为：2020年5月10日。

"自排闸混凝土"工作的总时差为45d。

"堤防填筑及护坡"工作的总时差为35d。

本考点属于常规考点，注意问题中要求用节点表示关键线路。本题中，关键线路的确定采用简单判断方法，选择网络图上平行工作中持续时间最长的工作，首先判断节点⑥、⑧、⑩前的平行工作，持续时间最长的线路是④→⑨→⑩，持续时间之和为25＋85＝110d，节点⑩之后的线路只有⑩→⑪→⑫。这里还需要注意，⑥→⑪持续时间为60d，④→⑤→⑥→⑪的持续时间之和为15＋30＋60＝105d，所以关键线路为①→②→③→④→⑨→⑩→⑪→⑫。

本题中合同工期为195d，开工日期为2019年10月26日，注意是按30d计，所以合同完工日期是2020年5月10日。

本题中采用取最小值法计算工作总时差。方法如下：

一找——找出经过该工作的所有线路。注意一定要找全，如果找不全，可能会出现错误。

一加——计算各条线路中所有工作的持续时间之和。

一减——分别用计算工期减去各条线路的持续时间之和。

取小——取相减后的最小值就是该工作的总时差。

通过"自排闸混凝土"工作的线路只有一条，即①→②→③→④→⑦→⑧→⑪→⑫，持续时间总和为30＋10＋5＋15＋60＋20＋10＝150d，总时差＝195－150＝45d。

通过"堤防填筑及护坡"工作的线路有3条，持续时间最长的一条线路是：①→②→③→④→⑤→⑥→⑪→⑫，持续时间总和为30＋10＋5＋15＋30＋60＋10＝160d，总时差＝195－160＝35d。

2. 事件1中，缩短"泵房修建及设施""水泵机组安装及调试"和"围堰拆除"的持续时间对赶工最为有效。

承包人提出增加费用的要求合理。

理由：

（1）新冠肺炎疫情影响属于不可抗力。

（2）因不可抗力影响，停工期间应监理人要求照管工程所发生的费用由发包人承担。

（3）因不可抗力影响引起工期延误，发包人要求赶工的，由此增加的赶工费用由发包人承担。

3. 对本题的分析如下：

（1）"堤防填筑"子目应结算的工程量为1.543万m^3。

理由：堤防填筑全部完成后，最终结算的工程量应是经过施工期间压实经自然沉陷后按施工图纸所示尺寸计算的有效压实方体积。

（2）合同工程量为1.3万m^3，确认的工程量超过了合同工程量的15%，超过部分单价应予调低。

不调价部分工程量为：1.3×（1＋15%）＝1.495万m^3

调价部分工程量为：1.543－1.3×（1＋15%）＝0.048万m^3

该子目应结算的工程款为：23×1.495＋23×0.95×0.048＝35.4338万元

4. 发包人应支付的金额为：8万元。

理由：

（1）承包人接受了完工付款证书后，应被认为已无权再提出在合同工程完工证书前所发生的任何索赔。

（2）环境美化项目是发包人提出的新增项目，费用由发包人承担。

第六章　水利水电工程施工成本管理案例分析专项突破

2014—2023年度实务操作和案例分析题考点分布

考点	年份									
	2014年	2015年	2016年	2017年	2018年	2019年	2020年	2021年	2022年	2023年
水利水电工程定额							●			
投标阶段成本管理	●	●		●	●	●	●			
施工阶段成本管理			●							

【专家指导】

　　施工成本管理内容中，我们要重点掌握单价分析及计算，考生在解题过程中，应尽量做到思路清晰、计算正确，按照要求写出步骤和算式。施工阶段的计量与支付也是非常重要的知识点，一般会让我们判断背景资料中给出的计量支付方式是否妥当，并写出正确做法。

历　年　真　题

实务操作和案例分析题一［2018年真题］

【背景资料】

　　某大型引调水工程施工投标最高限价3亿元，主要工程内容包括水闸、渠道及管理设施等。招标文件按照《水利水电工程标准施工招标文件》（2009年版）编制。建设管理过程中发生如下事件：

　　事件1：招标文件有关投标保证金的条款如下：

　　条款1：投标保证金可以银行保函方式提交，以现金或支票方式提交的，必须从其基本账户转出。

　　条款2：投标保证金应在开标前3d向招标人提交。

　　条款3：联合体投标的，投标保证金必须由牵头人提交。

　　条款4：投标保证金有效期从递交投标文件开始，延续到投标有效期满后30d止。

　　条款5：签订合同后5个工作日内，招标人向未中标的投标人退还投标保证金和利息，中标人的投标保证金和利息在扣除招标代理费后退还。

　　事件2：某投标人编制的投标文件中，柴油预算价格计算样表见表6-1。

柴油预算价格计算样表 表6-1

序号	费用名称	计算公式	不含增值税价格（元/t）	备注
1	材料原价			含税价格6960元/t，增值税税率为16%
2	运杂费			运距20km，运杂费标准10元/t·km
3	运输保险费			费率1.0%
4	采购及保管费			费率2.2%
预算价格（不含增值税）				

事件3：中标公示期间，第二中标候选人投诉第一中标候选人项目经理有在建工程（担任项目经理）。经核查该工程已竣工验收，但在当地建设行政主管部门监管平台中未销号。

事件4：招标阶段，初设批复的管理设施无法确定准确价格，发包人以暂列金额600万元方式在工程量清单中明标列出，并说明若总承包单位未中标，该部分适用分包管理。合同实施期间，发包人对管理设施公开招标，总承包单位参与投标，但未中标。随后发包人与中标人就管理设施签订合同。

事件5：承包人已按发包人要求提交履约保证金。合同支付条款中，工程质量保证金的相关规定如下：

条款1：工程建设期间，每月在工程进度支付款中按3%比例预留，总额不超过工程价款结算总额的3%。

条款2：工程质量保修期间，以现金、支票、汇票方式预留工程质量保证金的，预留总额为工程价款结算总额的5%；以银行保函方式预留工程质量保证金的，预留总额为工程价款结算总额的3%。

条款3：工程质量保证金担保期限从通过工程竣工验收之日起计算。

条款4：工程质量保修期限内，由于承包人原因造成的缺陷，处理费用超过工程质量保证金数额的，发包人还可以索赔。

条款5：工程质量保修期满时，发包人将在30个工作日内将工程质量保证金及利息退回给承包人。

【问题】

1. 指出并改正事件1中不合理的投标保证金条款。

2. 根据事件2，绘制并完善柴油预算价格计算表（表6-2）。

柴油预算价格计算表 表6-2

序号	费用名称	计算公式	不含增值税价格（元/t）
1	材料原价		
2	运杂费		
3	运输保险费		
4	采购及保管费		
预算价格（不含增值税）			

3. 事件3中，第二中标候选人的投诉程序是否妥当？调查结论是否影响中标结果？并分别说明理由。

4. 指出事件4中发包人做法的不妥之处，并说明理由。

5. 根据《建设工程质量保证金管理办法》（建质〔2017〕138号）和《水利水电工程标准施工招标文件》（2009年版），事件5中工程质量保证金条款中，不合理的条款有哪些？说明理由。

【参考答案与分析思路】

1. 事件1中的不合理投标保证金条款及改正如下：

（1）条款2不合理。

改正：投标保证金应在开标前随投标文件向招标人提交。

（2）条款4不合理。

改正：投标保证金有效期从递交投标文件开始，延续到投标有效期满。

（3）条款5不合理。

改正：签订合同后5个工作日内，招标人向未中标人和中标人退还投标保证金和利息。

本题考查的是施工投标的管理要求。投标人在递交投标文件的同时，应按招标文件规定的金额、形式和"投标文件格式"规定的投标保证金格式递交投标保证金，投标保证金提交的具体要求如下：

（1）以现金或者支票形式提交的投标保证金应当从其基本账户转出。

（2）联合体投标的，其投标保证金由牵头人递交，并应符合招标文件的规定。

（3）投标人不按要求提交投标保证金的，其投标文件做无效标处理。

（4）招标人与中标人签订合同后5个工作日内，向未中标的投标人和中标人退还投标保证金及相应利息。

（5）投标保证金与投标有效期一致。投标人在规定的投标有效期内撤销或修改其投标文件，或中标人在收到中标通知书后，无正当理由拒签合同协议书或未按招标文件规定提交履约担保的，投标保证金将不予退还。

---

2. 柴油预算价格计算见表6-3。

柴油预算价格计算表 表6-3

序号	费用名称	计算公式	不含增值税价格（元/t）
1	材料原价	6960/（1＋16%）	6000.00
2	运杂费	20×10	200.00
3	运输保险费	6000.00×1.0%	60.00
4	采购及保管费	（6000.00＋200.00）×2.2%	136.40
预算价格（不含增值税）		6000.00＋200.00＋60.00＋136.40	6396.40

本题考查的是预算价格的计算。该考点在建设工程经济考试用书中有讲到，是应该

掌握的知识点。材料原价=含税价格/（1+增值税税率）=6960/（1+16%）=6000.00元/t；运杂费=运距×运杂费标准=20×10=200.00元/t；运输保险费=材料原价×运输保险费率=6000.00×1.0%=60.00元/t；采购及保管费=（材料原价+运杂费）×采购及保管费率=（6000.00+200.00）×2.2%=136.40元/t；预算价格=材料原价+运杂费+运输保险费+采购及保管费=6000.00+200.00+60.00+136.40=6396.40元/t。

3. 事件3中的投诉程序不妥。

理由：应先提出异议，不满意再投诉。

事件3中的调查结论不影响中标结果。

理由：该项目经理所负责工程已经竣工验收。

本题考查的是施工投标的管理要求。投标人或者其他利害关系人对依法必须进行招标的项目的评标结果有异议的，应当在中标候选人公示期间提出。招标人应当自收到异议之日起3d内作出答复；作出答复前，应当暂停招标投标活动。未在规定时间提出异议的，不得再针对评标提出投诉。

项目已经竣工验收，获得了合同工程完工证书，这个项目就属于已完工程，属于类似业绩。所以调查结果不影响中标结果。

4. 事件4中发包人做法的不妥之处及理由如下：

不妥之处一：将管理设施列为暂列金额项目。

理由：管理设施已经初设批复，属于确定实施项目，只是价格无法确定，应当列为暂估价项目。

不妥之处二：发包人与管理设施中标人签订合同。

理由：总承包人没有中标管理设施时，暂估价项目应当由总承包人与管理设施中标人签订合同。

本题考查的是合同订立。首先要明确两个概念：暂列金额和暂估价。暂列金额指招标人为可能发生的合同变更而预留的金额。暂估价指在工程招标阶段已经确定的，但又无法准确确定价格的材料、工程设备或工程项目。由此我们可以判断以暂列金额600万元方式在工程量清单中明标列出是不妥的，应当以暂估价形式列出。事件4中管理设施合同的签订是不妥的。虽然总承包单位未中标，但应由总承包单位与中标人签订分包合同。

5. 事件5中工程质量保证金条款中的不合理条款及理由如下：

（1）条款1不合理。

理由：工程建设期间，承包人已提交履约保证金的，每月工程进度支付款不再预留工程质量保证金。

（2）条款2不合理。

理由：以现金、支票、汇票方式预留工程质量保证金的，预留总额亦不应超过工程价款结算总额的3%。

（3）条款3不合理。

理由：工程质量保证金担保期限从通过合同工程完工验收之日起计算。

本题考查的是质量保证金的预留与退还。

合同工程完工验收前，已经缴纳履约保证金的，进度支付时发包人不得同时预留工程质量保证金。本案例中，承包人已按发包人要求提交了履约保证金，所以不能再预留质量保证金。所以条款1不合理。

工程质量保证金的预留比例上限不得高于工程价款结算总额的3%。条款2错在"5%"。

条款3不合理，因为工程质量保证金担保期限从通过合同工程完工验收之日起计算，而不是竣工验收之日起计算。

条款4是没有问题的。

条款5是没有问题的。

实务操作和案例分析题二［2015年真题］

【背景资料】

某水利工程施工招标文件依据《水利水电工程标准施工招标文件》（2009年版）编制。招标投标及合同管理过程中发生如下事件：

事件1：评标方法采用综合评估法。投标总报价分值40分，偏差率为－3%时得满分，在此基础上，每上升一个百分点扣2分，每下降一个百分点扣1分，扣完为止，报价得分取小数点后1位数字。偏差率＝（投标报价－评标基准价）/评标基准价×100%，百分率计算结果保留小数点后1位。评标基准价＝投标最高限价×40%＋所有投标人投标报价的算术平均值×60%，投标报价应不高于最高限价7000万元，并不低于最低限价5000万元。

招标文件合同部分关于总价子目的计量和支付方面内容如下：

（1）除价格调整因素外，总价子目的计量与支付以总价为基础，不得调整。

（2）承包人应按照工程量清单要求对总价子目进行分解。

（3）总价子目的工程量是承包人用于结算的最终工程量。

（4）承包人实际完成的工程量仅作为工程目标管理和控制进度支付的依据。

（5）承包人应按照批准的各总价子目支付周期对已完成的总价子目进行计量。

某投标人在阅读上述内容时，存在疑问并发现不妥之处，通过一系列途径要求招标人修改完善招标文件，未获解决。为维护自身权益，依法提出诉讼。

事件2：投标前，该投标人召开了投标策略讨论会，拟采取不平衡报价，分析其利弊。会上部分观点如下：

观点1：本工程基础工程结算时间早，其单价可以高报。

观点2：本工程支付条件苛刻，投标报价可高报。

观点3：边坡开挖工程量预计会增加，其单价适当高报。

观点4：启闭机房和桥头堡装饰装修工程图纸不明确，估计修改后工程量要减少，可低报。

观点5：机电安装工程工期宽松，相应投标报价可低报。

事件3：该投标人编制的2.75m³铲运机铲运土单价分析表见表6-4。

定额工作内容：铲装、卸除、转向、洒水、土场道路平整等　　　　　　单位：100m³

序号	工程项目或费用名称	单位	数量	单价（元）	合价（元）
一	基本直接费				
1	人工费				11.49
	初级工	工时	5.2	2.21	11.49
2	材料费				43.19
	费用A	元	10%	431.87	43.19
3	机械使用费				420.38
（1）	2.75m³拖式铲运机	台时	4.19	10.53	44.12
（2）	机械B	台时	4.19	80.19	336.00
（3）	机械C	台时	0.42	95.86	40.26
二	施工管理费	元	11.84%		
三	企业利润	元	7%		
四	税金	元	3.35%	568.50	19.04
	合计				

【问题】

1. 根据事件1，指出投标报价有关规定中的疑问和不妥之处。指出并改正总价子目的计量与支付内容中的不妥之处。

2. 事件1中，在提出诉讼之前，投标人可通过哪些途径维护自身权益？

3. 事件2中，哪些观点符合不平衡报价适用条件？分析不平衡报价策略的利弊。

4. 指出事件3费用A的名称、计费基础以及机械B和机械C的名称。

5. 根据事件3，计算2.75m³铲运机铲运土单价分析表（Ⅱ类土，运距200m）中的基本直接费、施工管理费、企业利润（计算结果保留小数点后2位）。

6. 事件3中2.75m³铲运机铲运土单价分析表（Ⅱ类土，运距200m）列出了部分定额工作内容，请补充该定额其他工作内容。

【参考答案与分析思路】

1. 投标报价有关规定中的疑问和不妥之处如下：

（1）招标人规定最低投标限价。

（2）参与计算评标基准价的投标人是否需通过初步评审，不明确。

（3）投标报价得分是否允许插值，不明确。

总价子目的计量与支付内容中的不妥之处及改正如下：

（1）"除价格调整因素外，总价子目的计量与支付以总价为基础，不得调整"不妥。

改正：总价子目的计量与支付应以总价为基础，不因价格调整因素而进行调整。

（2）"总价子目的工程量是承包人用于结算的最终工程量"不妥。

改正：除变更外，总价子目的工程量是承包人用于结算的最终工程量。

本题考查的是投标报价的相关内容及总价子目的计量与支付。

（1）招标人不得规定最低投标限价，可以设有最高投标限价。

（2）总价子目的分解和计量按照下述约定进行：

① 总价子目的计量和支付应以总价为基础，不因价格调整因素而进行调整。承包人实际完成的工程量，是进行工程目标管理和控制进度支付的依据。

② 承包人应按工程量清单的要求对总价子目进行分解，并在签订协议书后的28d内将各子目的总价支付分解表提交监理人审批。分解表应标明其所属子目和分阶段需支付的金额。承包人应按批准的各总价子目支付周期，对已完成的总价子目进行计量，确定分项的应付金额列入进度付款申请单中。

③ 监理人对承包人提交的上述资料进行复核，以确定分阶段实际完成的工程量和工程形象目标。对其有异议的，可要求承包人进行共同复核和抽样复测。

④ 除变更外，总价子目的工程量是承包人用于结算的最终工程量。

2. 在提出诉讼之前，投标人可通过下列途径维护自身权益：

（1）澄清和修改招标文件。

（2）发送招标文件异议。

（3）向行政监督部门投诉。

本题考查的是提出诉讼之前，投标人维护自身权益的途径。

3. 观点1、观点3和观点4符合不平衡报价适用条件。

不平衡报价策略的利弊：

（1）不平衡报价的利：既不提高总报价、不影响报价得分，又能在结算时得到更理想的经济效益。

（2）不平衡报价的弊：投标人报低单价的项目，如工程量执行时增多将造成承包人损失；不平衡报价过多或过于明显，可能会导致报价不合理，引起投标无效或不能中标。

本题考查的是不平衡报价。一般可以考虑在以下几方面采用不平衡报价：

（1）能够早日结账收款的项目（如临时工程费、基础工程、土方开挖等）可适当提高。

（2）预计今后工程量会增加的项目，单价适当提高。

（3）招标图纸不明确，估计修改后工程量要增加的，可以提高单价；而工程内容解说不清楚的，则可适当降低一些单价，待澄清后可再要求提价。采用不平衡报价一定要建立在对工程量表中工程量仔细核对分析的基础上，特别是对报低单价的项目，如工程量执行时增多将造成承包商的重大损失；不平衡报价过多和过于明显，可能会导致报价不合理等后果。

4. 费用A的名称是零星材料费，其计费基础是人工费和机械费之和。

机械B的名称是拖拉机。

机械C的名称是推土机。

本题考查的是单价分析。其他材料费、零星材料费、其他机械费，均以费率形式表示，其计算基数如下：

（1）其他材料费，以主要材料费之和为计算基数；

（2）零星材料费，以人工费、机械费之和为计算基数；

（3）其他机械费，以主要机械费之和为计算基数。

本题中，费用A为其他材料费。

5. 单价分析表中各费用计算如下：

（1）基本直接费＝人工费＋材料费＋机械使用费＝11.49＋43.19＋420.38＝475.06元/100m³

（2）施工管理费＝基本直接费×11.84%＝475.06×11.84%＝56.25元/100m³

（3）企业利润＝（基本直接费＋施工管理费）×7%＝（475.06＋56.25）×7%＝37.19元/100m³

本题考查的是单价计算。根据《水利工程设计概（估）算编制规定》（水总〔2014〕429号），建筑工程单价计算一般采用表6-5的形式。

表6-5

建筑工程单价计算表（格式）

1	直接费	（1）＋（2）
（1）	基本直接费	1）＋2）＋3）
1）	人工费	Σ定额人工工时数×人工预算单价
2）	材料费	Σ定额材料用量×材料预算价格
3）	机械使用费	Σ定额机械台时用量×机械台时费
（2）	其他直接费	（1）×其他直接费率
2	间接费	1×间接费率
3	利润	（1＋2）×利润率
4	材料补差	（材料预算价格－材料基价）×材料消耗量
5	税金	（1＋2＋3＋4）×税率
6	工程单价	1＋2＋3＋4＋5

（1）基本直接费＝人工费＋材料费＋机械使用费＝11.49＋43.19＋420.38＝475.06元/100m³

（2）施工管理费＝基本直接费×11.84%＝475.06×11.84%＝56.25元/100m³

（3）企业利润＝（基本直接费＋施工管理费）×7%＝（475.06＋56.25）×7%＝37.19元/100m³

6. 补充的该定额其他工作内容有：运送、空回、卸土推平。

本题考查的是水利建筑工程预算定额。土方工程定额适用于水利建筑工程的土方工程，包括土方开挖、运输、压实等定额。土方工程定额，除定额规定的工作内容外，还包括挖小排水沟、修坡、清除场地草皮杂物、交通指挥、安全设施及取土场和卸土场的小路修筑与维护工作。

实务操作和案例分析题三〔2014年真题〕

【背景资料】

某大（2）型泵站工程施工招标文件根据《水利水电工程标准施工招标文件》（2009年

版）编制。专用合同条款规定：钢筋由发包人供应，投标人按到工地价3800元/t计算预算价格，税前扣除；管理所房屋列为暂估价项目，金额600万元。某投标人编制的投标文件部分内容如下：

（1）已标价工程量清单中，钢筋制作与安装单价分析见表6-6。

钢筋制作与安装单价分析表（单位：1t）

表6-6

编号	名称及规格	单位	数量	单价（元）	合计（元）	备注
1	直接工程费				4724.53	
1.1	直接费				4354.41	
1.1.1	人工费				120.70	
（1）	甲	工时	2.32	6.91	16.03	
（2）	高级工	工时	6.48	6.43	41.67	
（3）	中级工	工时	8.1	5.47	44.31	
（4）	乙	工时	6.25	2.99	18.69	
1.1.2	材料费	元			4165.70	
（1）	钢筋	t	1.05	3858.2	4051.11	
（2）	铁丝	kg	4	5.7	22.80	
（3）	丙	kg	7.22	7	50.54	
（4）	其他材料费		41.25	1	41.25	
1.1.3	机械使用费				68.01	
1.2	其他直接费				108.86	
1.3	现场经费				261.26	
2	间接费				188.98	
3	企业利润				196.54	
4	扣除钢筋材料价	元			丁	
5	税金	元			戊	税率取3.22%
	合同执行单价	元			1156.12	

（2）混凝土工程施工方案中，混凝土施工工艺流程图如图6-1所示。

（3）资格审查资料包括"近3年财务状况表""近5年完成的类似项目情况表"等相关表格及其证明材料复印件。

【问题】

1. 将"管理所房屋"列为暂估价项目需符合哪些条件？

2. 根据"钢筋制作与安装单价分析表"回答下列问题：

（1）指出甲、乙、丙分别代表的名称。

（2）计算扣除钢筋材料价（丁）和税金（戊）。（计算结果保留2位小数）

（3）分别说明钢筋的数量取为"1.05"、单价取为"3858.2"的理由。

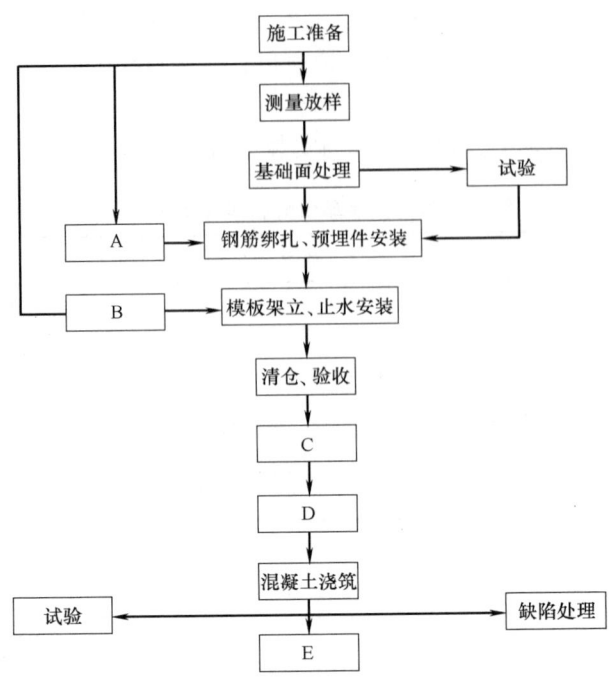

图 6-1　混凝土施工工艺流程图

3. 除名称、价格和扣除方式外，专用合同条款中关于发包人供应钢筋还需明确哪些内容？

4. 指出"混凝土施工工艺流程图"中A、B、C、D、E分别代表的工序名称。

5. 资格审查资料中"近3年财务状况表"和"近5年完成的类似项目情况表"分别应附哪些证明材料？

【参考答案与分析思路】

1. 将"管理所房屋"列为暂估价项目的条件：项目已确定，无法确定合同准确价格。

> 本题考查的是暂估价的相关内容。在工程招标阶段已经确定的材料、工程设备或工程项目，但又无法在当时确定准确价格，而可能影响招标效果的，可由发包人在工程量清单中给定一个暂估价。

2. 甲、乙、丙分别代表的名称：甲代表工长；乙代表初级工；丙代表电焊条。

扣除钢筋材料价（丁）的计算：1.05×3800＝3990.00元

扣除税金（戊）的计算：（4724.53＋188.98＋196.54－3990）×3.22%＝36.07元（注意：答案按当年考试数据计算）

钢筋的数量取为1.05的理由：发包人提供的钢筋数量应包含施工架立筋和连接、加工及安装中的操作损耗。

钢筋的单价取为3858.2的理由：其中包含了钢筋到工地后的仓储（保管）费用。

> 本题考查的是单价分析。该考点为易考点，在历年考试中出现多次，要牢记建筑工程单价分析表中的计算。
> （1）本例中，通过钢筋制作与安装单价分析表可以判断出甲、乙为人工，在高级工

之上的应该为工长，在中级工之下的应该为初级工，所以甲代表工长，乙代表初级工；丙为材料，而钢筋制作安装过程中，除了包括钢筋、钢丝还应包括焊接，所以丙代表焊条。

（2）直接费扣除钢筋材料价即为合同执行单价，则：（4724.53＋188.98＋196.54－扣除钢筋材料价）×（1＋3.22%）＝1156.12元，即钢筋材料价为3990.00元。

税金＝（直接工程费＋间接费＋企业利润－扣除钢筋材料价）×税率＝（4724.53＋188.98＋196.54－3990.00）×3.22%＝36.07元。

注：本题解题过程按当年考试数据作答，现行税率为9%。掌握方法即可。

（3）钢筋在运输装卸过程中不可避免损耗，1.05表示损耗系数，3858.2表示投标人钢筋投标单价。

3. 发包人提供的材料和工程设备（供应钢筋），还应在专用合同条款中写明规格、数量、交货方式、交货地点和计划交货日期等。

本题考查的是发包人提供材料和工程设备时的注意事项。发包人提供材料和工程设备时，应注意以下几点：

（1）发包人提供的材料和工程设备，应在专用合同条款中写明材料和工程设备的名称、规格、数量、价格、交货方式、交货地点和计划交货日期等。

（2）发包人应在材料和工程设备到货7d前通知承包人，承包人应会同监理人在约定的时间内，赴交货地点共同进行验收。

（3）发包人提供的材料和工程设备运至交货地点验收后，由承包人负责接收、卸货、运输和保管。

（4）发包人要求向承包人提前交货的，承包人不得拒绝，但发包人应承担承包人由此增加的费用等。

（5）发包人提供的材料和工程设备的规格、数量或质量不符合合同要求，或由于发包人原因发生交货日期延误及交货地点变更等情况的，发包人应承担由此增加的费用和（或）工期延误，并向承包人支付合理利润。

4. A代表钢筋、预埋件制作；B代表模板、止水制作；C代表混凝土拌制（拌合）；D代表混凝土运输；E代表混凝土养护。

本题考查的是混凝土施工工艺。混凝土工程按配运骨料、水泥运输、凿毛、清仓、混凝土拌合、运输、浇筑、养护等工序进行。

5. "近3年财务状况表"应附经会计师事务所或审计机构审计的财务会计报表，包括资产负债表、现金流量表、利润表和财务情况说明书的复印件；"近5年完成的类似项目情况表"应附中标通知书和（或）合同协议书、工程接收证书（工程竣工验收证书）、合同工程完工证书的复印件。

本题考查的是资格审查。

投标人应按招标文件要求填报"近3年财务状况表"，并附经会计师事务所或审计机构审计的财务会计报表，包括资产负债表、现金流量表、利润表和财务情况说明书的复印件。

　　投标人业绩以合同工程完工证书颁发时间为准。投标人应按招标文件要求填报"近5年完成的类似项目情况表"，并附中标通知书和（或）合同协议书、工程接收证书（工程竣工验收证书）、合同工程完工证书的复印件。

典 型 习 题

实务操作和案例分析题一

【背景资料】

　　某中型灌区由政府投资建设，发包人依据《水利水电工程标准施工招标文件》（2009年版）编制施工招标文件，根据《水利工程工程量清单计价规范》GB 50501—2007编制工程量清单。施工单位甲中标并与发包人签订了灌区施工标承包合同。招标投标及合同履行过程中发生如下事件：

　　事件1：招标工作启动时，地方政府临时提出结合新农村建设增加生态景观工程。该生态景观工程估算投资450万元，其设计尚未批复。发包人将其以暂估价形式列入灌区施工标工程量清单中，并约定通过招标选择相应承包人。灌区施工标分类分项工程量清单见表6-7。

灌区施工标分类分项工程量清单　　　　　　　　　　　　　　表6-7

序号	项目编码	项目名称	计量单位	工程数量	单价（元）	合价（元）	备注
1	500101003001	土方开挖工程	m^3	1050000			
2	500103001001	土方填筑工程	m^3	850000			
3	500109001001	渠道混凝土衬砌	m^3	12000			
4	500114001001	生态景观工程	项	1		4500000	暂估价

　　事件2：发包人提供的勘探资料显示渠道沿线开挖土料可用于填筑。投标时，施工单位甲据此制定了土方平衡方案，明确土方开挖后首先用于填筑，多余部分按弃土处理。土方填筑工程完工计量时，监理单位认定按施工图纸计算的工程量为800000m^3，施工单位甲则要求按招标工程量850000m^3计量。

　　事件3：渠道底板厚20cm，埋设若干单个横截面积0.08m^2的排水管。某月进度支付中，监理单位在审核进度付款申请单时扣除了"渠道混凝土衬砌"子目15个排水管所占体积相应混凝土费用。

【问题】

　　1. 事件1中，生态景观工程以暂估价形式列入灌区施工标工程量清单的理由是什么？该生态景观工程作为暂估价项目列入灌区施工标分类分项工程量清单中是否妥当？并说明理由。

　　2. 根据事件1，指出工程实施后负责生态景观工程的招标组织方及适用情形。

　　3. 依据事件2，计算土方平衡方案中的弃土工程量。（自然方与实方的换算系数为0.85）施工单位甲对土方填筑工程的计量要求是否合理？并说明理由。

4. 事件3中，监理单位在审核时扣除排水管所占体积相应混凝土费用的做法是否合理？并说明理由。

【参考答案】

1. 生态景观工程以暂估价形式列入灌区施工标工程量清单的理由：在灌区施工标招标阶段，生态景观工程属已确定实施，但无法准确确定价格的工程建设项目。

该生态景观工程作为暂估价项目列入灌区施工标分类分项工程量清单中不妥当。

理由：生态景观工程作为暂估价项目，应列入其他项目清单中。

2. 工程实施后负责生态景观工程的招标组织方及适用情形：

（1）施工单位甲具备承担暂估价项目的能力，且明确参与投标的，由发包人作为招标组织方。

（2）施工单位甲具备承担暂估价项目的能力，且明确不参与投标的，由发包人和施工单位甲作为招标组织方。

（3）施工单位甲不具备承担暂估价项目的能力，由发包人和施工单位甲作为招标组织方。

3. 土方平衡方案中的弃土工程量：$1050000 - 850000/0.85 = 50000 \text{m}^3$

施工单位甲对土方填筑工程的计量要求不合理。

理由：招标工程量850000 m^3 是依据招标设计图纸计算的估算工程量，不能作为计量依据，应予计量的是依据施工图纸计算的工程量800000 m^3。

> 总挖方量－回填土总量＝正值，则余土需运出工地，称为弃土。
>
> 总挖方量－回填土总量＝负值，则需从外运进土用来回填。
>
> 根据表6-7，土方开挖工程量为1050000 m^3，土方填筑工程量为850000 m^3，要注意自然方与实方的换算。
>
> 已标价工程量清单中的单价子目工程量为估算工程量。本题中招标工程量850000 m^3 就属于估算工程量。
>
> 一般土方开挖、淤泥流沙开挖、沟槽开挖和柱坑开挖按施工图纸所示开挖轮廓尺寸计算的有效自然方体积以立方米为单位计量，按《水利工程工程量清单计价规范》GB 50501—2007相应项目有效工程量的每立方米工程单价支付。

4. 监理单位在审核时扣除排水管所占体积相应混凝土费用的做法不合理。

理由：单个排水管横截面面积为0.08 m^2，根据《水利工程工程量清单计价规范》GB 50501—2007计量时，混凝土有效工程量不扣除单体横截面面积小于0.1 m^2 的孔洞、排水管、预埋管和凹槽等所占的体积。

实务操作和案例分析题二

【背景资料】

某水利工程施工招标文件依据《水利水电工程标准施工招标文件》（2009年版）和《水利工程工程量清单计价规范》GB 50501—2007编制。合同约定：合同工期20个月，以已标价工程量清单中土方工程所含子目为单元，对柴油进行调差。调差子目完工后，若其施工期间工程所在地造价信息（月刊）载明的柴油价格平均值超过中标价中柴油价格的5%

时，超出5%以上部分予以调差。招标及合同管理过程中发生如下事件：

事件1：招标人A编制的招标报价表由主表和辅表组成，其中主表由投标总价、工程项目总价表、零星工作项目清单计价表等组成。编标人员建议零星工作项目清单计价表中的单价适当报高价。

事件2：在投标截止时间前投标人B提交了调价函（一正二副），将投标总价由3000万元下调至2900万元，其他不变。调价函按照招标文件要求签字、盖章、密封、装订、标识后，递交至投标文件接收地点。

事件3：合同谈判时，合同双方围绕项目经理是否应该履行下述职责进行商讨：（1）组织提交开工报审表；（2）组织编制围堰工程专项施工方案，并现场监督实施；（3）组织开展二级安全教育培训；（4）组织填写质量缺陷备案表；（5）签发工程质量保修书；（6）组织编制竣工财务决算；（7）组织提交完工付款申请单。

事件4：中标价中，土方开挖工程柴油消耗定额为0.14kg/m³，柴油价格为3元/kg。土方开挖工程施工期4个月，合同工程量为100000m³，实际开挖工程量为110000m³，按施工图纸计算的工程量为108000m³。施工期间工程所在地造价信息（月刊）载明的4个月柴油价格分别为3.0元/kg、3.2元/kg、3.5元/kg、3.1元/kg。

【问题】

1. 事件1中，除已列出的表格外，投标报价主表还应包括哪些表格？编标人员的建议是否合理？说明理由。

2. 事件2中，投标人B提交的调价函有哪些不妥？说明理由。

3. 事件3商讨的职责中，哪些属于项目经理职责范围？

4. 事件4中，土方开挖子目应当按哪个工程量进行计量？说明理由。分析计算该子目承包人应得的调差金额。（单位：元，保留小数点后2位）

【参考答案】

1. 事件1中，除已列出的表格外，投标报价主表还应包括：分类分项工程量清单计价表；措施项目清单计价表；其他项目清单计价表。

编标人员的建议合理。

理由：零星工作项目清单没有工程量，只填报单价，不计入工程项目总价表。

2. 事件2中，投标人B提交的调价函存在的不妥之处及理由如下：

不妥之处一：在投标截止时间前投标人B提交了调价函（一正二副）。

理由：投标文件份数要求是正本1份、副本4份。

不妥之处二：将投标总价由3000万元下调至2900万元，其他不变。

理由：修改投标函中的投标报价，应同时修改"工程量清单"中的相应报价，并附修改后的单价分析表（含修改后的基础单价计算表）（或应同时修改单价）和措施项目表（临时工程费用表）。

3. 事件3商讨的职责中，属于项目经理职责范围的有：（1）组织提交开工报审表；（2）组织开展二级安全教育培训；（3）组织提交完工付款申请单。[序号表示为（1）、（3）、（7）]。

4. 事件4中，土方开挖子目应当按施工图纸计算的工程量（108000m³）进行计量。

理由：土方开挖工程应按施工图纸所示的轮廓尺寸计算的有效自然方体积以立方米

计量。合同工程量是估算工程量，实际开挖工程含超挖量和附加量，均不作为结算工程量。

施工期间工程所在地造价信息（月刊）载明的4个月柴油价格分别为3.0元/kg、3.2元/kg、3.5元/kg、3.1元/kg，平均价格为（3.0＋3.2＋3.5＋3.1）/4＝3.2元/kg＞3元/kg×（1＋5%），超出部分应予调整。所以柴油调差价格＝0.14×（3.2－3×1.05）＝0.007元/m²，子目承包人应得的调差金额：108000×0.007＝756.00元。

实务操作和案例分析题三

【背景资料】

某河道治理工程施工1标建设内容为新建一座涵洞，招标文件依据《水利水电工程标准施工招标文件》（2009年版）编制，工程量清单采用清单计价格式。招标文件规定：

除措施项目外，其他工程项目采用单价承包方式。

投标最高限价490万元，超过限价的投标报价为无效报价。

发包人不提供材料和施工设备，也不设定暂估价项目。

投标截止时间10d前，招标人未接到招标文件异议，在招标和合同管理过程中发生以下事件：

事件1：投标人A提交的投标报价函及附件正本1份、副本4份，函明投标总报价优惠5%，随同投标文件递交了投标保证金，投标保证金来源于工程所在省份公司资产。评标公示期结束后第2天，未中标的投标人A向该项目招标投标行政监督部门投诉，以投标最高限价违反法规为由，要求重新招标。

事件2：投标人B提交了已标价工程量清单（含已标价工程量清单计算附件），投标报价汇总见表6-8。

投标报价汇总表

表6-8

合同编号：XX-SG-01

项目名称：某河道治理工程施工1标

序号	工程项目或费用名称	单位	工程量	单价（元）	合价（元）
1	土方开挖	m³	30000	15	450000
2	土方回填	m³	20000	10	200000
3	干砌块石护坡（底）	m³	600	150	90000
4	浆砌块石护坡（底）	m³	1500	200	300000
5	混凝土工程（含模板）	m³	2500	400	1000000
6	C	t	200	6000	1200000
7	基础处理工程	m³	300	300	90000
8	设备制造与安装工程	元			500000
9	措施项目	项	1	500000	500000
10	D	元			500000
合计			4830000		

事件3：合同中关于砌体工程的计量和支付有如下规定：

（1）砌体工程按招标图纸所示尺寸计算的有效砌筑体以m³为单位计量。

（2）浆砌块石砂浆按有效砌筑体以m³为单位计量。

（3）砌体工程中的止水设施、排水管、垫层及预埋件等费用，包含在砌体项目有效工程量单价中，不另行支付。

（4）承包人按合同要求完成砌体建筑物的基础清理和施工排水等工作所需的费用包含在措施项目费用中，不另行支付。

【问题】

1. 依据背景资料，根据《中华人民共和国招标投标法实施条例》（中华人民共和国国务院令第709号）、《水利水电工程标准施工招标文件》（2009年版）的相关规定，指出事件1中招标人A投标行为的不妥之处，并说明正确的做法。

2. 指出"投标报价汇总表"中的C和D所代表的工程项目或费用名称。

3. 事件2中，已标价工程量清单计算附件包含的内容有哪些？

4. 指出并改正事件3合同约定中的不妥之处。

【参考答案】

1. 事件1中招标人A投标行为的不妥之处及正确做法如下：

（1）不妥之处：函明投标总报价优惠5%。

正确做法：最终报价应该是优惠后的价格，优惠后的总价应该按修改的工程量清单中的相应报价，并附修改后的单价分析表或措施项，而不是直接从总价下浮多少。

（2）不妥之处：投标保证金来源于工程所在省份公司资产。

正确做法：投标保证金必须从公司基本账户汇出。

（3）不妥之处：评标公示期结束后第2天。

正确做法：应该在评标公示期间提出。

2. "投标报价汇总表"中，C代表钢筋工程（钢筋制作与安装），D代表其他项目费。

3. 事件2中，已标价工程量清单计算附件包含：单价分析表或工程单价计算表；基础单价分析表（人工预算计算表或人工费单价汇总表，主要材料预算价格汇总表，投标人生产施工风、水、电计算书基础单价汇总表，混凝土配合比材料费表，施工机械台时费汇总表）；总价项目分类分项工程分解表。

4. 事件3合同约定中不妥之处的判断及改正如下：

不妥之处一：砌体工程按招标图纸计量。

改正：应该按照施工图纸计算的有效砌体体积计量。

不妥之处二：浆砌块石砂浆按有效砌筑体以m³为单位计量。

改正：浆砌块石砂浆包含在砌体工程有效工程量的每立方米工程单价中，不另行支付。

不妥之处三：承包人按合同要求完成砌体建筑物的基础清理和施工排水等工作所需的费用包含在措施项目费用中，不另行支付。

改正：应包含在砌体工程有效工程量的每立方米单价中，不另行支付。

实务操作和案例分析题四

【背景资料】

清河泵站设计装机流量150m³/s，出口防洪闸所处堤防为1级。招标人对出口防洪闸工程施工标进行公开招标。有关招标工作计划如下：5月31日提交招标备案报告，6月1日发布招标公告，6月11日—6月15日出售招标文件，6月16日组织现场踏勘，6月17日组织投标预备会，7月5日开标，7月6日—7月10日评标定标。招标工作完成后，A单位中标，与发包人签订了施工承包合同。工程实施中发生了如下事件：

事件1：Ⅰ-Ⅰ段挡土墙（示意图如图6-2所示）开挖设计边坡1∶1，由于不可避免的超挖，实际开挖边坡为1∶1.15。A单位申报的结算工程量为50×（$S_1+S_2+S_3$），监理单位不同意。

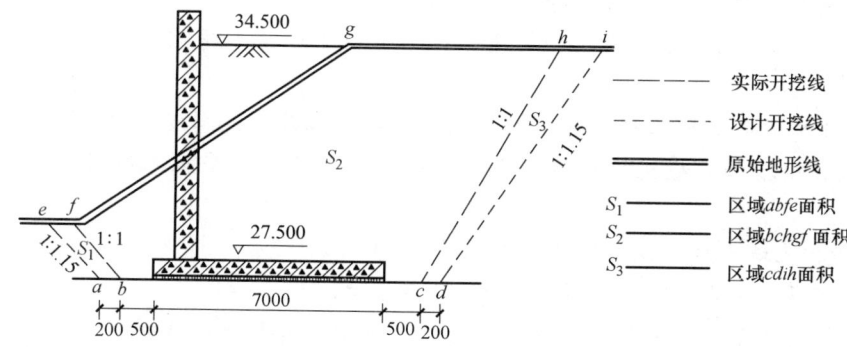

注：1. 图中除高程以m计外，其余均以mm计；

2. 图中水流方向为垂直于纸面，且开挖断面不变；

3. Ⅰ-Ⅰ段挡土墙长50m。

图6-2 挡土墙示意图

事件2：原定料场土料含水量不能满足要求，监理单位指示A单位改变挡土墙墙后填土料场，运距由1km增加到1.5km，填筑单价直接费相应增加2元/m³，A单位提出费用变更申请。

【问题】

1. 根据《建筑业企业资质标准》（建市〔2014〕159号）的有关规定，满足清河泵站出口防洪闸工程施工标要求的企业资质等级有哪些？

2. 上述施工标招标工作计划中，招标人可以不开展哪些工作？确定中标人后，招标人还需执行的招标程序有哪些？

3. 为满足Ⅰ-Ⅰ段挡土墙土方开挖工程计量要求，A单位应进行的测量内容有哪些？

4. Ⅰ-Ⅰ段挡土墙土方开挖工程计量中，不可避免地施工超挖产生的工程量能否申报结算？为什么？计算Ⅰ-Ⅰ段挡土墙土方开挖工程结算工程量。

5. 料场变更后，A单位的费用变更申请能否批准？说明理由。若其他直接费费率取2%，根据水利工程概（估）算编制有关规定，计算填筑单价直接费增加后相应的其他直接费、直接费。

1. 根据《建筑业企业资质标准》（建市〔2014〕159号）的有关规定，满足清河泵站出口防洪闸工程施工标要求的企业资质等级有水利水电工程施工总承包等级、水利水电施工总承包一级。

2. 上述施工标招标工作计划中，招标人可以不开展的工作包括：组织现场踏勘、投标预备会。

确定中标人后，招标人还需执行的招标程序有：

（1）向水行政主管部门提交招标投标情况的书面总结报告。

（2）发中标通知书，并将中标结果通知所有投标人。

（3）进行合同谈判，并与中标人订立书面合同。

3. 为满足Ⅰ-Ⅰ段挡土墙土方开挖工程计量要求，A单位应对招标设计图示轮廓尺寸范围以内的有效自然方体积进行测量。

4. Ⅰ-Ⅰ段挡土墙土方开挖工程计量中，不可避免地施工超挖产生的工程量不能申报结算。

理由：土方开挖工程工程量应按施工图纸图示轮廓尺寸范围以内的有效自然方体积计量。施工过程中增加的超挖量和施工附加量所发生的费用，应摊入有效工程量的工程单价中。

Ⅰ-Ⅰ段挡土墙土方开挖工程结算工程量 $= 50 \times S_2$。

5. 料场变更后，A单位的费用变更申请能得到批准。

理由：料场变更，运输距离也发生了变化，单价也应做相应调整。

其他直接费＝基本直接费×其他直接费费率＝$2 \times 2\% = 0.04$元/m³。

直接费＝基本直接费＋其他直接费＝$2 + 0.04 = 2.04$元/m³。

实务操作和案例分析题五

【背景资料】

陈村拦河闸设计过闸流量2000m³/s，河道两岸堤防级别为1级，在拦河闸工程建设中发生如下事件：

事件1：招标人对主体工程施工标进行公开招标，招标人拟定的招标公告中有如下内容：

（1）投标人须具备堤防工程专业承包一级资质，信誉佳，财务状况良好，类似工程经验丰富。

（2）投标人必须具有××省颁发的投标许可证和安全生产许可证。

（3）凡有意参加投标者，须派员持有关证件于2014年6月15日上午8：00—12：00、下午14：30—17：30向招标人购买招标文件。

（4）定于2014年6月22日下午3：00在×××市新华宾馆五楼会议室召开标前会，投标人必须参加。

事件2：由于石材短缺，为满足工期的需要，监理人指示承包人将护坡形式由砌石变更为混凝土砌块，按照合同约定，双方依据《水利工程设计概（估）算编制规定》（水总〔2014〕429号）编制了混凝土砌块单价，单价中人工费、材料费、机械使用费分别

为 $10元/m^3$、$389元/m^3$、$1元/m^3$。受混凝土砌块生产安装工艺限制，承包人无力完成，发包人向承包人推荐了专业化生产安装企业A作为分包人。

事件3：按照施工进度计划，施工期第1月承包人应当完成基坑降水、基坑开挖（部分）和基础处理（部分）的任务，除基坑降水是承包人应完成的临时工程总价承包项目外，其余均是单价承包项目，为了确定基坑降水方案，承包人对基坑降水区域进行补充勘探，发生费用3万元，施工期第1月末承包人申报的结算工程量清单见表6-9。

施工期第1月末承包人申报的结算工程量清单 表6-9

编号	工程或费用名称	单位	合同工程量（金额）	按设计图示尺寸计算的工程量	结算工程（金额）	备注
1	基坑降水	万元	12		15	结算金额计入补充勘探费用3万元
2	基坑土方开挖	m^3	10000	11500	12500	结算工程量按设计图示尺寸计算的工程量加上不可避免的施工超挖
3	基础处理	m^3	1000	950	1000	以合同工程量作为结算工程量

【问题】

1. 指出招标公告中的不合理之处。

2. 发包人向承包人推荐了专业化生产安装企业A作为分包人，对此，承包人可以如何处理？对承包人的相应要求有哪些？

3. 若其他直接费费率取2%，间接费费率取6%，企业利润率取7%，计算背景材料中每立方米混凝土砌块单价中的其他直接费、间接费、企业利润。（保留2位小数）

4. 指出施工期第1月结算工程量清单中结算工程量（全额）的不妥之处，并说明理由。

【参考答案】

1. 招标公告中的不合理之处如下：

（1）堤防工程专业承包一级资质要求不合理。

（2）具有××省颁发的投标许可证的要求不合理。

（3）招标文件的出售时间不合理，必须5个工作日。

（4）投标人必须参加标前会的要求不合理。

2. 承包人可以同意。承包人必须与分包人A签订分包合同，并对分包人A的行为负全部责任。

承包人有权拒绝。可以自行选择分包人，承包人自行选择分包人必须经发包人书面认可。

3. 每立方米混凝土砌块单价中各费用计算如下：

其他直接费：（10＋389＋1）×2%＝8元/m^3

间接费：（10＋389＋1＋8）×6%＝24.48元/m^3

或（10＋389＋1）×（1＋2%）×6%＝24.48元/m^3

企业利润：（10＋389＋1＋8＋24.48）×7%＝30.27元/m^3

或（10＋389＋1）×（1＋2%）×（1＋6%）×7%＝30.27元/m^3

4. 结算工程量（全额）的不妥之处及理由如下：

（1）补充勘探费用不应计入。承包人为其临时工程所需进行的补充勘探的费用由承包人自行承担。

（2）不可避免的土方开挖超挖量不应计入。该费用已包含在基坑土方开挖单价中。

（3）以合同工程量作为申报结算工程量有错误。合同工程量是合同工程估算工程量，结算工程量应为按设计图示尺寸计算的有效实体方体积量。

实务操作和案例分析题六

【背景资料】

某泵站土建工程招标文件依据《水利水电工程标准施工招标文件》（2009年版）编制。招标文件约定：

（1）模板工程费用不单独计量和支付，摊入到相应混凝土单价中。

（2）投标最高限价2800万元，投标最低限价2100万元。

（3）若签约合同价低于投标最高限价的20%时，履约保证金由签约合同价的10%提高到15%。

（4）永久占地应严格限定在发包人提供的永久施工用地范围内，临时施工用地由承包人负责，费用包含在投标报价中。

（5）承包人应严格执行投标文件承诺的施工进度计划，实施期间不得调整。

（6）工程预付款总金额为签约合同价的10%，以履约保证金担保。依据水利部现行定额及编制规定，某投标人编制了排架C25混凝土单价分析表见表6-10。

排架C25混凝土单价分析表（单位：100m³）　　　　　表6-10

序号	项目或费用名称	型号、规格	计量单位	数量	单价（元）	合价（元）
1	直接费					34099.68
1.1	人工费					1259.34
（1）	A		工时	11.70	4.91	57.45
（2）	高级工		工时	15.50	4.56	70.68
（3）	中级工		工时	209.70	3.87	811.54
（4）	初级工		工时	151.50	2.11	319.67
1.2	材料费					28926.14
（1）	混凝土	B	m³	103.00	274.82	28306.46
（2）	水		m³	70.00	0.75	52.50
（3）	其他材料费		%	2	28358.96	567.18
1.3	机械使用费					2253.84
（1）	振动器	1.1kW	台时	20.00	22.60	452.00
（2）	变频机组	8.5kWh	台时	10.00	17.20	172.00
（3）	风水枪		台时	50.04	25.70	1286.03
（4）	其他机械费		%	18	1910.03	343.81

序号	项目或费用名称	型号、规格	计量单位	数量	单价（元）	合价（元）
1.4	C		m³	103		1361.66
1.5	D		m³	103		298.70
2	施工管理费		%	5	34099.68	1704.98
3	企业利润		%	7	35804.66	2506.33
4	税金		%	9	38310.99	3447.99
	合计					41758.98

投标截止后，该投标人发现排架混凝土单价分析时未摊入模板费用，以投标文件修改函向招标人提出修改该单价分析表，否则放弃本次投标。

【问题】

1. 指出招标文件约定中的不妥之处。

2. 指出排架C25混凝土单价分析表中，A、B、C、D所代表的名称（或型号、规格）。

3. 若排架立模系数为0.8m²/m³，模板制作、安装、拆除综合单价的直接费为40元/m²。计算每立方米排架C25混凝土相应模板直接费和摊入模板费用后排架C25混凝土单价直接费。（计算结果保留小数点后2位）

4. 对投标人修改排架C25混凝土单价分析表的有关做法，招标人应如何处理？

5. 评标委员会能否要求投标人以投标文件澄清答复方式增加模板费用？说明理由。

【参考答案】

1. 招标文件约定中的不妥之处如下：

（1）设定投标最低限价。

（2）履约保证金由签约合同价的10%提高到15%。

（3）承包人应严格执行投标文件承诺的施工进度计划，实施期间不得调整。

（4）临时施工用地由承包人负责。

2. 排架C25混凝土单价分析表中，A代表的名称为工长；B代表的型号、规格为C25；C代表的名称为混凝土拌制；D代表的名称为混凝土运输。

3. 每立方米排架C25混凝土相应模板直接费：1×0.8×40＝32.00元

摊入模板费用后排架C25混凝土单价直接费：34099.68/100＋32.00＝373.00元

4. 对投标人修改排架C25混凝土单价分析表的有关做法，招标人应拒绝，若放弃投标，则没收投标保证金。

5. 评标委员会不能要求投标人以投标文件澄清答复方式增加模板费用。

理由：除计算性错误外，评标委员会不能要求投标人澄清投标文件实质性内容。

实务操作和案例分析题七

【背景资料】

某河道治理工程施工面向社会公开招标。某公司参加了投标，中标后与业主签订了施工合同。在开展工程投标及施工过程中发生了如下事件：

事件1：编制投标报价文件时，通过工程量复核，把措施项目清单中围堰工程量12000m³修改为10000m³，并编制了围堰填筑单价分析表（表6-11）。

围堰填筑单价分析表

表6-11

序号	工程或费用名称	单位	单价	合价
一	直接费	元		6.12
1	基本直接费	元		6.00
（1）	A	元	1.50	1.50
（2）	材料费	元	0.50	0.50
（3）	机械使用费	元	4	4.00
2	其他直接费	%	2	0.12
二	间接费	%	5	0.31
三	B	%	7	0.45
四	C	%	9%	0.76
五	工程单价	元/m³		7.64

事件2：该公司拟订胡××为法定代表人的委托代理人，胡××组织完成投标文件的标志，随后为开标开展了相关准备工作。

事件3：2021年11月，围堰施工完成，实际工程量为13000m³，在当月工程进度款支付申请书中，围堰工程结算费用计算为13000×7.64＝99320元。

事件4：因护坡工程为新型混凝土砌块，制作与安装有特殊技术要求，业主向该公司推荐了具备相应资质的分包人。

【问题】

1. 指出围堰填筑单价分析表中A、B、C分别代表的费用名称。

2. 事件2中，该公司为开标开展的相关业务准备工作有哪些？

3. 事件3中，围堰工程结算费用计算是否正确？说明理由。如不正确，给出正确结果。

4. 根据《水利建设工程施工分包管理规定》（水建管〔2005〕304号），事件4中该公司对业主推荐分包人的处理方式有哪几种？并分别写出其具体做法。

【参考答案】

1. 围堰填筑单价分析表中A、B、C代表的费用名称分别为：

A代表的费用名称：人工费。

B代表的费用名称：企业利润。

C代表的费用名称：税金。

2. 事件2中，该公司为开标开展的相关业务准备工作：

（1）按照招标文件要求对投标文件签字、盖章。

（2）按照要求密封投标文件。

（3）在投标截止时间前把投标文件密封送达指定地点。

（4）准备开标所要求的授权委托书、个人身份证明文件、投标保证金。

3. 事件3中，围堰工程结算费用计算不正确。

理由：措施项目是总价承包。

围堰工程结算费用正确的结果：10000×7.64＝76400元

4.事件4中该公司对业主推荐分包人的处理方式有接受和拒绝两种。

具体做法：如承包人接受，则应由承包人与分包人签订分包合同，并对该推荐分包人的行为负全部责任；如承包人拒绝，则可由承包人自行选择分包人，但需经项目法人书面认可。

实务操作和案例分析题八

【背景资料】

某渠首闸是一座中型水闸，闸孔共3孔，单孔宽4.5m，项目划分为一个单位工程，一个标段，某投标人投标文件有如下内容：

（1）已标价工程量清单（分组工程量清单模式）中投标报价汇总表见表6-12。

投标报价汇总表（分组工程量清单模式）　　　　表6-12

工程项目及费用名称	建筑工程	机电设备及安装工程	金属结构及安装工程	A	水土保持和环境保护工程	合计	B	投标总报价
	（1）	（2）	（3）	（4）	（5）	（6）＝（1）＋（2）＋（3）＋（4）＋（5）	（7）＝（6）×5%	
金额（万元）	294	16	56	28	6	400		
备注				总价承包			由发包人掌握	

（2）施工组织设计章节有以下内容：

① 工程任务及施工条件分析。

② 主要施工方法、主要单位工程综合进度计划和施工力量、机具及部署。

③ 施工组织技术措施，包括工程质量、施工进度、安全防护、文明施工以及环境污染等各种措施。

④ 总承包和分包的分工范围及交叉施工部署。

（3）投标函及投标函附录中承诺若中标，按招标文件规定的时间和提交投标总报价10%的履约保函。

共A、B、C、D四个投标人投标，评标委员会否决2家，但认为C、D可继续评审，甲评委认为有效投标人不足3家，不能继续评审，应否定此次招标。

【问题】

1.指出表6-12中A、B代表的工程或费用名称。

2.计算投标总报价为多少？若该投标人中标，说明履约保证金提交时期和退还日期。

3.甲评委意见是否合理？为什么？

4.除背景资料给出的内容外，投标文件施工组织设计中还缺少哪些内容？

【参考答案】

1.表中A代表施工临时工程；B代表备用金或暂列金额。

2.本题的计算过程如下：

建筑安装工程费用：294＋16＋56＋28＋6＝400万元

暂列金额B：400×5%＝20万元

投标总报价：400＋20＝420万元

履约保证金：420×10%＝42万元

履约保证金在签订合同前提交，在合同工程完工验收后28d退还。

3. 甲评委意见不合理。

投标人不足3家的，不能开标。但有效投标人不足3家，不一定就不能继续评标，只需看是否有竞争力，是否有具备中标条件的投标人。

4. 投标文件施工组织设计中除背景资料给出的内容外，还缺少的内容有：施工总平面布置图；施工总方案；工程施工进度计划。

第七章　水利水电工程实务操作专项突破

大纲是考试的方向，考试用书是出题的载体。大纲明确标明实务科目出现"实操题"，也意味着出题方向将更重视实务操作。

实操题的出现，就是为了更好地规范和适应市场需要，所以未来的考试会越来越贴近施工现场。简单来说，实操题便是结合图纸与施工现场的应用题，在出题时会结合施工平面示意图、施工流程图、施工操作过程等，考核题型有以下几种：

（1）本工程合理的施工顺序。

（2）指出图中字母或数字所代表的名称。

（3）指出并改正图中有何不妥之处。

（4）根据示意图进行计算。

解答实操题目，需要在脑海中构建施工现场作答，不能识图将会在实操题上全军覆没。为了便于学习，下面将施工平面示意图、施工流程图、施工操作过程等总结如下。

专项突破一　施工导流与河道截流施工技术

1. 围堰示意图

（1）不过水土石围堰防渗结构示意图

不过水土石围堰防渗结构示意图如图7-1所示。

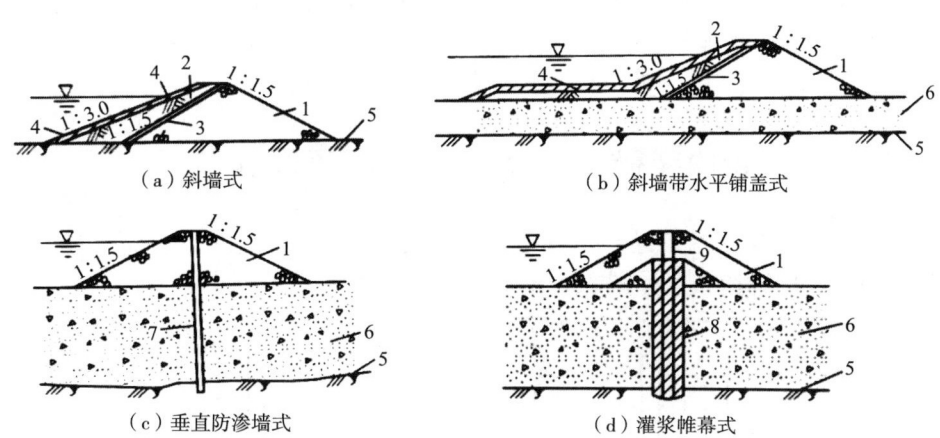

（a）斜墙式　　　　　　　　　（b）斜墙带水平铺盖式

（c）垂直防渗墙式　　　　　　（d）灌浆帷幕式

图7-1　不过水土石围堰防渗结构示意图

1—堆石体；2—黏土斜墙、铺盖；3—反滤层；4—护面；5—隔水层；6—覆盖层；7—垂直防渗层；
8—灌浆帷幕；9—黏土心墙

（2）加筋过水土石围堰示意图

加筋过水土石围堰示意图如图7-2所示。

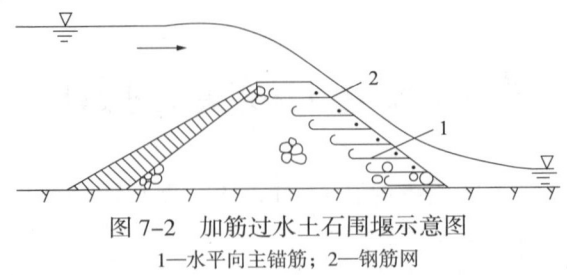

图7-2　加筋过水土石围堰示意图

1—水平向主锚筋；2—钢筋网

2. 汛期险情抢险技术

汛期险情抢险技术施工图如图7-3所示。

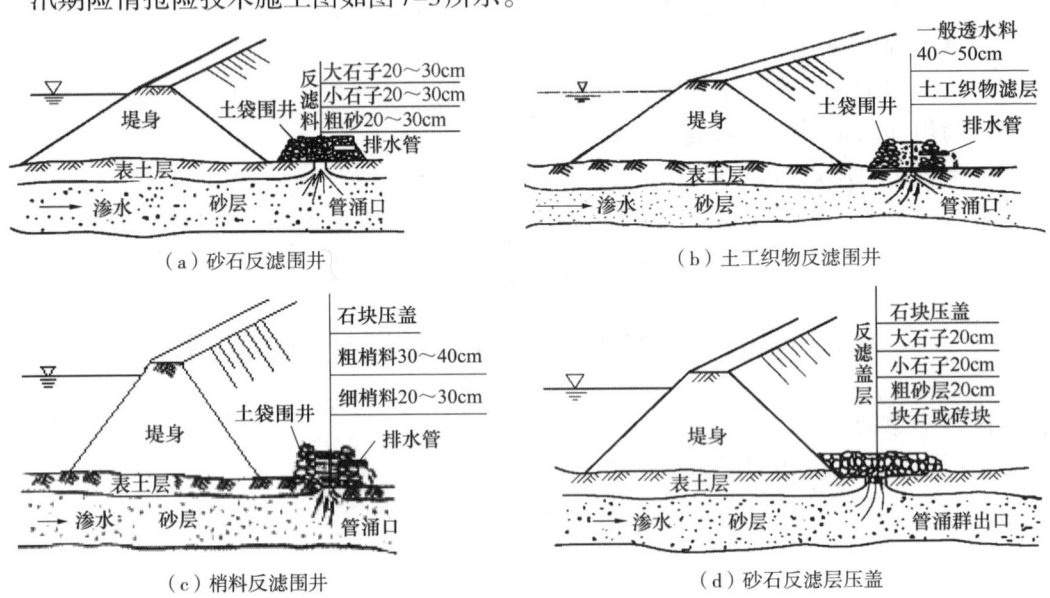

（a）砂石反滤围井　　　　　　　　　　（b）土工织物反滤围井

（c）梢料反滤围井　　　　　　　　　　（d）砂石反滤层压盖

图7-3　汛期险情抢险技术施工图

专项突破二　土石方开挖施工技术

1. 浅孔爆破法阶梯开挖布置

浅孔爆破法阶梯开挖布置如图7-4所示。

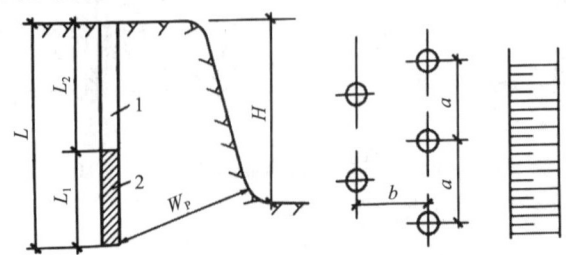

图7-4　浅孔爆破法阶梯开挖布置图

1—堵塞物；2—药包；

L_1—装药深度；L_2—堵塞深度；L—炮孔深度；a—炮孔间距；b—炮孔排距；W_p—底盘抵抗线；H—阶梯高度

2. 深孔爆破法露天深孔布置

深孔爆破法露天深孔布置如图7-5所示。

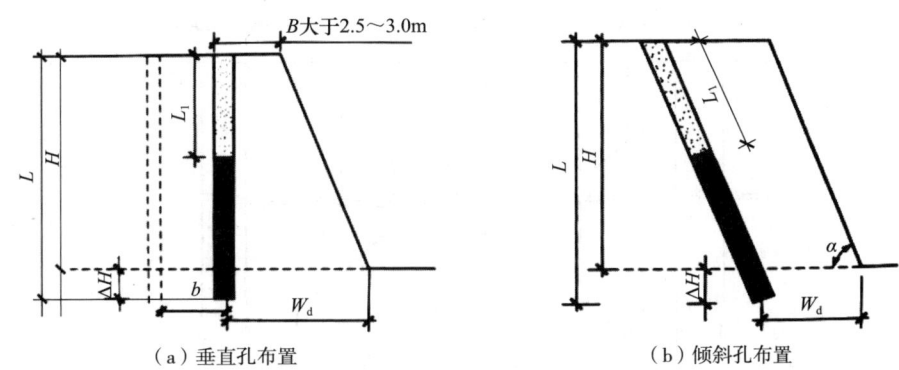

（a）垂直孔布置　　　　　（b）倾斜孔布置

图 7-5　深孔爆破法露天深孔布置图

L_1—装药深度；L—炮孔深度；H—阶梯高度；ΔH—超钻深度；W_d—底盘抵抗线；b—排距；α—台阶坡面角

专项突破三　地基处理施工技术

1. 固结灌浆与帷幕灌浆

固结灌浆与帷幕灌浆如图7-6所示。

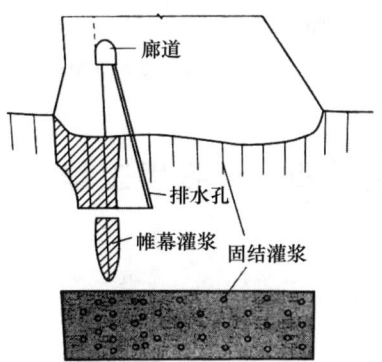

图 7-6　固结灌浆与帷幕灌浆

2. 固结灌浆工艺流程

固结灌浆工艺流程如图7-7所示。

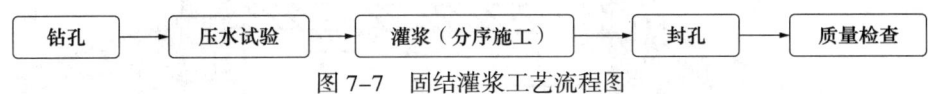

图 7-7　固结灌浆工艺流程图

3. 帷幕灌浆孔的施工顺序

帷幕灌浆孔的施工顺序如图7-8所示。

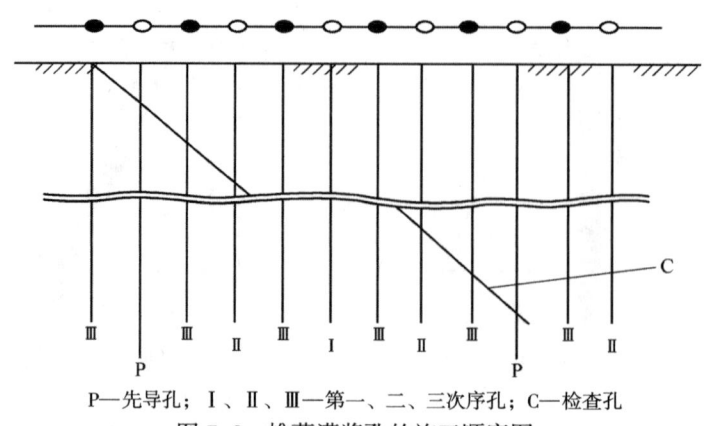

P—先导孔；Ⅰ、Ⅱ、Ⅲ—第一、二、三次序孔；C—检查孔

图7-8　帷幕灌浆孔的施工顺序图

4. 槽孔型防渗墙施工程序

槽孔型防渗墙施工程序如图7-9所示。

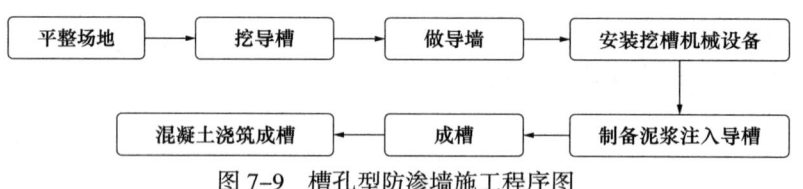

图7-9　槽孔型防渗墙施工程序图

专项突破四　土石坝工程施工技术

1. 土石坝的构造

土石坝的构造如图7-10所示。

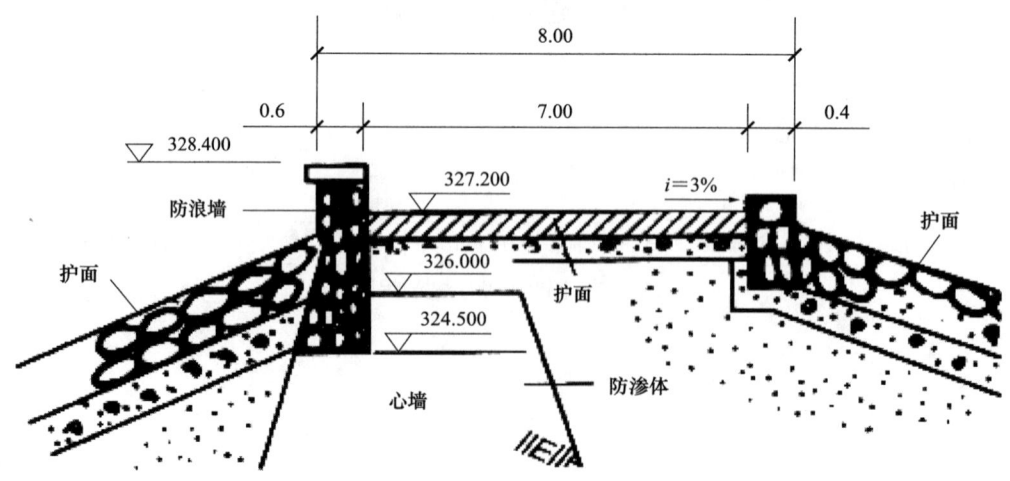

图7-10　土石坝的构造（单位：m）

2. 面板堆石坝分区

面板堆石坝分区如图7-11所示。

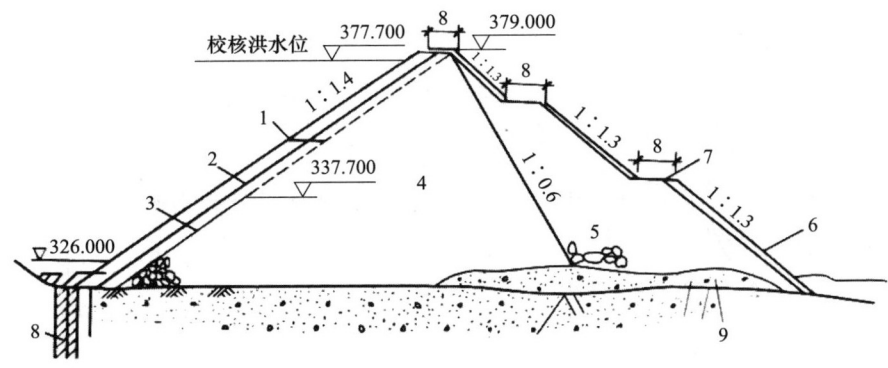

图 7-11　面板堆石坝分区（单位：m）

1—混凝土面板；2—垫层区；3—过渡区；4—主堆石区；5—下游堆石区；
6—干砌石护坡；7—上坝公路；8—灌浆帷幕；9—砂砾石

3. 坝体填筑

坝体填筑如图7-12所示。

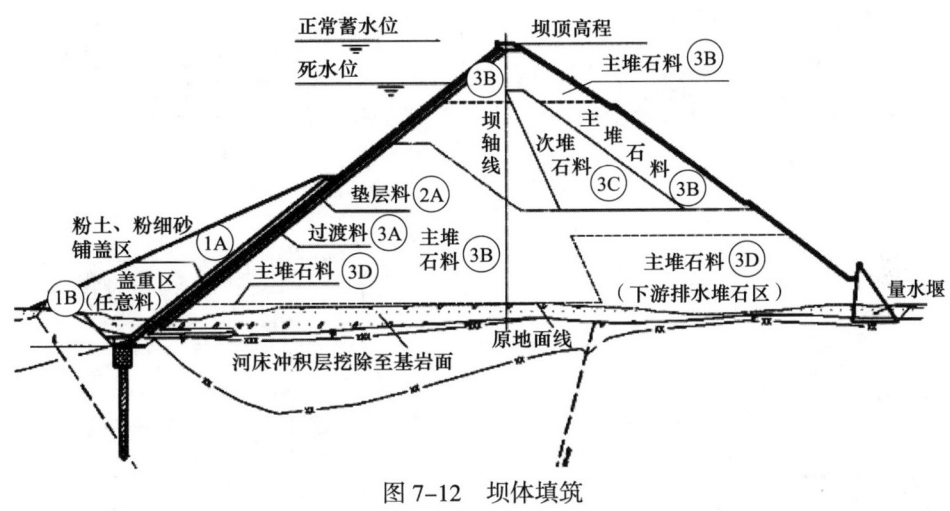

图 7-12　坝体填筑

4. 黏土心墙坝

黏土心墙坝如图7-13所示。

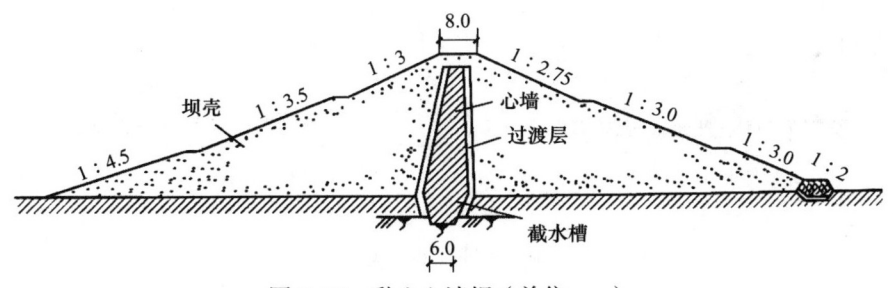

图 7-13　黏土心墙坝（单位：m）

5. 黏土斜墙坝

黏土斜墙坝如图7-14所示。

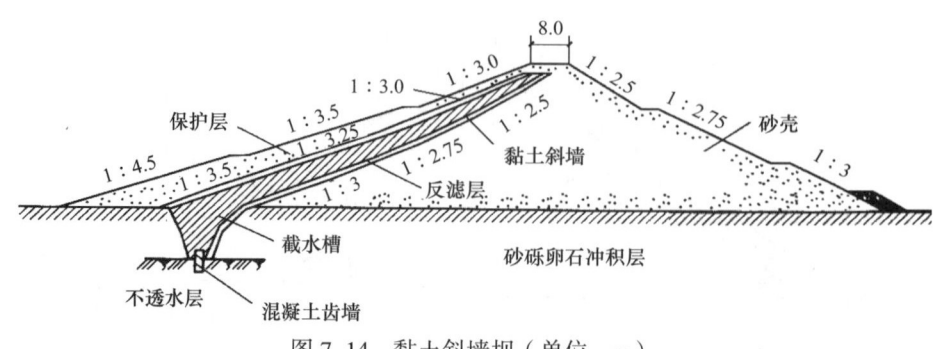

图7-14 黏土斜墙坝（单位：m）

6. 土石坝坝体排水形式

土石坝坝体排水形式如图7-15所示。

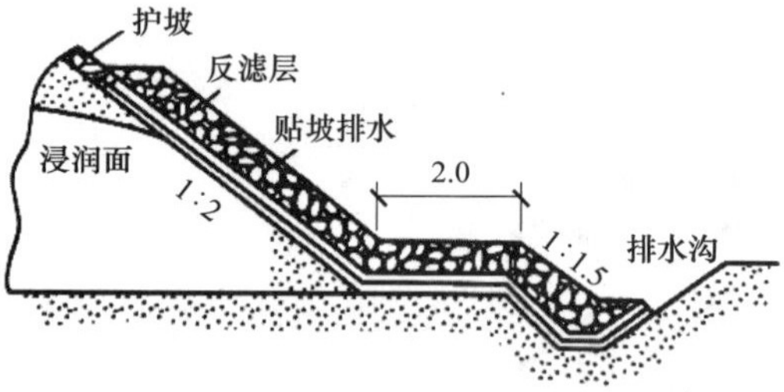

（a）贴坡排水

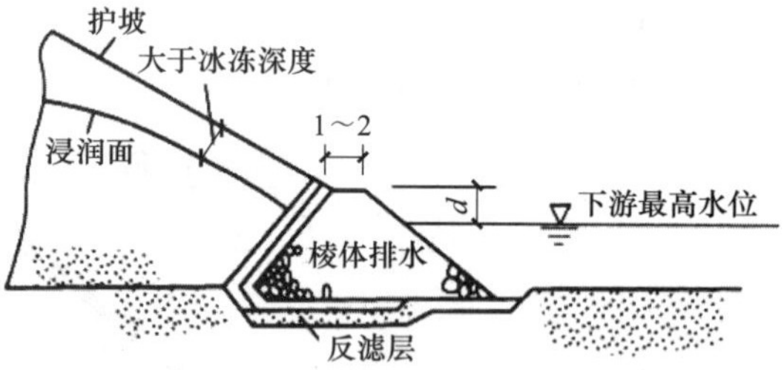

（b）棱体排水

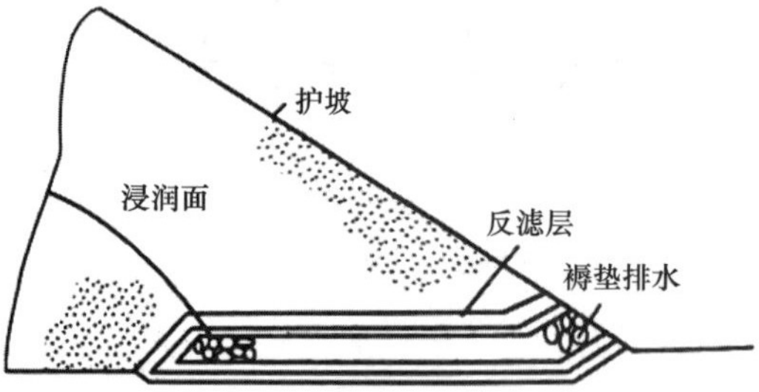

（c）褥垫排水

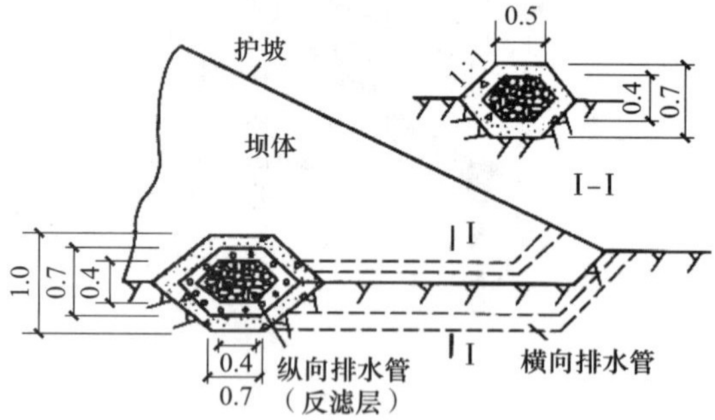

（d）管式排水

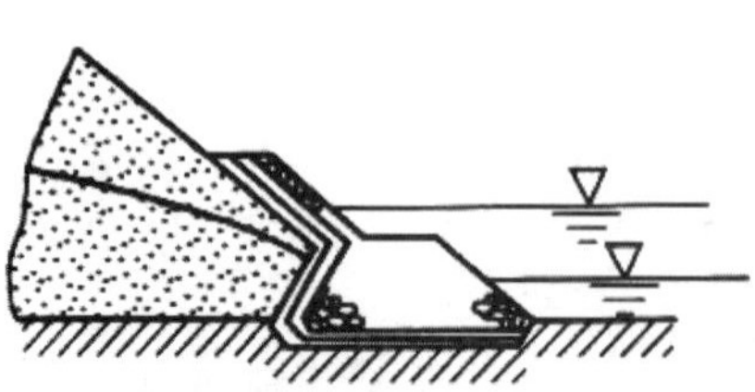

贴坡排水与棱体排水组合

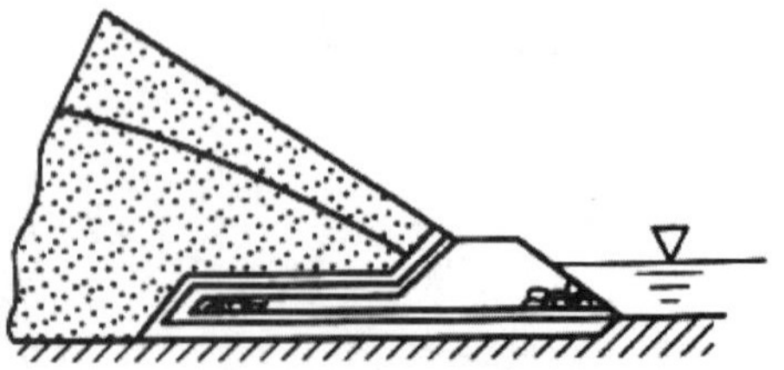

棱体排水与褥垫排水组合

（e）综合式排水

图7-15 土石坝坝体排水形式（单位：m）

专项突破五　混凝土坝工程施工技术

1. 重力坝的构造
重力坝的构造如图7-16所示。

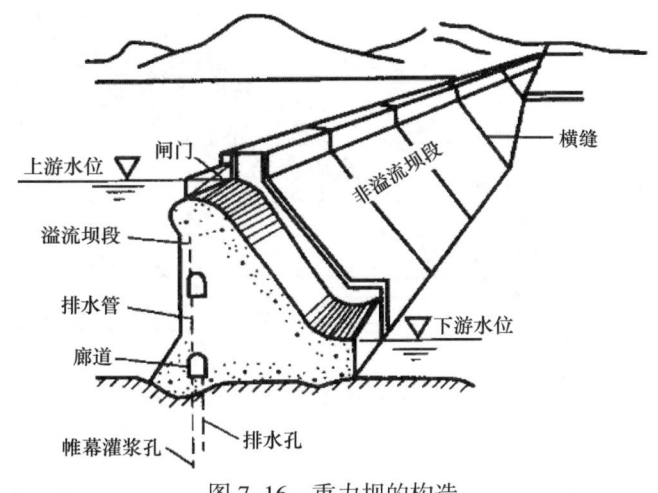

图 7-16　重力坝的构造

2. 重力坝的布置
重力坝的布置如图7-17所示。

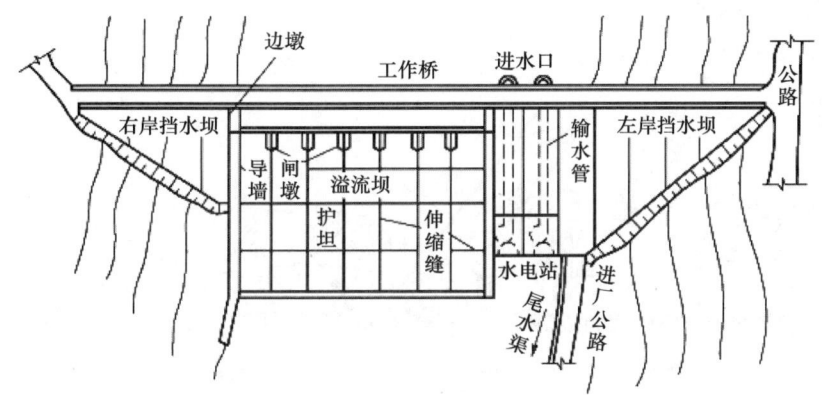

（a）平面布置

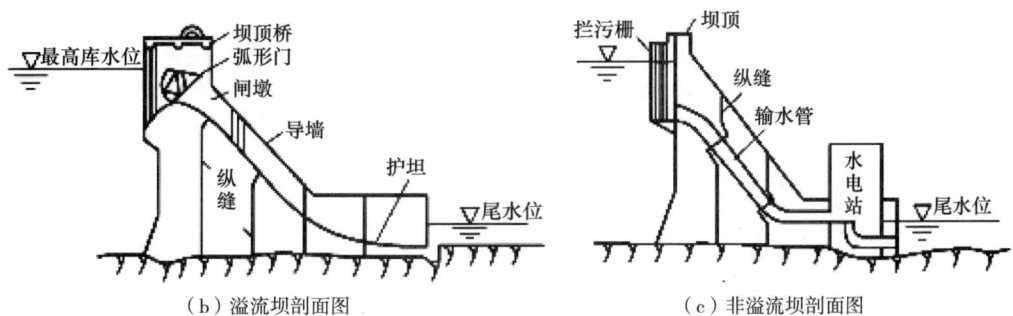

（b）溢流坝剖面图　　　　　　　　（c）非溢流坝剖面图

图 7-17　重力坝的布置

专项突破六　堤防工程施工技术

坡式护岸示意图如图7-18所示。

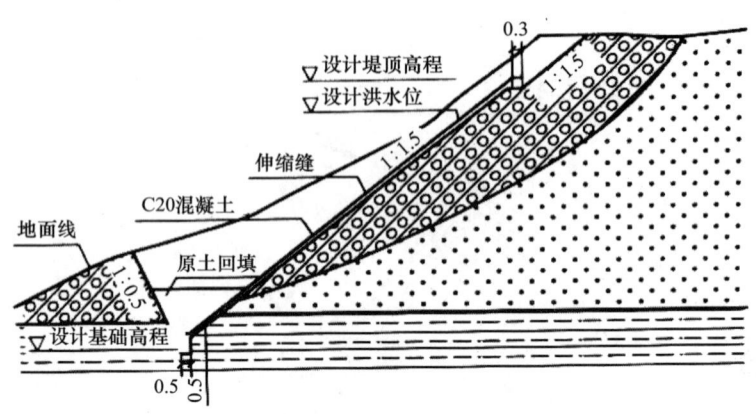

图7-18　坡式护岸示意图（单位：m）

专项突破七　水闸、泵站与水电站工程施工技术

1. 水闸的组成

（1）水闸的组成部分

水闸的组成部分如图7-19所示。

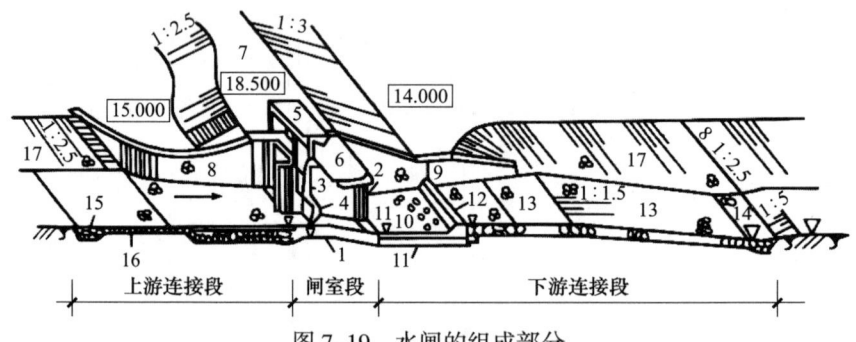

图7-19　水闸的组成部分

1—闸室底板；2—闸墩；3—胸墙；4—闸门；5—工作桥；6—交通桥；
7—堤顶；8—上游翼墙；9—下游翼墙；10—护坦；11—排水孔；12—消力坎；
13—海漫；14—下游防冲槽；15—上游防冲槽；16—上游护底；17—上、下游护坡

（2）防冲槽的布置

防冲槽的布置如图7-20所示。

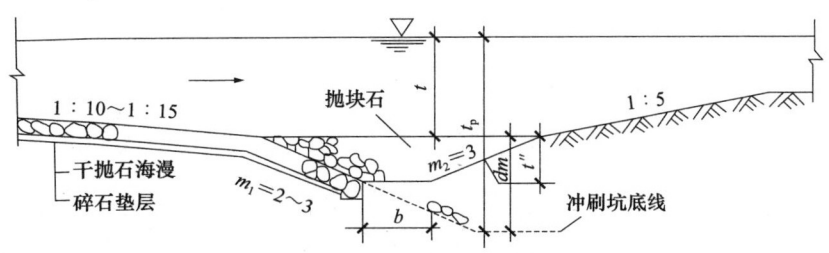

图 7-20　防冲槽的布置（单位：m）

2. 闸室结构形式

闸室结构形式如图7-21所示。

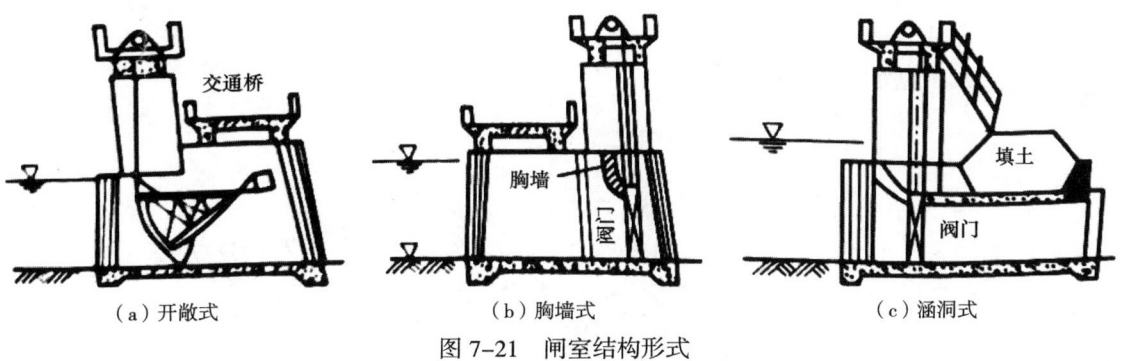

（a）开敞式　　　　　　　（b）胸墙式　　　　　　　（c）涵洞式

图 7-21　闸室结构形式

3. 泵站示意图

泵站示意图如图7-22所示。

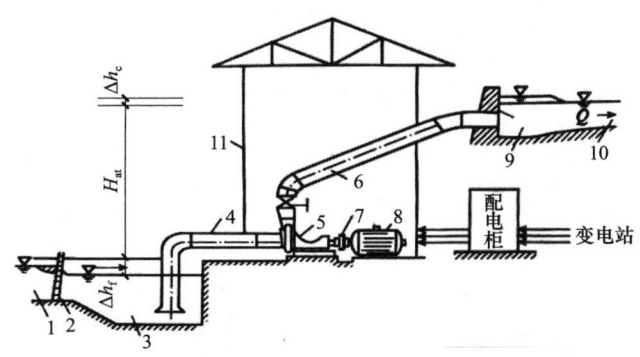

图 7-22　泵站示意图

1—水渠；2—拦污栅；3—进水池；4—进水管；5—水泵；
6—出水泵；7—传动装置；8—电动机；9—出水池；10—干渠；11—泵房

4. 水电站示意图

（1）坝后式水电站

坝后式水电站如图7-23所示。

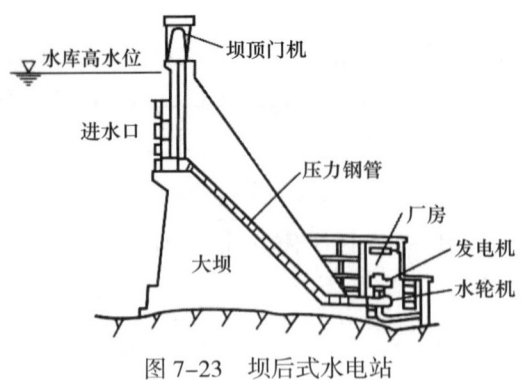

图7-23　坝后式水电站

（2）河床式水电站

河床式水电站如图7-24所示。

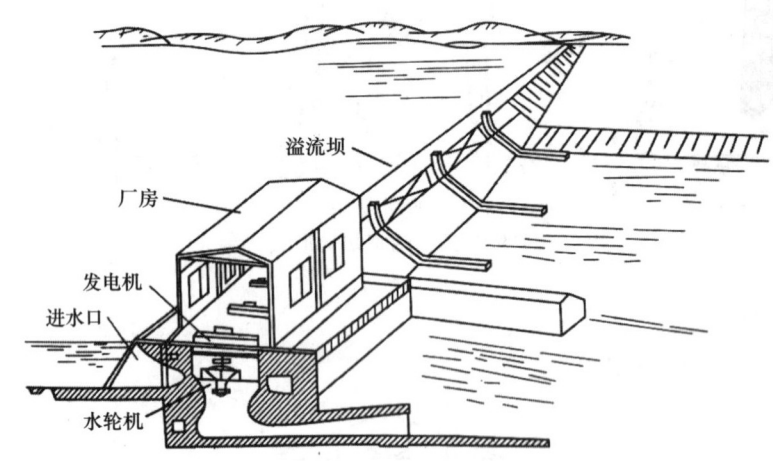

图7-24　河床式水电站

（3）引水式水电站

引水式水电站如图7-25所示。

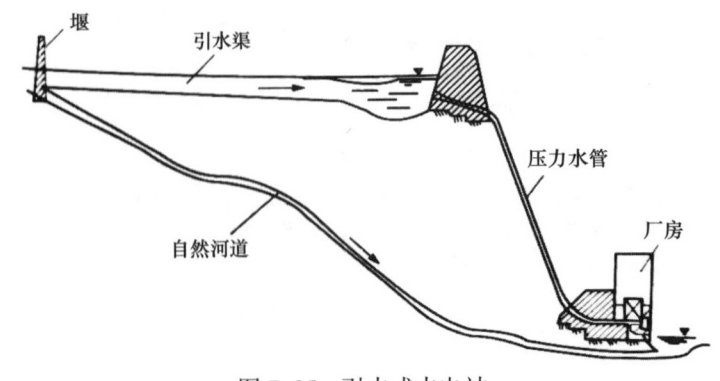

图7-25　引水式水电站